梦想城市：塑造世界的七种城市理念

Dream Cities: Seven Urban Ideas That Shape the World

[美] 韦德·格雷汉姆　著

Wade Graham

何　如　译

同济大学出版社
TONGJI UNIVERSITY PRESS
·上海·

图书在版编目（CIP）数据

梦想城市：塑造世界的七种城市理念 /（美）韦德·格雷汉姆 (Wade Graham) 著；何如译. -- 上海：同济大学出版社，2023.1

书名原文：Dream Cities: Seven Urban Ideas That Shape the World

ISBN 978-7-5765-0536-8

Ⅰ. ①梦… Ⅱ. ①韦… ②何… Ⅲ. ①城市规划 Ⅳ. ① TU984

中国版本图书馆 CIP 数据核字（2022）第 244563 号

梦想城市：塑造世界的七种城市理念

Dream Cities: Seven Urban Ideas That Shape the World

[美] 韦德·格雷汉姆（Wade Graham） 著

何　如　译

责任编辑：朱笑黎
责任校对：徐春莲
封面设计：张　微
排版制作：朱丹天

出版发行：同济大学出版社 www.tongjipress.com.cn
（地址：上海市四平路1239号　邮编：200092　电话：021-65985622）
经　　销：全国各地新华书店
印　　刷：上海安枫印务有限公司
开　　本：710mm × 960mm　1/16
印　　张：17.25
字　　数：345 000
版　　次：2023年1月第1版
印　　次：2023年1月第1次印刷
书　　号：ISBN 978-7-5765-0536-8
定　　价：88.00元

引言

未来的城市将会如何？要做出这样的思考，我们必须溯本逐源，从20世纪的标志性现象——大规模城市化发生的原点开始，审视各种类型的城市理想模型。它们最初的意图是什么？它们是否经得起检验？如果是，我们能够从中学到什么？是什么样的价值观指引着它们的创造者？而随着20世纪城市化画卷的展开，社会本身又在何种程度上发生了变化？

——摩西·萨夫迪（Moshe Safdie），1997

《梦想城市》是一本以崭新的方式探索我们的城市的书——它描绘出那些通常相互冲突的理念，关于我们如何生活、工作、游戏、生产、购物与信仰；它讲述了真实的建筑师与思想家的故事，讲述了他们关于城市的梦想如何成为我们实际生活于其中的世界的蓝图。从 19 世纪至今，许多开始只是空想的概念——有些是乌托邦，有些只是奇思妙想，通常都争议频频——后来慢慢地被接受、被大规模建造，最终成为我们周遭的现实环境，遍布全球，从迪拜到乌兰巴托、到伦敦、到洛杉矶。从这些重要的梦想家与活动家以及转化或挑战他们的规划的追随者与反对者的生涯中，我们不仅能够梳理出周遭城市形态的变迁过程——住宅、塔楼、市政中心、公寓、购物中心、景观大道、公路以及当中的空间，还能够了解到那些曾带给他们灵感并同时渗透于建筑、邻里以及整座城市的种种理念。《梦想城市》试图以全新的方式审视我们栖身的世界，体察我们的城市形态与建筑的来源，它们意图如何塑造我们，而我们又如何反过来塑造它们，以及整个过程中我们的参与方式。

传统的建筑史讲述的往往是建筑的风格及其某些独特之处，仿佛它们只是艺术品，就像绘画一样，独立于文化和历史背景。然而城市是由文化与历史背景构成的，不是若干座独立的建筑物，而是一个综合体，其中包含建筑形式的组合，也包含建筑物彼此间，乃至建成环境与我们之间的空间与关联。这些建筑成就了城市：每座建筑都是一种设计、意图与宣言，是在关于我们如何生活的漫长争执与讨论中，推动力或反推力的呈现。《梦想城市》呈现了这些形式从何而来且如何发生效用的历史，同时也是一部对其进行鉴别与阐释的指南。

有时候城市是直接从蓝图变成现实的，如一些新城、郊区或首都。然而绝大部分城市的建造会历经漫长的时间，由不同政党主导，被附加各种内容，甚至被全然颠覆，被迁移、拆除、毁掉，取代之前的城市，或者被新的城市取代。这也是为什么许多城市使人感到复杂和不协调——它们是历史上各种痕迹、堆叠与冲突的分层记录，或是昔日建筑的坟墓，它们中的多数仍存在着，被加建、废弃或被改建为其他用途。城市还可以被看作不同建筑之间斗争的战场，每座建筑都是某个时间段、某种经济与政治行为的产物。这里有成功者也有失败者。一种城市形态的运行机制通常与另一种形态所暗含的价值观不相容。其中一些会占据更多资源，甚至会掠夺资源。还有一些使我们与其他人区分开并日渐疏远，亦使我们与社区的公共生活、与对这座星球的责任感隔绝。无论如何，当一座梦想中的建筑落成为现实，总会有一些意想不到的后果。

城市中心商务区的玻璃塔楼以其兼容了居住、商业和社交等综合功能与传统邻里街区相抗衡；在世界上诸多的城市中，封闭的富人社区及其树木繁茂的街道抗拒着被高架路隔离的、供大量人口居住的混凝土街区；由私人汽车主导并引发郊区蔓延的伪乡村扩张对抗着传统城市中心或新近出现的混合开发用地上那些高密度、颇具包容性的步行尺度邻里社区；巨型的、精心设计的“体验式”购物中心以及以购物为核心凭空发展的迷你城市正在取代城市街道上的家庭式零售商业，并且重新定义了我们生活中公共与私密空间的边界。

建筑表达了设计者与建造者的渴望：他们试图通过塑造人们的生活进而塑造整个世界。正如教堂试图使人虔诚，监狱使人服从，学校使人专注，纪念碑使人强化公民意识，我们在建造城市时也带有意图，我们通过设计每种不同的建筑形式来获取特定的结果，塑造特定的环境，促成或削弱某种特定的行为。《梦想城市》所关注的是现代世界的新建筑，它们是那些影响最为深远的梦想家们所设想的内容。高层塔楼与高速公路试图使我们感到高效与现代化，并促使我们按此标准行动；纪念性的博物馆街区、公园、景观大道和广场使我们体察到有序并催生公民荣誉感；小心地与城市其他地区划清界限的历史主题郊区使我们仿佛穿越到另一时代，从而遗忘身处的现实；购物中心使我们更乐于消费，并以此使我们更加快乐；无尽蔓延的郊区使我们逃开拥挤的城市并体验到自由；“生态友好”的发展使我们觉得与自然之间维系着一种开明的平衡。

有一种似乎颇为符合逻辑的假设，即城市形态应该反映出不同人居环境在气候与地理条件上的巨大差异。因纽特人的冰屋、普韦布洛人的悬崖住宅以及地中海人的白色砖石村落与周围环境融合得近乎完美。地形、地质、风向、温度及气候都在传统城市的建造中扮演着重要的角色。然而如今却很难寻觅到城市的地方差异。在现代社会（对于西欧各国与美国来说约从 1850 年开始，而今全世界都已步入现代），城市之间的相似之处远超过彼此间的差异，无论是新加坡、乌兰巴托、波士顿、莫斯科还是布宜诺斯艾利斯。除了那些早在现代之前建造的部分——奇形怪状的教堂、广场与低层历史街区——到处是显眼的、全球千篇一律的城市：这里是高层塔楼街区，那里是高速公路；这里是购物中心，那里是仿古郊区；这里是规整的城市中心，在这之外则是绵延数千米机动车主导的城市蔓延区域。它们构成了大部分现代城市的大部分地区，然而却很少在旅行指南或建筑史中被提及，甚至不被承认。

本书所提及的每一位富有远见的思想者都在试图以他或她的建筑来改善城市现状。其中多数人都将他们的建筑与城市设计视为治愈现代城市宿疾的良方，而我们一遍又一遍地听到这些说法，不胜其烦。他们通常将抱怨掷向现代性：那些庞大的、杂乱无章、拥挤不堪的工业或后工业城市。其中一些人倡导回归到更简单的往昔，或是想象中和平宁静的乡村，或是自然本身。另一些人向往着另一种未来，求助于新的技术如铁路、汽车或计算机，以期将我们从反乌托邦的城市中解放出来，继而带来一种新的、接近于乌托邦的生活方式。在思考建筑以及建筑之间的空间时，他们倾向于认为人类的缺陷可以随着住宅、交通或技术等人造物的改善而改善。本书中或明或暗地充满了此类愿景——它们倾向于拥抱神学家莱茵霍尔德·尼布尔所说的“仅仅依靠砖来获得救赎”[i]。致全力于改造建成环境，将此作为改造我们自身与社会的方式，这是一种深深根植于我们文化中的信念，仿佛我们这些现代城市居民都是拜物教徒，坚信事物本身可以改变我们的灵魂与精神。

结果不尽相同。本书中提到的部分已经实现的“梦想城市”的结局并不太令人愉快——昔日的城市肌理被破坏了，我们回过头来才意识到它们的可贵，数百万计的居民业已离开熟悉的家园，去往陌生的失调景观。在世界各地，对拥塞的城市迫切的改造需求意味着对汽车主导、资源掠夺式蔓延开发的加速实现与加剧。但也存在另一些努力——已知挑战，却仍致力于借助城市的自身优势以使其重焕活力，仍不断地重新构想、调整城市以使其适应演进中的现代性。对投身于这些努力的梦想家而言，他们已站到前线，在其面前将是史诗般的、漫长的战役。

《梦想城市》并不是一部乌托邦史，尽管书中记录的若干蓝图注定将是一种乌托邦。它不是针对我们城市的败笔的论战，也没有勾勒出更完美的世界的蓝图。用历史学家与评论家刘易斯·芒福德的话说："最后，我承诺，我不会试图提出另一个乌托邦。审视他人的建造根基，对我来说已经足够。"[ii] 本书是为了讲述我们的建成环境背后的故事，是为了阐释现代城市平常外表之下的梦想与意图——它们大多是未经检验的。本书的目的是给读者提供一些工具，或者说一本指南，来识别周遭的这些建筑物，就像是人们能通过种属来识别自然界中的生物，并以此来阅读、分析和理解它们的内涵。我们也能以此来训练自己（仍以自然世界为类比），从其羽毛、声音、栖息地与行为来判断它们——这些不同的城市形态，在我们多数不经意的日常时刻里，如何积极地塑造了我们的生活。

目录

引言

1　城堡 Castles
伯特伦·古德休与浪漫主义城市　001
2　纪念物 Monuments
丹尼尔·伯纳姆与规则城市　033
3　板楼 Slabs
勒·柯布西耶、罗伯特·摩西与理性城市　065
4　家庭农场 Homesteads
弗兰克·劳埃德·赖特与反城市　099
5　珊瑚之城 Corals
简·雅各布斯、安德烈斯·杜安尼与自组织城市　129
6　购物中心 Malls
维克多·格伦、乔恩·捷得与购物城市　161
7　居住“舱”体 Habitats
丹下健三、诺曼·福斯特与技术－生态城市　199

致谢　232
注释　233
译名对照　249

1　城堡 Castles
伯特伦·古德休与浪漫主义城市

所有的历史都是关于渴望的历史。

——T. J. 杰克逊·里尔斯（T. J. Jackson Lears）

《一个国家的重生》（*Rebirth of a Nation*）

丑陋的房子们安全地站在坚实的岩石上：来，看我建在沙上闪耀的城堡！

——埃德娜·圣文森特·米莱（Edna St. Vincent Millay）

《第二颗无花果》（*Second Fig*）

我成长在 16 世纪的安达卢西亚[1]——至少表面上看起来是这样。在我出生的那座小城，大部分建筑是白色灰泥外墙，带有深深的、镶着铸铁格栅的凹窗和铺着红瓦的屋顶。法院大楼外墙上贴着色彩明丽的突尼斯瓷砖，顶端是巴洛克式的钟楼，甚至连监狱都像是摩尔人的宫殿。橙花的香味弥漫在冬季的空气里，九重葛与玫瑰爬满了住宅与办公楼的墙面。一座老式西班牙教堂的两座钟楼统领着小城里红瓦屋顶的海洋。街区网格依据“印度群岛法”[2]规定呈 45° 角排列，街道则以这里最早的西班牙定居者的姓氏命名。一些早期的夯土建筑被保留下来，作为历史延续的见证者。然而，这座城 99% 为赝品。这里便是加利福尼亚州的圣巴巴拉，位于洛杉矶以北 90 英里（约 144.8 千米）处。该城市主要建造于 20 世纪，直到 21 世纪，因工业发展而变得富有的美国人仍在不停建设。他们期待生活在一座全景舞台中，上演早已流逝的昔日光景。

小时候，我曾经踩着滑板穿行于这仿造的地中海美景中。它看起来无比自然。当我渐渐长大，开始了解那些未言明的话语——由于这座城市的氛围与精雕细琢的细节，使生活在圣巴巴拉的我们与众不同，或者说，优于那些不幸生活在南边洛杉矶的人们。那里的人们困守着烟雾弥漫、拥挤不堪的城市，如同困守着奢靡罪恶的巴比伦城。这种想法令人心生宽慰：城市古旧的风格意味着某种程度的美德与安全，因为无论时间维度还是空间维度，它都与大城市的堕落相隔甚远。

空间的距离很容易理解：相对于那些不幸未能远离交通堵塞和空气污染的人们来说，住在这里无疑是一件好事。然而另一方面——这座城市的建筑所代表的模糊的美德——则是比较难以定义的。慢慢地，我了解到这其实是一种心理感受，仿佛穿越时光去到一个更美好的世界。若想达到这样的效果，可不是只离开城市几英里就能够实现的。必须与大城市截然分开，仿佛身处某段旧时光，这是一种

1　西班牙南部自治区，在西班牙 17 个自治区中人口最多、面积第二大。首府为塞维利亚，城内包括科尔瓦多、格拉纳达等城市。（注：本书页下注均为译者注，后同。）

2　“印度群岛法”（Law of the Indies）：西班牙王室在美洲及菲律宾殖民地颁布的法令总集，规定了这些地区的社会、政治、宗教与经济规则。

比物理距离更重要、更难以逾越的分野。从最简单的层面上来讲，复古的装饰给予投资者高回报的期许，不仅是房屋本身的增值，还有社会价值甚至自我价值回报。散发历史光辉的房地产会给它的主人带来一种“老钱”阶层的气质。这也是为什么各个时代的新贵都会选择购买城堡来净化他们的财富，以去除其中不体面的、暴发户的气味。在圣巴巴拉，几乎所有的钱都是“新”的。每批新来者都从某处遥远的资本战场上携带战利品隐退，在这座天堂中过着上流社会的生活，远离尘嚣。

遥远时空的幻觉还满足了另外一种渴望：彻底生活在现代城市之外，与城市所代表的种种全然绝缘，如劳碌、辛苦、挣扎、催促以及除自己之外的其他人，尤其是不受欢迎的那些人。圣巴巴拉是一座通过伪装取得成功的现代城市。它那崭新的“老”建筑作为一种幻象，维持了与众不同的集体错觉。这使它显得如此可爱。这是一处限制进入的乌托邦，幻象是它的基石。

十几岁的时候，我南下旅行过几次，开始了解传说中宛如地狱的洛杉矶城，并且发现那里充斥着与圣巴巴拉类似的东西：由西班牙式住宅和商业建筑组成的街区，或是其他混杂拼凑的历史主义以及同样浮夸的现代主义建筑。然而在无序蔓延的洛杉矶，各个场景之间存在着巨大的差异，用电影行业的语言来说，即缺乏连续感。因而形成的幻象远不够完美。不过它们的基本意图是相同的：通过再造历史建筑来营造与世隔绝的金色幻想。这全然是一场房地产的化装舞会，充斥着浪漫的陷阱——华服、假面、动人的羽毛、耀眼的珠宝，除此之外一无所有，迷惑了旁人也迷惑了自己。

一旦你认清楚它，就会发现它无所不在：它作为城市的组成部分，以远郊高级住宅或城中飞地的形式出现，有时甚至奠定了整座城市的基调。在北美、欧洲，甚至世界上所有的当代城市中都会有新建的仿古建筑。这类建筑实践开始于 19 世纪，彼时工业以及城市现代化刚刚萌芽，然后在 20 世纪蔓延到整个“西方”世界，一直持续到 21 世纪的今日，与工业现代化几近同步。这是一种很奇怪的现象：

我们在向前行进的同时，却更加留恋过去。

那么关于这一切的问题则是：它为什么会出现？从哪里来？什么样的文化需求造就了它并使之持续？它对我们做了什么，以至于我们乐于并渴望在这方面大肆耗费？它的魔力是什么？答案其实一直都在那里，清晰可见：那些沿街的笨拙的白色房子，有着橡木雕花门，还有围着桃金娘篱笆、种着柠檬树的院子；山顶上那座乡村俱乐部——富有的会员们周末在那儿打 18 洞的高尔夫球——顶部伫立着厚重的塔楼，像是古代的堡垒，俯瞰着闪闪发光的太平洋。

许多此类建筑最初的设计者是美国历史上最杰出的建筑师之一，而你可能从没听说过他的名字。他的一些作品或许你曾见过，如内布拉斯加州议会大厦，它那标志性的《播种者》（*Sower*）雕像从 400 英尺（约 121.9 米）高的塔楼顶端向下播撒种子；或是带有华丽的装饰艺术风格及地中海风格细节的洛杉矶中央图书馆；或是他在纽约、波士顿或芝加哥设计的令人震惊的哥特式教堂。但你可能从未将这些建筑与它们设计者的名字联系在一起，甚至从未留意过。他就是伯特伦·古德休（Bertram Goodhue）[1]。

然而这是为什么？部分原因也许是在其后的现代主义批评家，也就是今日我们所读的建筑史的作家眼中，古德休并没有建造“现代”建筑，从而他们将他丢进了历史的垃圾桶。那里拥挤不堪，装满了古雅的檐口、柱子、尖券和各种装饰，即早期现代主义建筑师、维也纳的阿道夫·路斯（Adolph Loos）所说的“罪恶”[2]。然而现代主义者们至今仍未注意到一点，即当古德休绘制那些过去的建筑形式的时候，也通过摒弃现代形式与空间，大刀阔斧地为全球当代城市绘出了雏形。这真是相当诡谲。在他们自己的地盘上，古德休与他之前和之后的许多人一起，共

1　伯特伦·古德休（1869—1924），美国建筑师，以哥特复兴及西班牙殖民复兴风格而闻名，内布拉斯加州议会大厦（Nebraska State Capitol）为其代表作。

2　奥地利建筑师阿道夫·路斯于 1910 年在维也纳文学与音乐学会发表演讲，批判实用物品中的装饰，并于 1913 年以《装饰与罪恶》（“Ornement et Crime”）为题发表。该文对现代主义建筑理念的创建有重要的作用。

同重写了传统符号与形式，建造了一个反现代、反城市的世界。他们导演了一场戏法，在说服我们接受现代世界的同时，又让我们暗地里背弃了它。

这一切都开始于一些虚构的故事。

伯特伦·格罗夫纳·古德休生于1869年4月28日，来自康涅狄格州庞弗雷特的一个曾经显赫但日渐没落的新英格兰家庭。据他所说，他有五位先祖是搭乘"五月花"号来到美国的，还有六位曾经参加过美国独立战争。伯特伦在很小的时候已颇具艺术天赋，他在家中阁楼上两间相邻的小工作室里接受了其母海伦的指导，尤其是音乐与艺术。她为他讲述阿西西的圣方济各与圣奥古斯丁的传说，为他读亚瑟王的传奇和《罗兰之歌》（*The Song of Roland*）。他很早就显示出非凡的绘画才能，9岁时便希望成为一名建筑师。11岁前往纽黑文读书时，他的同学曾说他在那里把大部分的时间都用来"绘制梦想中的城市或给其他同学画漫画肖像"[1]。

由于家族衰落，他没有足够的学费进入耶鲁大学学习，那是诸多家族前辈就读的学校；也不能去巴黎美术学院，那是富有的美国年轻人通往建筑师执业之路的康庄大道。因此在1884年，15岁的他前往纽约到伦威克、阿斯平沃尔与罗素事务所（the firm of Renwick, Aspinwall, and Russell）做学徒，职位是办公室勤杂工，月薪5美元。[2]他学得很快，迅速成长为一名绘图员，还加入了城里的速写俱乐部。他在那儿很受欢迎，人们印象中这是个孩子气的、金发碧眼红脸颊的年轻人，具有非凡的青春活力。

5年之后，古德休决定独自打拼。1891年，他参加了达拉斯圣马太主教堂的设计竞赛并获胜，设计风格是当时流行的哥特风，不过这座建筑从未建成。他还参加了纽约圣约翰大教堂的竞赛，结果不算成功，然而另一参赛方，波士顿的克拉姆与温特沃事务所（Cram & Wentworth）的作品引起他强烈的兴趣。那一年他前往波士顿与拉尔夫·亚当斯·克拉姆（Ralph Adams Cram）会面。克拉姆是一位建筑师，比他年长五岁，当时刚与工程师查尔斯·温特沃（Charles Wentworth）合伙创建公司。克拉姆愿意与古德休共享办公空间，一年后，古德休成了公司的第三位合伙人。克拉姆彼时已做好准备，决意成为美国最好的哥特教堂建筑师。他曾在罗马参加过一场天主教弥撒并几近皈依，且从那时起便树立了这个目标。他舍弃了朴素的新英格兰唯一神教派，变成“牛津运动”[1]的信徒，迷恋仪式、象征以及建筑的哥特复兴风格。[3]这一运动由 A. W. M. 普金（A. W. M. Pugin）在半个世纪前于英格兰发起，正开始在美国扎根。古德休与克拉姆最早的合作作品之一是马萨诸塞州阿什蒙特的诸圣教堂（the Church of All Saint’s），设计开始于 1891 年，是一个带有城垛的、近似于诺曼地区的哥特风格的设计。他们即将成为那个时代美国最伟大的教堂建造者——直到 1914 年结束合伙，他们共建造了 40 座教堂与礼拜堂，遍布美国各地，几乎全部为哥特风格。其中的代表作包括纽约州西点军校礼拜堂与芝加哥洛克菲勒礼拜堂，仅在纽约市内即建造了代祷礼拜堂、圣托马斯教堂、圣巴塞洛缪教堂、荷兰归正派教堂和圣文森特斐勒教堂。

事务所的表现图由古德休以钢笔或石墨条绘制，线条娴熟、浓重、自信，有时会加以水彩渲染。它们呈现出的氛围宁静而且亲切，却又带着莫名的神秘感与异域情调，仿佛一扇开向其他世界的窗。即便风格力求逼真，这些画作依然常常流露出一些奇思妙想，如细节与装饰的变化，这给他的作品注入了些许幽默感。克拉姆在回忆这位合伙人时曾经描述说：“他的钢笔与墨水渲染画是个奇迹，受到全行业的仰慕。而他的想象极富创造力，画面中呈现出的美感异常敏锐细腻，有时像幻想中的精灵，动人心弦，令人窒息。”[4]

从 1896 年到 1899 年，在古德休接近 30 岁的时候，他创作了一系列详尽的旅行报告，记录一次欧洲旅行途中到访的地方。他写到了三处浪漫、偏远、被人遗忘的地点，那里依然以当地的古代建筑和古老的生活方式为傲。他用精美的墨

1　牛津运动：又称“盎格鲁－天主教运动”，1833 年由牛津大学的一些英国国教高派教会教士发起的宗教运动，目的是通过复兴罗马天主教的某些教义和仪式来重振英国国教。

水画对其加以描绘——主要建筑详细的平面图、城镇一角或建筑群的透视场景、乡村或花园中的景观等，遍及各处，画中还包括了居住者们日常生活的场面。除了绘画，他还以生动的语言叙述了自己的旅程和与居民的对话。最早一部绘画集完成于 1896 年，名为《特拉姆伯格》（*Traumburg*），记录了说德语的波希米亚地区的一座中世纪村庄。[5]那里有一座哥特式的、规模与主教堂相当的圣考温教堂，俯瞰全城。古德休仔细地画出了教堂的平面形式及其柱子和肋骨拱，后者形成的图案非常奇特，仅在英格兰诺福克的伊利主教堂中才能看到。教堂面向考温广场，那是一座公共广场，古德休以透视画的形式加以呈现，画上还描绘了城镇居民在其中行走、农民驾驶着马车等迷人的细节。在一条小巷深处，一位少女站在巴洛克式的凸窗下方，凝视着远处拱形通道中的哨兵。而在一处陡峭的木瓦屋顶上，鹳鸟栖息在砖砌烟囱顶部由树枝搭成的巢中，教堂的哥特式塔尖从远景中显现出来。从城外的河对岸顺着一座石桥看过来，大量露明木架住宅围绕着壮观庄重的教堂，整座镇子就像环绕着礁石的珊瑚群。教堂塔楼的装饰极为复杂，尺度也异乎寻常，高大且厚重，出现在周遭一切建筑的上方。

第二部图集完成于 1897 年，即《弗斯卡庄园及其花园》（*The Villa Fosca and Its Garden*），描绘了位于亚得里亚海深处一座岛屿上的文艺复兴式庄园。关于它的第一幅图是朝向入口的透视——可见一座前广场，三面为两层高的铺有瓦屋顶的意大利建筑所环绕。一层房间布置图中绘制了相邻的规则式园林，还有“海克缇洞穴、萨提尔喷泉、带有三座舞蹈人像（也许是美惠三女神）的凹龛和名为《寂静》的雕像”。关于这座庄园，古德休在他的笔记中描述：“它静静地从曾经高雅的庄园衰落成现在下级贵族破败宅邸般的模样。”从花园一侧看过来，巨大的台阶下宽广的水池中反射了一部分位于台阶顶端带有拱券与柱子的罗马风格立面。在他看来，这座庄园失之矫饰，暴露了“设计者过分的野心，他也许是维尼奥拉（Vignola）某个平庸的学生”——后者是 16 世纪意大利风格主义[1]建筑师。

---

1 风格主义：又被译作矫饰主义、手法主义，出现于 16 世纪的欧洲。它有时被认为是文艺复兴古典主义的一种衰落，有时又被认为是文艺复兴与巴洛克之间的桥梁。

第三本画册从1899年开始绘制，描述了蒙蒂文托所（Monteventoso）。这是一座意大利北部的村庄，以圣卡特琳娜教堂和中央的翁贝托广场而闻名。从附近山谷对面溪流边的草地上看过来，这座山地小镇仿佛从未经历过时间的流逝：一幢幢笨拙的、依稀带有西班牙风格的住宅从田野边缘延伸，顺着山的缓坡向上越来越密集，最后杂乱地聚集在主教堂周围。主教堂哥特式的立面上带有三个拱券，顶部是列柱式穹隆，有些像伦敦的圣保罗大教堂，方形钟楼从教堂背后骄傲地伸向天空。一张翁贝托广场的透视图描绘了广场上的日常生活：人们在购物或者闲逛，卖菜的妇人站在市场的遮阳伞下等待着顾客。就像这些绘画一样，古德休细致的文字也捕捉到了生机勃勃的场面："那些音乐或非音乐的声响、那些喧闹的人群、那悲惨的翁贝托的青铜像，以及摇摇晃晃的铸铁咖啡桌。"他记录下一段与一位城镇居民关于艺术和音乐的长对话，以及那一天结束时对此处的观感，其语言仿佛同时代的亨利·詹姆斯（Henry James）[1]一般细腻动人：

"在这无风的、闪烁的空气当中，我眼前是这座城镇拥挤的紫色与红色的屋顶，纤细的、流淌的紫色穿过金色与橙色的屋顶和墙，标识出弯弯曲曲的街道。一座钟楼在这些色彩当中升起，清晰的轮廓衬着朦胧的远方。忽然响起的钟声在空中荡起看不见的波澜，雉堞没有令人想起'古老、不幸、遥远的事情以及很久以前发生的战争'，反而映衬了此时此地的和平与宁静。"[6]

每一篇旅行报告的背后都潜藏着丰富的建筑与历史学识——作者还时常会发出抱怨："这些建筑错漏百出！"然而他用的依然是典型的维多利亚晚期游记的语调，轻松惬意。这些报告是将建筑作为创造体验的媒介的典范，以建筑来建立场景——完整且有人居住于其中，色彩、声音和语言融为一体，刚好发生在我们眼前——他设立得如此完美，使读者仿若身临其境。这是一套关于如何创造完美幻象的入门书，而它也确实做到了这一点——当时的古德休从未去过欧洲——它们完全是虚构的。特拉姆伯格（Traumburg）来自德语，意为"梦想的城镇"或者

1 亨利·詹姆斯（1843—1916），美国小说家、文学评论家、剧作家与散文家，被誉为西方现代心理分析小说的开拓者。

是"梦想的村庄"，蒙蒂文托所（Monteventoso）意为"多风的山脉"，而弗斯卡庄园（Villa Fosca）则是"阴郁的宅邸"。这些旅行报告继承了长久以来人们撰写虚构游记的传统，如托马斯·莫尔（Thomas More）的《乌托邦》（*Utopia*，1516）或弗朗西斯·培根（Francis Bacon）的《新亚特兰蒂斯》（*The New Atlantis*，1627），并且同样是乌托邦式的——即便未涉及政治领域，就设计层面而言也是如此。区别在于古德休并不是哲学家而是建筑师，这些旅行报告也不是闲来无事所做的故事性的或富有艺术性的尝试，而是谨慎的研究。这是他漫长的职业生涯中大量此类研究的开端，即如何将梦想的城市变成现实。

1890 年代是克拉姆与古德休合作最紧密且充满艺术热情的时期——他们毫无保留地融入波士顿与剑桥年轻的波希米亚式的文化氛围中去，成为一些活力四射的学生饮酒俱乐部的成员，如"白镴杯"（Pewter Mugs），还热情参与了一些前卫艺术团体，如"视觉主义者"（Visionists）[7] 和波士顿艺术学生协会（the Boston Art Students Association）。后者会排演浪漫主义戏剧，一张古德休穿着戏服的照片保留了下来，照片中他带着假胡髭，看起来兴高采烈。1897 年，克拉姆与古德休协助创立了波士顿工艺美术协会（the Society of Arts and Crafts in Boston），致力于复兴传统工艺与设计，并沉迷于一切中世纪的事物。受到英国工艺美术运动领导者威廉·莫里斯（William Morris）在《杰弗里·乔叟作品集》（*Works of Geoffrey Chaucer*）中的手绘字体与插图的影响——该书由莫里斯的凯尔姆斯考特出版社（Kelmscott Press）在 1896 年出版——古德休创作了《圣公会教堂祭坛书》（*The Altar Book of the Episcopal Church*）。这部书插图极为精美，完全可以与莫里斯的代表作相媲美。与克拉姆及其他朋友一起，他还为一本持续时间不长的期刊《游侠骑士》（*The Knight-Errant*）工作，为其绘制了钢笔画封面，当中一幅描绘了一名身着盔甲骑在马上的骑士，在溪谷中凝望着山顶上的城堡。

古德休的天赋与努力均非同寻常：除却建筑与艺术之外，他还挤出时间设计了一套名为切尔滕海姆（Cheltenham）的字体，至今仍被使用。令人惊异的还有他强烈的热情，这给 1890—1900 年间的波士顿团体注入了相当多的活力。[8]"他起了最重要的作用，”克拉姆后来曾说，“浪漫主义令他着迷……这使他在任何事物上都可被称为中世纪专家。”古德休热爱表演、戏剧与音乐——全部与舞台相关。他甚至装扮成浪漫主义的风格，好像始终沉浸在角色里：“斜坐在桌上，吸着烟，宽边帽的帽檐遮住了眼睛，香烟在他的金色髭须下缓慢地燃烧。当他用一把破旧的吉他胡乱即兴伴奏的时候，会将墨西哥式的斗篷甩到肩后。”[9]

工艺美术一词如今听起来奇古而无甚意义，意味着一些无伤大雅的爱好，如手工制作陶器和染色玻璃。然而在半个多世纪的发展过程中，它是一场真正的运动，致力于改变整个世界，是现代史中涉猎极广、无处不在、生机勃勃且具有重大影响的艺术运动之一。至今它对我们来说依然非常重要，尽管并未被意识到——它深深影响了我们对于艺术价值、原真性与独特创作的态度，也影响了它所谓的对手即现代主义。这种影响如此深刻以至于人们对后者脱胎于前者这一事实罕有争议。工艺美术运动直到 1880 年代才得以命名，命名者是该运动伟大的倡导者与实践者、英国诗人、建筑师、织物与家具设计师威廉·莫里斯。然而人们通常认为它发源于英国艺术评论家约翰·拉斯金（John Ruskin）的早期作品。拉斯金在 1853 年出版了《威尼斯之石》（*The Stones of Venice*），书中明确界定了这场运动的世界观与主旨。拉斯金十分反感现代工业生产体系，认为机器制品离间了制造者及其作品，且剥夺了使用者享受手工艺品及手工艺术的权利。他谴责文艺复兴的理性主义与商业导向，认为那是“虚假的曙光”，同时认为中世纪的黑暗时代是真正的黄金时代，技艺精湛的工匠团体将工匠、物品与使用者结合成为有机的整体，而通过这一整体，土地、人民、国家、教会与上帝也融为一体。他赞美哥特式大教堂的建造过程，这些教堂有时会由几代人建造完成，是道德美学的标准案例——一种通过艺术将精神信仰与日常生活重新统合的方式。对于拉斯金来说，正确的艺术创作是世俗乌托邦的关键与核心：它必须全方位地表达出人类的能力、情感、记忆与内涵，使社会重回道德与信仰的平衡。

莫里斯受到了拉斯金、普金及拉斐尔前派运动的启发，倡导复兴传统工艺技艺，并且几乎尝试了所有方法，努力将装饰艺术从商业产品提升到美术品。他所制造的物品类型惊人地广泛——手工印制的书籍、染色织物、家具、珠宝、染色玻璃、铁艺和瓷器，布满卷须、花朵、树木、鸟类等自然界的图案与意象，并在设计、制造与使用的过程中贯穿了“有机”的理念。从1861年起，莫里斯在英格兰建立了一系列工作室，培养了许多匠人，其中一些人又开设了自己的工作室或出版专著。工艺美术运动从此兴盛起来，影响扩大到英国、欧洲大陆、美国、澳大利亚……几乎无处不在。

同样的变革冲动也发生在解决城市问题的过程当中。新兴工业城市糟糕的卫生状况开始被察觉并被作家们宣扬开来。如弗雷德里希·恩格斯（Friedrich Engels），他描述了1840年代曼彻斯特工人阶级棚户区的悲惨状况；还有查尔斯·狄更斯（Charles Dickens），他关于伦敦的小说创造了一个新的形容词“狄更斯式”（Dickensian），用来描述工业城市新出现的贫困现象。“人们”——主要是中上层阶级——为此感到震惊，呼吁“必须对此做些什么”，使城市建设的内容被写入那个时代社会变革的议程，从反奴隶制度开始到支持戒酒运动，逐步改善与提升工人工作环境、薪资与安全性、童工保障、妇女选举权、卫生状况、市政服务、良性治理和住宅标准。

谈及当时美国、英国与大部分欧洲大陆的建成环境，工业城市像夜晚的葫芦一样疯长，这是一种非常普遍的情形。而乡村则极度衰败，农产品价格的崩溃迫使农民和小农场主离开了他们的土地。然而在文化领域，事情似乎在朝着相反的方向发展。19世纪的文化几乎可以说是一场对城市概念的持续攻击——将其称为罪恶、疾病、危险与腐化的温床，反常、失控且恐怖。这类表述中的道德倾向很明显：城市是罪恶的，与之相反的是乡村，后者代表了诚实与简朴，人们直接在土地上劳作，怀着坦率虔诚的感情，并且获得简单的喜悦。他们相信从昔日的黄金时代中可以得到救赎——全然忘了真正的乡村与幻想截然不同。尽管有数百万人被从艰苦的农业生活中连根拔起，转眼卷入城市的贫穷和雇佣劳动的漩涡，占统治地位的文化修辞依然是田园主义与游牧主义：从城市逃离到乡村的田园牧歌中去。无视几乎没人能够负担这样的生活。

然而在形形色色的社会理论家尤其是建筑师看来，真正的光明大道不是回归田野，而是创造出一种新型空间：它既带有城市的经济优势与社会优势，又能规避所有缺点。它应该配备刚好满足使用需求的城市建筑，同时拥有充足的绿色空间与新鲜空气，就坐落在城市与远方、工厂与原野之间的某处。乌托邦的思想快速蔓延，渐渐形成一种信仰，即改造城市环境会同时改变社会与居民。长期流传下来的社会主义理想与新的美学道德联系在一起——以拉斯金对“建筑道德”[10]的诉求为例，产生了一系列令人印象深刻的措施。

对一些具有慈善思想的工业家来说，可采取的解决方法是在田野中建造工厂。罗伯特·欧文（Robert Owen）于1799年在苏格兰新拉纳克建造了他的乌托邦磨坊镇，接下来在1825年于印第安纳州新和谐镇再度尝试，并在若干国家中启发了诸多模仿者。还有别的工业家建造了更多家长式的企业城镇，从马萨诸塞的洛威尔到伊利诺伊的普尔曼（1880），后者是乔治·普尔曼（George Pullman）的火车车厢的生产地。此外还有英格兰曼彻斯特附近马其赛特郡的日光港（1888），由肥皂巨头利华兄弟（Lever Brothers）建造，并以他们公司的清洁产品品牌“日光”（Sunlight）命名。所有这些城镇都以复古的建筑风格建造，通常是哥特式或都铎式的，以强调它们远离腐蚀灵魂的现代城市。

在美国，各类社会实验无处不在。1830年代，据亚历克斯·德·托克维尔（Alexis de Tocqueville）[1]所说，美国人相信他们创造了一个新世界，其中包括了他们的城市范式：“这是个全新的社会……前无古人。”[11] 1840年，拉尔夫·沃尔多·爱默生（Ralph Waldo Emerson）[2]写信给他的英国朋友托马斯·卡莱尔（Thomas Carlyle）[3]：“我们被无数的社会改革计划弄得发狂。每个读书人的背心口袋里都有一个建设新社区的草案。”[12]许多实验社区都有意建成为乌托邦式的，就像那些受到工艺美术运动启发的案例一样——无论是社会主义工人社区、灌溉农庄聚

1　亚历克斯·德·托克维尔：19世纪法国思想家。

2　拉尔夫·沃尔多·爱默生：美国哲学家、散文家、诗人。

3　托马斯·卡莱尔：英国历史学家。

居地，抑或艺术家聚集区。这些实验社区位于英国、爱尔兰、澳大利亚、欧洲大陆及许多其他地方，地名列表与案例列表一样长。其案例名单前列有伯德克利夫社区（Byrdcliffe Colony）、布鲁克农庄（Brook Farm）、奥奈达社区（Oneida）、现代社区（Modern Times）、和谐社区（Harmonia）和赛勒斯特社区（Celeste）。从 1820 年到 1920 年这一百年间，美国共建设了超过 250 个乌托邦社区，这些社区存在的时间平均不超过四年。[13] 还有许多仅仅为提案的例子，特别是在绿地中建设的新城镇——宗教社区、灌溉农庄聚居地，或试验性的城镇规划，它们都在期待远离城市罪恶的同时又能从乡村所缺乏的经济体中获利。一些人崇尚形式的创新如独特的几何形：俄亥俄州的圆形城（Circleville）与堪萨斯的八角城（Octagon City）只是其中之二。[14] 另一些人则提出了更为复杂的规划，严格控制土地使用，按居住、工业、农业不同功能属性分区域布置，通常呈向心的环状布局。其中最具影响力的是英国速记员埃比尼泽·霍华德（Ebenezer Howard）在 1898 年提出并广为人知的"田园城市"（Garden City）概念。他号召在农村区域建造相互分离的新城，通过严格的区划和人口控制，将工业、农业和小规模城镇特征融于一身。每座新城呈同心圆状布局，两个圈层之间、城市与外界之间都设置了绿带以防止互相干扰。田园城市的理念启发了无数 20 世纪的规划者以及若干实际建造尝试——其中最著名的是英格兰的莱奇沃斯（Letchworth，1905— ）和马里兰的格林贝尔特（Greenbelt，1935— ）。这些实例中的很大一部分迅速沦为附近大城市的郊外住宅区，并未实现"田园城市"的独特设想——具备完整的工业体系。绝大多数此类规划提案逐渐销声匿迹，就像一位作家曾说的，"就像纸做的玩具兵"。[15]

然而如今有一种新型的、相对现实的乌托邦——铁路郊区，在现有城市周边建成了，并且没有对原城市形成威胁。客运铁路从中心城市向四周辐射，创造了新的可能性：在被称为中央商业区的城市内部工作，在遥远的城外某处伪牧歌式的伊甸园里居住，远离贫穷、犯罪、移民以及与之相关的种种不愉快。郊区是一种反城市，魔术一般地出现，彻底依赖与城市联系的关键纽带——最完美的工业技术，也就是铁路。浪漫主义郊区从而得以诞生：最早出现在 1840 年的英国，主要在伦敦、利物浦、曼彻斯特等城市附近；然后是美国，最早的案例是新泽西的卢埃林公园（Llewellyn Park）。那是一个田园风格的景观居住区，门楼模仿了中世纪建筑，开发者是一位有远见的企业家，彼时正有一条新的铁路可以直达 13 英里（约 20.9 千米）之外的曼哈顿。美国景观建筑师弗雷德里克·劳·奥姆斯特德（Frederick Law Olmsted）也给纽约中央公园增添了浪漫主义语言，还有之后的 16 个植物繁茂的郊区。这 16 个郊区由他所属的奥姆斯特德与沃克斯公司设计，其中包括伊利诺伊的河滨市、马萨诸塞的布鲁克林与栗山、马里兰的罗兰公园、纽约州的扬克斯与塔里顿高地。全世界的发展商都开始跟风在工业城市外围建造这样的郊区。相对便宜的土地与快速的交通，这两点结合起来令人（那些可以负担的人）难以抗拒。因此郊区在维多利亚时代的城市周围如雨后的蘑菇一样生长起来。

它们不是真正的城镇，没有城镇该有的服务与工作机会，而是白领的居住社区，通常设有门禁，将一片片浪漫的、优美如画的景观与中世纪风格的建筑围合在社区内部。如德国社会学家格奥尔格·西美尔（Georg Simmel）在当时所述，浪漫主义是城市情感的延伸、旅游业的先驱，吸引人们为之消费。[16] 尽管具有伪乡村的外观，它们与乡村生活毫无关系，完全是现代与城市才有的现象，只是搭设了布景，人们生活在其中。起先是上层阶级，而后扩大到白领中产阶级，对他们来说离开城市居住在郊区变成了迫切的社交与卫生需求。然而，当然，他们仍旧在城市里谋生。如今，人们认为喧嚣的城市与体面的家园“彼此强化，并非简单的截然不同或格格不入……城市制造的伤痕在家中能够得以治愈”[17]。如果说城市是男性化的，充斥着机器、工作与危险，理想的维多利亚式家园则刚好相反：在安全的、远离尘嚣的“乡村”当中，夸张地呈现出女性化与家庭氛围，各处的窗台上都能看到蕾丝窗帘与精心照料的盆栽天竺葵，呈现出无处不在的纤巧的女性气质。女性统治了这里，但是依附于她们的丈夫生活——以显示后者拥有足够的经济能力，无需她们工作。她们被孤立在家庭堡垒当中，抵抗来自外面现代世界的威胁。这便是“烟囱与天竺葵”，如 1917 年加利福尼亚州圣迭戈一位市长候选人在竞选活动中提出的口号。[18]

与铁路郊区同时出现的是通勤者，并且在其出现伊始就成了一种典型现象——狄更斯在 1861 年发表的《远大前程》（*Great Expectations*）中初次对此加以描绘。文米克先生是伦敦一位刑事律师的书记员，负责收账及记录关在纽盖特监狱中的罪犯客户恶心的日常生活细节。他是一个“相当无趣的人，个子非常矮，方形的白板脸，表情好像用一个钝凿子胡乱刻出来的”[19]。晚上他回到城市南边沃尔沃斯的郊区住宅——“一座位于花园当中的小别墅”，顶部“砌成炮楼的样子”，他将之称为他的“城堡”。他给它配备了浪漫主义乡村住宅能有的一切设施，包括小护城河及吊桥、弯弯曲曲的小路、花园、装饰性的湖、喷泉、带有哥特式尖券的窗子，以及每晚都会鸣响的一挺加农炮，取名斯丁格。他从工作地点回到家的过程中所经历的变化是非常重要的，正如他对他的客人皮普所说：“办公室是一回事，私人生活是另外一回事。每当我进入办公室，我把我的‘城堡’抛到脑后，而每次回到‘城堡’，办公室的一切也远在天边了。”[20] 这种变化类似于魔法，几乎无法控制，就像是《化身博士》（*Dr. Jekyll and Mr. Hyde*）中的吉基尔博士与海德先生。当两个人乘火车回到城市的时候，皮普发现：“随着火车行进，文米克逐渐变得越来越冷漠和严苛，嘴越抿越紧，终于又成了邮筒口的形状。最后，当我们到达他的办公室，他从衣领后拽出钥匙的时候，看起来已经完全忘了他在沃尔沃斯的家园，仿佛那些城堡、吊桥、乔木、湖水、喷泉……都随着斯丁格的最后一声炮响被轰到九霄云外去了。”[21]

这座“城堡”当然是一个幻境，好像住在其中，他就能变成一位乡村绅士而不再是城市公职人员。然而正是这幻境的存在令城市职员的生涯变得可以忍受。在城市中，他永远生活在时间的压力下——准时到达、按时结束、不要错过，因此他逃到一个虚构的、时间永不流逝的黄金时代，既是一种安慰也是一种抵抗。工作与家园的空间距离反映了他所需要并且努力建立的心理距离，这种距离令文米克先生与无数其他人可以粉饰他们身处其中的现代社会。这是一个无边无际的舞台：“城堡”与它荒唐的历史戏剧感所需的装扮和表演是想象，而城市和工作的世界也是想象——全都由戏服或制服以及传统惯例构成，还有必不可少的关于升迁、成功、公正以及超越自身命运的幻想。弗吉尼亚·伍尔夫（Virginia

Woolf）1927 年的《漫步街头》中描绘了通勤列车空间中所发生的变化：

“他们裹着外衣，走在下班回家的小路上，就像走在梦境当中。他们从办公桌边逃出来，脸颊上拂过新鲜的空气。他们穿上了一天中其他时刻必须挂好锁起来的光鲜亮丽的衣服，摇身一变成为伟大的板球手、著名演员、危难时拯救了国家的士兵。他们幻想着，打着手势，时而大声咕哝几句，轻快地穿过斯特兰德大街与滑铁卢大桥，然后大步踏进咣当作响的火车，去往巴恩斯或索比顿某座整洁的小别墅。在那里，大厅里的钟声和地下室晚餐的气味会惊醒他们的美梦。”[22]

因此这一时期也是儿童文学的黄金时期，并不是巧合，尤其在爱德华时代——从 1901 年维多利亚女王去世、爱德华七世（King Edward Ⅶ）继位到 1910 年后者去世——尽管这一时期更适合以 1914 年斐迪南大公在萨拉热窝遇刺以及第一次世界大战爆发为结束点。在这十年间，涌现了大量经典作品，甚至创立了儿童文学的新体裁以及相对应的标准——并且至今没有被超越，如碧雅翠斯·波特的《彼得兔》（Beatrix Potter，*Peter Rabbit*，1902）、J. M. 巴里的《彼得·潘》（J. M. Barrie，*Peter Pan*，1904）、伊迪斯·内斯比特的《铁路儿童》（Edith Nesbit，*The Railway Children*，1905）、肯尼斯·格雷汉姆的《柳林风声》（Kenneth Grahame，*The Wind in the Willows*，1908）、露西·莫德·蒙哥马利的《绿山墙的安妮》（Lucy Maud Montgomery，*Anne of Green Gables*，1908）、弗朗西斯·霍奇森·伯内特的《秘密花园》（Frances Hodgson Burnett，*The Secret Garden*，1910）等。它们都是模糊了幻境与日常生活界线的故事，通常发生在破败的老房子、花园或所谓的牧场（田园牧歌）中，涉及魔法、冒险与乔装——至少是毛茸茸的小动物们像人类一样穿上衣服。像整个 19 世纪文化一样，这些故事沉浸着一种乡愁，对虚构的乡村往日充满怀念，并且迷恋着儿童的纯真，以此来对抗成人世界的固执、专横与危险。它们取得了巨大的成功，而且绝不仅仅是针对儿童而言：1904 年伦敦最热门的戏剧是《彼得·潘》，即《不会长大的男孩》（*The Boy Who Wouldn't Grow Up*）。

这段时间也正是美国和英国都被“似乎从未长大”的男性统治的时期[23]，同样也不是巧合。“从未长大”一词来自儿童文学研究者塞斯·莱勒（Seth Lerer），指的是西奥多·罗斯福（Theodore Roosevelt）与爱德华七世，他们都热爱冒险，穿着盛装，偶尔经历“辉煌的小战争”。为了抵抗成年人的现实生活、日复一日令人窒息的社会与经济变化，以及发生在美国和欧洲各国边境的持续冲突，这种莱勒所谓的“乡愁地图”具有强大的诱惑力——想象一下小熊维尼的百亩森林与彼得·潘的乌有之乡。相对于危机重重的现状和未来，这些故事通常是一场回到过去的旅行：由于中世纪被定义为欧洲文明的童年，因此儿童文学与这一世纪内其他主要的艺术运动一样，都假设发生在类似中世纪的环境中。然而彼得·潘的乌有之乡远不如乔治四世（King George Ⅳ）位于布莱顿的皇家行宫那般避世——后者是一座“印度－撒拉逊”式的梦幻城堡，集东方隐喻之大成，并且采用明亮愉悦的色彩取代了哥特式的灰色，而“印度－撒拉逊”式也成了英属印度地区的官方样式，结果导致大量糟糕的建筑物在全世界范围内出现，从婚礼蛋糕般的伦敦旅馆到美国马戏大亨 P. T. 巴纳姆（P. T. Barnum）在康涅狄格州建造的洋葱顶的“伊朗斯坦”宅邸。

最终，工艺美术运动期待的变革彻底失败了：手工制品对富人之外的多数人来说太过昂贵；而绝大部分富人的财富来源正是工业及标准化制造，这恰好是工艺美术运动所批判的。到最后，这场运动演变成一种殊为保守的倾向，彻底沦为装饰。因此，这场运动在建筑与城市方面的种种创新反而助长了现状的延续，而不是改变了它。

工艺美术运动的改革者们瞄准了错误的对象：物。就像莫里斯试图相信好的设计与人性化制作的物品能够治愈社会痼疾一样，田园城市的建造者以及其他新兴工业城市的批评家们试图相信城市本身即为罪恶的源泉，而没有指向导致这一切的经济基础。就像《绿野仙踪》里的魔法师，他们没能看见帷幕背后操纵这一切的自己[1]。

社会问题并非存在于“物”本身，而是源于权力、财富、教育与资源的不平等。好的设计并不能从中拯救我们。

尽管在创作三部“梦想城市”旅行游记之前，古德休并没有去过欧洲。不过在到达波士顿之后的那些年里，他开始并且再未停止过旅行。1891 年他与达拉斯主教堂的各位赞助人屡次会面未果之后，前往附近的墨西哥进行为期几个月的旅行，主要乘坐火车，偶尔骑马。[24]第二年他出版了《墨西哥回忆录》（*Mexican Memories*），记录了在格兰德河下游的短期逗留。那是一篇诙谐且自嘲的记录，与其说是游记，不如说是关于时间与进步的世纪末反思。“迄今为止，墨西哥并不像其他地区那般堕落，”他说，“这也许是它主要魅力之所在。”[25]堕落指的其实是发展：机器导致的无休止的加速，侵蚀了所剩无几的乐土，即西方旅行者可以逃开现实生活、体验很久以前的异域风情的地方——存在于浪漫主义核心的当前的乡愁。“如今东方故事中的魔毯在进步的大军中被远远抛在后面。想起来真可怖——粗俗的、现实的旅行者可以毫不费力地从卡拉马祖到下诺夫哥罗德，而且行程远比乘坐任何魔毯都要奢华舒适。”

他哀叹铁路的蔓延，然而经历了几天腰酸背痛的骑马旅行后，又欣然乘上了列车。不过他通过将机器与动物进行修辞比较，顺利抚平了这种矛盾——以一种爱德华时代儿童作家的行文方式：“铁路，尽管我最近一直在抱怨，它们的确是不错的造物；而一头驴子，甚至是漂亮的纯血本地马，在骑了两三天之后也变得无聊了。”火车的速度与舒适性使得 19 世纪开始出现的旅游观光业可以渗入东方学专家眼中的“东方故事”，也在古德休面前不断铺陈一幕幕浪漫主义的场景。在临近墨西哥城的时候，古德休描述了一个狂喜的场面，其呈现方式仿佛预先经

1　在童话《绿野仙踪》中，伟大的魔法师奥兹是藏在屋角的帷幕后面的，通过腹语与各种装置来展示魔术欺骗来访者。

过了排演与设定："随着火车渐渐靠近，城市变得越来越宏伟，成千上万的穹顶与白墙面在第一束阳光中闪闪发亮，仿佛一座梦中的城市。统领一切的是主教堂的塔楼……它是如此壮观……就像悬浮在整个画面之上。"[26]

只要有空，他就会骑马前往城外那些"沉睡的、美妙的"小镇与乡村，欣赏中世纪伊比利亚半岛上或印第安村庄中的白房子。一路上他装扮成一位优雅的西班牙骑士，穿戴着"阔边帽、毛织披肩、宽松衬衫、短夹克、带有银饰的紧身马裤……皮腰带上镶着奇趣的印第安纹章，排满悬挂各种工具的套筒，这些器物的象牙手柄十分低调"。[27] 他记录下沿途听到的关于昔日墨西哥的传说故事，故事总是关乎时光的流逝，例如弗雷·安东尼奥（Frey Antonio）修士的故事——他于某天在修道院中忽然失去了踪迹，200 年后才重新出现，并且困惑于为什么有别的修士占据了他的房间。古德修描绘了斗牛、印第安人、土匪、女士、火山、教堂和音乐，还给游记配上了钟楼的水彩速写插图。所有这一切都沉浸在浓郁的浪漫氛围当中，并且急切地预示着它们行将消逝。"然而你必须快点，我的朋友，"他写道，"墨西哥和墨西哥的人们都变化得太快了。"[28]

1894 年 9 月下旬，古德休到魁北克[29] 旅行，为这座古城绘制了一系列铅笔速写，并且描绘了大量细节。画面常常十分耐人寻味：其中一幅关于一座广场，描绘了前景中面向观者的儿童、盒子之间觅食的狗、马车和喧闹的集市；另一幅画描绘了烟囱里冒出的烟、狭窄的街巷上方房子之间晾晒的衣物、几只鸡，还有一条半室外步行道。一座主教堂位于河流对岸的山上，宽阔的河流中散落着船只与水涡，就像透纳（William Turner）的速写。

古德休也许是那个时代最擅长塑造迷人细节的建筑师，然而他的兴趣显然不仅限于建筑。他非常细致地关注全部城市生活：在他的绘画与文字当中，建筑是从属于城市的，其重要性不在于个体，而在于作为一个更大的、动态场景的一部分。古德休曾经读过并且激赏英国哥特建筑师 W. R. 莱瑟比（W. R. Lethaby）的《建筑、神秘主义与神话》（*Architecture, Mysticism and Myth*），莱瑟比强调把中世纪大教堂设为社区生活的中心，不是作为建筑而是场所："仅仅以形式来定义它是不对的，它包含了一种精神、一种渴望、一个时代。"[30] 古德休详尽地回应了他的观点："在法国，大教堂位于……一切事物的中心——关乎宗教、政治、国家、公民，以及每一个人，因此大教堂几乎毫无例外地面对着集市，主入口台阶上总是坐着伞下闲聊的妇女，突出的扶壁下方甚至还会设置小商店与货摊。"[31] 大教堂是一座小型城市的精神支柱。因此，古德休的绘画中总带着对城市生活片段的刻画。在他与克拉姆为马里兰州巴尔的摩显圣教堂所做的方案中，他在教堂精美的外观与室内图中描绘了集会者与唱诗班正在前往祈祷。他还绘制了壮观的城市鸟瞰图，从繁忙的港口到住宅、建筑、街道、铁路，再到远处的乡野，并留下题词："大教堂之城巴尔的摩之景。看，大教堂从城市中升起，就像指向天空的手指。围绕着教堂的住宅像依偎着母亲裙裾的孩子。虔诚的信仰以及成千上万的信徒在其中得以滋养……"

克拉姆与温特沃事务所在 1890 年代非常忙碌，建造了学校、主要为哥特式的教堂，以及各种风格的住宅。[32]1897 年，合伙人查尔斯·温特沃去世了，工程师弗兰克·弗格森晋升为合伙人，因此事务所在第二年更名为克拉姆、古德休与弗格森事务所。[33] 事务所的业务范围很广，需要从事大量繁重的工作与经常性地出差，古德休因此患上肺炎倒下了。1898 年 12 月，他回到墨西哥，在干燥的气候中度过了四个月，与他同行的还有建筑作家西尔韦斯特·巴克斯特（Sylvester Baxter）与摄影师亨利·皮博迪（Henry Peabody），后者协助他们为一项大型研究——墨西哥的西班牙殖民建筑收集素材。[34] 古德休一如既往地对细节十分关注。这当然会有收获。

1901 年古德休陪同他的一位新业主——来自纽约的、富有的学者与艺术收藏家詹姆斯·沃尔德伦·吉勒斯佩（James Waldron Gillespie）前往欧洲，然后又去了中东。他们穿过了意大利、黎凡特与波斯，当中骑马穿越了 800 英里（约 1 287.5 千米），从里海直到波斯湾，中途经过伊斯法罕、库姆、设拉子和德黑兰。这是一场真正的通往昔日的远行，那里从未被铁路侵入。两个人沉浸于未被玷污的东方梦想世界里的建筑与花园，常常在月光下的古老庭院中流连。古德休的钢笔画中带有一种浪漫的慵懒情绪：幽深的柏树林荫道、平台、拱廊、门廊、隐秘的花园，在清澈的池水中投下倒影。

回来之后，吉勒斯佩委托古德休为他设计住宅。他在加利福尼亚的蒙特塞托买了30英亩（约12.1公顷）土地，位于圣巴巴拉市边缘，建筑主要为罗马庄园样式。古德休的设计精彩非常。建筑简洁的外立面上设有罗马式的柱子，一系列浅浮雕刻画了他小时候便十分喜爱的亚瑟王的传说。住宅四周被庭院所包围，并且延伸出一座石头平台，朝向南方的太平洋。一列带有波斯风情的水池顺着平台逐级跌落，当中以台阶连接，通往一座被步道一分为四的矩形水池，步道通向中央的圆形喷泉。另一道更长且更壮观的台阶两侧种植着丝柏，通往一组狭长的矩形水池，三座水池依次跌落，最后到达列柱式的亭子。花园中点缀着吉勒斯佩收集来的稀有的棕榈树，高大繁茂、形体舒展，平添了带有异域风情的华美。

庄园在1906年建成，被命名为“埃尔·弗雷蒂斯”（El Fureidis），即阿拉伯语的“天堂”。它也许是加利福尼亚州最早的“地中海式”住宅，整合了波斯、意大利与西班牙元素，然而呈现出一种全新的形式，既是历史主义的，又带有一种诡异的现代感。一位评论家曾经这样描述古德休之后的一个作品，建于1922—1932年的内布拉斯加州议会大厦：“它不是折中的，而是综合的。”这句话用来描述埃尔·弗雷蒂斯庄园也一样。它是一种混合物，带有埃及以及古典主义的主题，所有这一切都清晰可辨，然而从总体来说却很难解释这座建筑的本质，它“颇为迷人，却并未沉溺于回忆。庭院以及东、西立面是意大利文艺复兴风格的，但并非那个时代的重复，而是塑造了一种新的、令人难忘的魅力”。[35]

来自昔日的魅力是埃尔·弗雷蒂斯庄园吸引力的核心所在，这种吸引力不仅仅来自建筑，还包括了环境氛围、花园及其叙事的品质——综合了维多利亚时代晚期关于撒拉逊人、莫卧儿人、阿拉伯酋长、法老和骑士的幻想故事。它是真实世界中的仙那度[1]，就像塞缪尔·泰勒·柯勒律治（Samuel Taylor Coleridge）著名的诗歌《忽必烈汗》中所描述的逍遥宫和带城墙的花园，河流从花园中央流过。这首诗是19世纪最流行的诗歌之一。也许是为了证明诗中所描绘的景象与他脑海中的景象所差无几，古德休画了一幅画，画中有一座巨大的、带穹顶的东方城堡倒映在山地湖泊当中，并且题字“在仙那度”。他将这幅画作为礼物送给加利福尼亚建筑师埃尔默·格雷（Elmer Grey），后者曾为他督造这座住宅。

这种浪漫主义的诱惑被周遭新兴的加利福尼亚文化加强了，在它自身内部也有同样的强化力量。埃尔·弗雷蒂斯庄园的图片被大量报道，成为一种新型的、更加优雅的“地中海式”建筑的原型，常被加建在20世纪之交时曾在加利福尼亚民众及开发商中颇为流行的沉重、低矮的传教士复兴风格建筑的上部。它是一座完美的舞台布景，1915年时曾有一部古装默片在此拍摄。

这座建筑与好莱坞产生联系也并不令人意外。最早的电影制作人于1908年来到这里[36]，他们被这里温暖的气候、丰富的外景、便宜的地产所吸引，也心动于能摆脱那些力主保护专利权的东部律师。他们热爱这一地区昔日西班牙与墨西哥式的异域风情。电影制作人们选择了一些虚构的西班牙与墨西哥故事作为主题，并以好莱坞最早的几座摩尔风格的建筑作为场景。1908年，威廉·塞利格上校（Colonel William Selig）在洛杉矶拍摄了几部电影，其中包括《卡门》（*Carmen*），其外景地是一处西班牙式庭院，是该地区最早的专门为拍摄而建造的建筑。作为一名加利福尼亚演员，D. W. 格里菲斯（D. W. Griffith）在一场巡演《蕾蒙娜》（*Ramona*）中扮演了印第安人亚利桑德罗的角色，该剧改编自海伦·亨特·杰克逊（Helen Hunt Jackson）1884年的同名畅销书，剧情将人们的注意力吸引到南加利福尼亚浪漫的旧时光中去。当格里菲斯成为导演之后，他早期作品中有一部拍摄于洛杉矶附近圣加百列教堂的电影《宿命的线索》（*The*

1 仙那度（Xanadu），即元上都，始建于1256年，元世祖忽必烈建立元朝后，以此作为夏季行宫。1816年柯勒律治的诗歌《忽必烈汗》中对这座极致美丽的宫殿加以描述，从此奠定了仙那度在西方文学中的象征意义。

Thread of Destiny），合作演员为玛丽·碧克馥（Mary Pickford），是关于墨西哥时期加利福尼亚的故事。他还与碧克馥合作了《在古老的加利福尼亚》（*In Old California*）与他自己导演的《蕾蒙娜》，都延续了这一主题。

地产开发者与洛杉矶商会从一开始就抓住了田园牧歌式的西班牙故事主题，借此出售他们的产品。经理人约翰·麦克格雷亚蒂（John McGroarty）举办了一场长期上演的盛装表演，将它命名为"布道记"（Mission Play），演出场地也选择在部分修复后的圣加百列教堂，其宣传口号则为"世上最幸福的土地"——赞助人正是有轨电车及地产大亨亨利·亨廷顿（Henry Huntington）。好莱坞、当地建筑和地产开发业都因此获利。

随着好莱坞电影及其带来的公共文化日渐精致华美，建筑也无可避免地受到影响——传教士风格及摩尔风格很快就显得粗糙过时了。此时此地，古德休的才华、禀赋以及长时间的专业积累使其脱颖而出。在接下来的委托项目中，他对拉美文化的了解进一步加深了。1905 年，他设计了古巴哈瓦那的拉圣提西玛特里达（圣三一）代主教教堂，在立面和引人注目的钟楼中采用了"丘里戈里"式的装饰，这是他之前在墨西哥旅行中见到的 16 世纪的巴洛克风格。1911 年他受聘在巴拿马的科隆设计新华盛顿酒店，由美国总统威廉·霍华德·塔夫特亲选任命。后者希望在运河区的太平洋一侧建造一座标志性的美国酒店。同年他还受聘为圣迭戈的巴拿马 – 加利福尼亚博览会做设计，该市市民希望赶在 1915 年巴拿马运河通航的时候，将企业及移民吸引到这座位于洛杉矶南部仅有 3.5 万人的小城市中来。古德休为此设计了一处庄严且梦幻的舞台布景，位于博览会所在的巴博雅公园，在其中实现了他这些年来对梦想城市的一切构想。到达这里需要经过一条跨越溪谷的、长长的混凝土拱桥，两条相交的道路两侧排列着西班牙 – 地中海式的建筑，其间点缀着花园、棕榈树与喷泉。面向中央广场的是加州大楼，采用大教堂般的形式，顶部是壮观的、铺着蓝瓦的穹顶，独立的钟楼带有丘里戈里式细节。从那时直至今日，这里都是一处世外桃源，它的魔力不仅仅存在于建筑细节当中，还在于严格的机动车与步行通道及人数控制。人们热爱这里。古德休在圣迭戈的雇主们都很高兴，因为这座城市被标识在了地图上，而且会源源不断地吸引资金投入这片金山州[1]里的工业、农业、移民以及华盛顿特区政府支持的军用基地。

著名天文学家乔治·埃勒里·黑尔（George Ellery Hale）曾经满怀欣赏地赞美巴博雅公园内这座满是游客的微型城市：

“这座精彩的造物，充满西班牙风情——尽管在西班牙很少有类似的建筑——它拥有宏伟的道路、从山坡上升起的城墙、热情迎客的大门、高耸的塔楼和华丽的穹顶，呼应着远处静谧迷人的南方庭院，呈现出创造者的种种巧思。他富有建设性的创造力中充满了对东方与南方的想象，无视规则与习俗，并不局限于特定的西班牙殖民时期，而是自由地将他的想象加以记录、描绘和实现……这实在是一种幸运，能够将这样伟大的梦境以永久的方式保留下来。”[37]

“伟大的梦境”一词也可以用于加利福尼亚本身，它在20世纪上半叶迅速升起为一颗新星。古德休为它画下了符合它本身期待的蓝图：淳朴而又优雅，源于华丽、浪漫的昔日，同时又站在现代的最前端，注定承载经济、科学与军事的无上荣光。因此1917年时任加州理工大学董事的黑尔又聘请古德休来设计位于帕萨迪纳、占地22英亩（约8.9公顷）的新校园，这个选择顺理成章。加州理工大学在天文学与火箭科学方面已成为世界领先的院校，而后又创设了位于附近的喷气推进实验室，美国的空间研究计划就在这里诞生，星际探索之旅由此发源，而与之相关的设计、建设和指导直至今日仍在进行。古德休为这些最具现代感的科学家们创造了一个地中海风格的巴洛克家园，仿佛他们的事业与文明本身一样古老：一系列古典比例的红瓦屋顶建筑、上部连廊、丘里戈里式的入口立面都通过类似当地教会建筑的方形柱拱廊相连，围合成宽敞的院落，院落中种植了橄榄树。面对庭院可以看到古德休招牌式的标志：拱廊的柱头全部为雕塑，由李·劳里（Lee Lawrie）雕刻再以现浇混凝土浇筑，雕塑的主题是异想天开的、从事各种职业的人像，就像中世纪大教堂上的雕刻一样——拿着烧瓶的化学家、测量地球

1　金山州：加利福尼亚州的别称。

仪的地理学家、使用显微镜的科学家和研究飞机引擎的工程师（南加州是飞机制造业的前沿中心，第二次世界大战期间，70% 美国飞机的机架在此生产）。科学家与音乐家是成对出现的：一名小提琴手、一名手风琴师、一名号手，都带着欢乐而且调皮的表情。

20 世纪前四分之一的时间里，南加州最新的事物并不是如埃尔·弗雷蒂斯庄园或巴博雅公园这样的浪漫主义建筑——整个 19 世纪和大半个 18 世纪里人们都在狂热地建造复古建筑。也不是街道蜿蜒和景观如画的世外桃源般的郊区社区——这些社区早就有了，只要通勤列车能够载着富人们逃离城市前往绿色乡村，这类社区就会出现。从城市与地区层面来看，新兴的是看起来不像城市的城市——城市被装扮成乡村，建造了大量独立住宅，每一栋都在小心翼翼地假装周围没有邻居，假装自身是孤独伫立在田园风光中的城堡。没有别的高耸的建筑物，除了哥特或其他风格的教堂尖塔，或郊外村庄中带有雉堞的古怪塔楼。连工业建筑都选择历史风格的建造主题，如洛杉矶的森孙轮胎及橡胶工厂（Samson Tire & Rubber plant）。那是当时密西西比河以东最大的独立式工业建筑，建造于 1929 年，采用了令人震惊的公元前 7 世纪的亚述城堡形式，雉堞顶端装饰着混凝土浇筑的狮身鹰首格里芬。郊区并没有远离城市的边缘，郊区的理想却侵入了城市，在某些时候甚至完全取代了城市本身。

古德休在完善他的梦想城市模型的同时，还示范了如何用建筑学方法将整个城市建造成为一个特定主题的、浪漫主义幻想王国。更重要的是，他与其他有同样想法的建筑师们共同将浪漫主义风格从其所处的历史窠臼中解放了出来，方式却颇为讽刺——通过摒弃 19 世纪城市改革者所剩无几的政治计划。他们用个人的、浪漫主义的自由叙事取代了改革者们对工业资本主义的抨击，这种叙事通过电影布景般的幻境得以持续。浪漫主义的建筑风格一旦应用得好，可以成为一种娱乐。人们可以想象他们是西班牙庄园主或是亚瑟王的骑士，不仅仅像文米克先生那样在私人生活中如此，同样还表现在工作、购物与社交当中。这种倾向似乎从那时起就没有停止过。通过建造这一类环境，古德休与他的合作者及模仿者们共同完成了工艺美术运动未竟的理想：他们的设计产品的确具有一种力量将我们——至少是我们的想象，带到某一处远方，远离现代城市的种种烦恼。

远离城市需要付出代价。一些人必须忍受距离带来的烦恼：孤独，与更广泛的社会以及社交、经济与政治生活的疏离。更多人则不得不生活在被抛弃的城中社区，他们付出大量财力资助道路、基础设施、教育和其他城郊需要的资源，却很少能够从中获益。改革者所梦想的更好的世界对于能够负担交通成本的中产阶级来说是真的实现了，而其余更低阶层的人则被永远地困在了原地。

在接下来的几年中，古德休继续建造着自给自足的小型城市，为海军陆战队和海军在圣迭戈附近设计建造颇为不合时宜的浪漫主义的西班牙风格建筑群。他还在圣巴巴拉区域建造了一系列住宅，其中包括他自己的戴特住宅（1915—1918）和蒙蒂塞托乡村俱乐部（1916—1917）。他绝不是唯一一个采用西班牙风格的建筑师，然而他的作品为一场崛起中的地区性建筑运动提供了范例。这种运动被称为西班牙殖民复兴，并且逐步取代了工艺美术运动及其派生出的、在加利福尼亚非常流行的工匠风格。来自马萨诸塞州的麦伦·亨特（Myron Hunt）曾经与埃尔默·格雷一同作为埃尔·弗雷蒂斯庄园的监理建筑师，之后他们二人在1911年建造的标志性的比弗利山庄酒店项目中合伙。亨特后来成为南加州上流建筑师团体中的领军人物之一，在整个职业生涯中完成了超过500个折中主义项目。[38]

这种以古德休为摹本的全浸入式复古建筑环境在一个独立住宅项目中达到了极致。该项目也被称为赫斯特城堡（Hearst Castle），位于加利福尼亚中部圣西蒙海滩，是一座幻想的中世纪山顶城镇。建筑师为茱莉亚·摩根（Julia Morgan），业主为出版业巨头威廉·兰道夫·赫斯特（William Randolph Hearst）。项目开始于1919年，持续了约20年。摩根从海湾地区开始，以工艺美术运动的方式着手，设计了地中海复兴式的塔楼、礼拜堂、别墅、马厩、泳池和花园。实施建造的是一群经验丰富的工匠，就住在项目地块内为他们特地建造的村落中。该项目是工艺美术运动中工作室理念近乎偏执的呈现，所有人都受雇于一位超级富豪，为他享乐主义的生活方式建造一座舞台——无数欢宴在其中举行，好莱坞明星、欧洲王室与商业巨子接踵而至。圣西蒙与古德休那幅仙那度画作十分相似，中央也建造了一座灿烂华美的穹窿，区别是摩根建造了两座较小的钟塔，而古德休画的是个巨大的尖顶。

每个人都渴望巴博雅公园般的梦想城市（不仅是赫斯特），这使得许多城市被建成为西班牙风格，尤其是那些迎合富人的社区。首屈一指的便是帕萨迪纳（Pasadena）、滨海卡梅尔（Carmel-by-the-Sea）、洛杉矶的荷尔贝山（Holmby Hills）与好莱坞山（Hollywood Hills）、拉荷亚（La Jolla）、奥哈伊（Ojai）、帕洛斯韦德（Palos Verdes）与兰乔圣菲（Rancho Santa Fe）。在圣巴巴拉，它真正成为法律：1925 年的地震夷平了城中心建于维多利亚时期的折中主义建筑，一群文物保护者与建筑师倡导成立一个具有许可权的建筑审查委员会，所做的就是强迫建造者采用西班牙式风格。标志性的开发行为是将德拉古拉一带历史颇为久远的土坯房改造成为公共景观广场，面对一座为该市报社新建的西班牙式建筑和一条被称为埃尔佩索街（El Paseo）的步行商业街［设计监督是老卡尔顿·温斯洛（Carleton Winslow, Sr）[39]，他也曾在圣迭戈为古德休工作］。这一切都是复刻的安达卢西亚历史风格与现代美国度假城镇商业需求的融合。埃尔佩索街立刻成了旅游景点。而开发商们也马上注意到了这一点。同样在 1925 年，在奥兰治、圣迭戈与洛杉矶南部交接的海边地带，圣克莱蒙特的开发商们公然将之命名为“海边的西班牙村庄”（Spanish Village by the Sea），建起了西班牙式的商业街、沙滩俱乐部、游泳池、高尔夫球场、运动场、学校和住宅，并且也像圣巴巴拉一样成立了一个建筑审查委员会来督建地产项目。

结果行之有效：加利福尼亚迅速地繁荣起来，尤其是加州南部。在那里，住宅开发很快变成了主导产业。仅仅在 1920—1930 年这十年间，就有 150 万人移居到大洛杉矶地区，其中大部分人移居至此或多或少是因为他们相信在这里每个人都能拥有自己的城堡。除了那些最幸运的、经过特别策划的飞地如圣巴巴拉与卡梅尔，其他的浪漫主义建筑场景更为多变，呈现出多元趣味，其中很多毫不掩饰地借鉴电影，可以非常明显地辨认出原型。在洛杉矶，电影布景在闹市中若隐若现：位于好莱坞与日落大道转角覆盖了四个街区的巴比伦城来自D. W. 格里菲斯（D. W. Griffith）的《偏执》（*Intolerance*），不远处《宾虚》（*Ben-Hur*）的罗马与《罗宾汉》（*Robin Hood*）的诺丁汉城堡占据了最昂贵的地段。[40] 建造者们纷纷迎合，结果是这一地区变成了一片建筑杂烩——建筑本身洋洋自得，而那些来自东部并且保持着良好品味的人则颇感惊悚。评论家埃德蒙·威尔逊（Edmund Wilson）在1932年写下了一段“别出心裁”的嘲讽，将对此处的轻蔑表达得无人能出其右：

“居住在洛杉矶的人们都是文雅且孱弱的，他们深爱东拼西凑的美丽——而且喜欢用住宅来表达情感，因为这些房子综合了他们最爱的历史电影、最喜欢的电影明星、最幸运的数字组合或他们的前世，譬如在古希腊、浪漫的埃及、离奇的南萨克斯或是与古印度女祭司的爱情故事。这儿是一座用新鲜酥脆的花生糖建的北京宝塔，那儿是一间雪白的棉花糖造的因纽特人冰屋，还有佛罗伦萨式的粉色牛轧糖，嵌了干果，醇厚美味。远处是袖珍的、带有家族纹章的沃里克古堡复制品，更远处还有个满身脂粉气的恶心男人。一座奇妙的瑞士小屋从层叠的九重葛底下扭捏地探出头来，那花儿的颜色绝不可能是染出来的。还能看见一小片炎热的农场，就像标准的墨西哥烤芝士玉米卷，上面的屋顶是浓郁的红色番茄沙司，将把她那淡紫色的影子投在旧日西班牙的老灵魂上。”[41]

洛杉矶地区的城市发展很快发现了汽车所扮演的关键角色：1930年前，这一地区拥有80万辆汽车（平均每3人拥有2辆）[42]，而如今拥有几百万辆。洛杉矶县如今拥有1 000万人口，是这座共有五个区县的超级大都市的一部分，城市总人口超过2 000万，人们出行以汽车为主。这是美国面积最大的城市化区域，专家称之为“集合城市”——一座具有区域规模的城市，但却是一座主要由郊区组成的“城市”。这些郊区并不都是浪漫主义的，各种方面皆是：从建筑风格到街道类型再到人口构成，均有诸多差异。这一区域－城市在几十年中被成百上千名开发者建造完成，大部分人都在期待新建的城市会与旧的城市不同，甚至应该是某种类型的“反城市”。规划者们严格按照条款限制建筑高度与居民密度，力求保持理想田园城市的观感。由于无法阻止涌来的人潮，他们转而决定将他们的田园城市不断延伸，从墨西哥边境到圣巴巴拉，总面积超过 10 000 平方英里（约 25 899.9 平方公里），跨度近 200 英里（约 321.9 千米）。这是一座如此巨大的梦想都市，伯特伦·古德休大约很难意识到这是受他启发产生的结果。

名词解释：浪漫主义乡村

综合判定

- “画意派”仿古建筑，带有复杂的装饰与细节；以前工业时代尤其是乡村建筑如城堡、庄园、别墅为原型；也包括教堂。
- 大部分是住宅，设有引人注目的购物中心，而工业建筑和复合功能建筑则被排除在外。
- 最好是独栋住宅，强调与邻居之间的间隔。如果住宅彼此相邻，则会尝试伪装成为独栋。
- 蜿蜒的街道与自然风格的景观。布局太过分散以至于不利于步行。以私家车作为主要交通工具。
- 通过围墙或绿带限制陌生人进入，通常设有门禁。

案例

- 加利福尼亚州圣巴巴拉的西班牙殖民复兴式街区；洛杉矶卡梅尔、圣克莱门特岛等地区；佛罗里达州的棕榈泉、博卡拉顿等地区。
- 19 世纪及 20 世纪早期依傍铁路及有轨电车建造的郊区，以美国东部与中西部城市最为典型，如马萨诸塞州的布鲁克林、纽约皇后区的林山花园、俄亥俄州的谢克海兹、伊利诺伊州的河滨市。
- 1920 年代之后的汽车郊区，通常为混杂的建筑风格，如纽约州的威斯特彻斯特县、加利福尼亚州的比弗利山庄。
- 伦敦：汉普斯特花园郊区、贝德福德公园、布莱克希斯。

其他变体

- 混合形式：折中主义及画意派仿古建筑与更为现代的形式相结合；曲折的小路与网格状或半网格状城镇规划以及多层或高层城市建筑相结合。
- 简化的形式：颇为粗暴的成片主题开发区，模拟历史建筑风格，通常设有门禁、蜿蜒的街道与景观；居住密度较高、街区较小、住宅间的间距更近；建筑风格更为矫揉造作，材料及细节粗疏。如加利福尼亚库卡蒙加牧场、奥兰治县以及中国北京。

埃尔·弗雷蒂斯庄园（1906），加利福尼亚蒙蒂塞洛，建筑师：伯特伦·古德休

巴拿马－加利福尼亚博览会上的加州大厦（1915），加利福尼亚圣迭戈，建筑师：伯特伦·古德休，一个“丘里戈里”式西班牙巴洛克风格的案例

巴拿马·加利福尼亚博览会接待中心庭院，加利福尼亚圣迭戈，建筑师：伯特伦·古德休

加利福尼亚圣巴巴拉县法院（1929），建筑师：威廉·穆塞尔（William Mooser）

2　纪念物 Monuments
丹尼尔·伯纳姆与规则城市

随着城市美化运动的兴起，变得更幸福的人们会爱上并且为这一运动而骄傲。他们会成为更好的市民，因为他们将受到更好的教育，更具美学修养，并且充满市民的自豪感。

——查尔斯·马尔福德·罗宾逊（Charles Mulford Robinson）

当丹尼尔·哈德森·伯纳姆（Daniel Hudson Burnham）[1] 在1912年去世时，在美国，没有哪一位建筑师比他更加声名显赫。他被誉为摩天大楼之父，是1893年芝加哥世界博览会的规划者，还改建了华盛顿特区的国家广场。他成功、富有、交际广泛，在美国全境及周边地区均风头正盛。总统塔夫特称其为“全世界最杰出的建筑师之一”[43]。伯纳姆最常重复的信条——“别理那些小规划，它们没有震撼人心的魔力……制定大的计划吧……要记得，一个壮观、逻辑清晰的图像一旦得到记载，就永不消逝，即便我们早已离世，它依然会持续生长，证明自己的存在”，完美地体现了“命定扩张时代”（the era of Manifest Destiny）[2] 美国人不断增长的国家自豪感及渴望。作为一位将19世纪的形式与理念带入20世纪的形式主义者与新古典主义者，他也有众多敌人，尤其是那些倾向于现代主义的同行们，后者在他死后很快开始攻击他的声名，并将他投进建筑史的“垃圾箱”当中。然而与他同时代最重要的现代主义者弗兰克·劳埃德·赖特（Frank Lloyd Wright）却坦承伯纳姆“并不是个具有创造力的建筑师，但是一位了不起的人”。

伯纳姆的影响力正如他高大健硕的身材：身高超过6英尺（约1.83米），穿着永远无可指摘。而他对自身形貌也非常骄傲。年轻时他曾是一名击剑运动员，后来还打高尔夫，并保持了在办公室中进行锻炼的习惯。他热爱各类醇酒美食、豪华住宅，曾经大批购置雪茄——随着事业成功与名声日盛，他的腰围和影响力与众所周知的傲慢一起逐步增长。[44] 他还建造庞大的建筑——包括部分世上最早的摩天楼，如1882年建造的10层高的蒙托克大楼（Montauk Building，也许是第一座得到摩天大楼这一称号的建筑），以及建于1889—1992年的、16层高的蒙纳德诺克大楼（Monadnock Building），它们是自称为“巨肩之城”的芝加哥商业力量的完美象征。而且随着他在纽约、旧金山以及其他城市建造更多的大型建筑，

1　丹尼尔·哈德森·伯纳姆（1846—1912），美国建筑师、城市设计师。

2　命定扩张时代，通常指美国1812年第二次独立战争到1861年南北战争爆发间的时期，在此期间美国版图不断扩张，基本确立了今日的美国本土边界。

摩天楼成为美国帝国路线的建筑载体，彼时它们正将迎来所谓的“美国的世纪”[1]。作为 1893 年芝加哥世界博览会的总负责人并圆满完成任务之后，伯纳姆成了美国最卓越的城市规划师之一，重新设计了多个城市的交通与概念规划，从芝加哥到旧金山到最近征服的马里兰。他所描绘的远景异常壮观，公然将古希腊、古罗马及文艺复兴时的欧洲城市传承视为冉冉升起的美国的遗产。他的摩天大楼影响了全世界的建筑师，特别是那些对他有诸多轻视的洋洋自得的现代主义者，这委实是一种讽刺。他重新制定的帝国式的城市规划被各类政体下的现代城市建设者们视为典范，无论是法西斯主义者、共产主义者、民主主义者，还是专制暴君、压迫阶级，抑或进步的改革者，均在其列。丹尼尔·伯纳姆当仁不让地为 20 世纪的城市提供了两种最常见的形式要素。

最初，伯纳姆只是那个年代的一名普通美国人。1846 年，他生于纽约亨德森镇附近一个纯正的英国移民家庭，其家族可追溯至 1635 年托马斯·伯纳姆从英格兰诺维奇移居到马萨诸塞的伊普斯威奇。[45] 丹尼尔·伯纳姆的父亲曾是纽约州的一名商人，在经历了一段颇不顺利、捉襟见肘的生活之后，于 1855 年，即丹尼尔 9 岁的时候，举家前往芝加哥，转而进行药材批发生意。在那里，他的事业开始取得成功，仅在 10 年后就变成了颇有权势的芝加哥商业协会的主席。丹尼尔进入芝加哥中央高中就读，因其英俊健壮的外表而闻名。相比于学校功课，他更喜欢绘画。一位同龄人这样回忆：“他很少学习，常常因为疏忽而被斥责。他个子很高……相对于他的年纪，有点太高了。”[46] 他的父母安排他学习收费的绘画课程，并将他送往东部两年以准备大学入学考试。然而哈佛和耶鲁都没有录取他。他做了四个月销售员，然后在导师与长辈的劝说下——当然也由于他本身对绘画的热爱，转而进入建筑业，在芝加哥的洛林与詹尼事务所（Loring and Jenney）做一名学徒。显然，他在工作中得到了鼓励，从中看到了个人成就的道路。“我要

1 美国的世纪，特指从 20 世纪中叶以来美国在世界经济、政治与文化领域中逐渐占据了主导地位的这一时期，与之相对应的是 19 世纪时的“英帝国世纪”。该词语的创造者是《时代》杂志的出版人亨利·卢斯，他于 1941 年号召美国摆脱孤立主义，承担更多的国际责任，加入第二次世界大战以捍卫民主价值，“创造第一个伟大的美国的世纪”。

努力成为这个城市或国家最伟大的建筑师，”他这样写道，“我将完完全全达到我为自己设定的目标，我将成就这一切，并且毫无畏惧。我只需要做一件事：下定决心并且持续努力。”[47]

然而当时的伯纳姆并没有真正做好准备。离开芝加哥后，他前往内华达州的银矿碰运气，获得了采矿许可，可是并没有发财。然后他尝试从政，在一位年长的顾问的鼓励下代表白松郡竞选内华达州议员，然而又失败了。24 岁的时候他回到家，接受了自己漂泊的命运：“无法长久地做同一件事，这是一种家族遗传。”[48] 在这之后，他又开始从事建筑业，先后在几家建筑事务所工作，直到受聘于卡特、德拉克与怀特事务所（Carter, Drake, and Wight）。是他的父亲老伯纳姆向事务所的合伙人彼得·怀特（Peter Wight）推荐了他。据怀特所回忆，伯纳姆的父亲“非常渴望丹尼尔能够摆脱他那漂浮不定的性情”。

在这间事务所里，伯纳姆发现怀特正是他一直以来在寻找的职业导师[49]，帮助他定下心来，致力于他曾经信誓旦旦的“下定决心并且持续努力”。在怀特的公司里，他还遇到了他需要的合伙人：约翰·鲁特（John Root）。这位来自佐治亚州的年轻人于南北战争期间还生活在英国利物浦，师从英国最顶尖的风琴师学习音乐，并且通过了牛津大学入学考试。战争结束后，他却跟随父母来到了美国。他在纽约大学学习工程，先后在建筑师詹姆斯·伦威克（James Renwick，圣帕特里克主教堂的建筑师）与 J. B. 斯诺克（J. B. Snook，纽约中央车站的建筑师）的事务所工作。1872 年他来到芝加哥，成为怀特事务所的主要绘图员——1871 年的芝加哥大火后，有一大群人来到这座城市参加重建工作。约翰·鲁特比伯纳姆年轻四岁，在很多方面都与他形成互补。鲁特受过高等教育与专业训练，但是缺乏野心，而伯纳姆则恰恰相反。当发现了彼此可以取长补短的品质后，他们决定在 1873 年合伙开业。[50] 然而手中的项目很少，又遭遇了当年全国性的经济恐慌，建筑市场严重收缩。他们只得通过做一些兼职工作熬过这段时期，比如鲁特在第一长老会教堂演奏管风琴。

在这之后，伯纳姆的社会地位开始提高了，他的事务所也一样。一位同龄人将伯纳姆介绍给仓储大亨约翰·B. 谢尔曼（John B. Sherman），他由此获得了第一个较大的委托项目：位于时髦的普拉瑞街（Prairie Avenue）上三层半高的住宅。建筑采用了大量维多利亚时代的花哨装饰——陡峭的坡屋顶、高高的屋顶天窗、带凹槽的砖砌烟囱以及柱头等，于 1874 年建成。其他项目委托随之而来，业主的身份也越发显赫，除此之外还有越来越多的社会活动与高级俱乐部的邀请。1876 年，他娶了谢尔曼的女儿玛格丽特（Margaret Sherman）。伯纳姆的建筑如此华丽，他本人又极具魅力与号召力，这与上流社会的氛围非常契合。在事务所内部，工作的分配看似是鲁特负责掌控图纸上的细节，而伯纳姆负责掌控业主。伯纳姆在人际关系上的游刃有余近乎传奇。弗兰克·劳埃德·赖特曾经说："他具有极为强大的人格力量。"[51] 赖特的导师路易斯·沙利文（Louis Sullivan）也是一位著名的芝加哥建筑师，他与他的合伙人丹克玛·艾德勒（Dankmar Adler）同样是摩天大楼的主要创造者，从某种程度来讲是伯纳姆的竞争对手。据他描述，他对伯纳姆最初的印象是："一个梦想家，一个具有坚定决心与坚强意志的人……带有强烈的存在感，看起来正派且实际，还有一种潜藏的自负……他似乎会对一切与他存在共鸣的人敞开心扉。"[52] 在评论家与历史学家的描述中，伯纳姆常常以一种负面形象被与沙利文进行比较[53]，后者被认为是早期现代主义的大师，前者则是个自我吹嘘的商人，完全依赖鲁特来建造建筑。然而很显然，伯纳姆依据他对业主需求的了解，在确定每个项目最初的定位与各层平面布局中起到决定性作用，在将图纸最终实现的过程中也与鲁特保持着积极的互动。

在 1870 与 1880 年代，伯纳姆与鲁特的建筑采用了维多利亚时代标志性的纷乱杂糅的风格：罗马风、安妮女王式、法国文艺复兴式均糅合在其中。那个时代的折中主义显然并不打算拯救世界，鲁特也承认这一点，他曾戏称维多利亚式应该被称为"腹泻"，罗马风是"水肿"，安妮女王式是"结核"。[54] 就像同时代大部分建筑师事务所一样，他们通过各种风格的组合与变换来建造大型的坚实的住宅、各类教派的教堂、俱乐部，还有芝加哥及整个中西部地区的火车站。其中最著名的有位于密歇根大道的原芝加哥艺术学院大楼、远在拉斯维加斯与新墨西哥的蒙特祖马酒店，还有为艾奇逊、托皮卡与圣达菲铁路公司建造的精雕细琢的粉色房子，顶部戴着格格不入的洋葱顶。那个时代还是大毒枭杰西·詹姆斯、日本裕仁天皇、美国总统尤利西斯·格兰特、拉瑟福德·海斯与西奥多·罗斯福的年代。

1880 年代，在经济飞速发展的芝加哥，伯纳姆与鲁特已经毋庸置疑地成为领军建筑师。这座城市是美国从内战结束到世纪之交这一段时间内城市变革的化身。彼时人口大量增长，农业、制造业和最突出的交通运输领域快速发展，这一切推进了城市的大规模发展。1870 年美国人口为 4 000 万人，其中 60% 为农民；到了 1900 年人口达到 7 000 万人，仅有 37% 为农业人口。[55] 铁路的爆炸式发展以及华尔街的投资如过山车一般大起大落，彻底改变了农业模式。西部较大的农场可以大规模生产供应给城市的农产品，而不是依赖较小的、各式各样的地方市场。铁路建造的规模从 1870 年的 3 万英里（约 4.8 万千米）发展到 1900 年的 17 万英里（约 27.4 万千米）。芝加哥从这种不可思议的繁荣中获益最多，它变成了一个庞大的铁路网络的中心，地域覆盖了十个甚至更多的州。北部的森林与草原将木材、小麦和棉花运往这座城市，再从芝加哥周边的谷饲动物牧场与屠宰场向外运输肉类。而承担往东部运输工作的也是一种由一家芝加哥公司发明的冷冻车厢。这座城市的人口增长速度令人震惊，1880 年时它拥有 50 万人口，仅仅十年间就翻了一倍，达到 100 万。

对于建筑师来说，芝加哥是一片创新的乐土。随着商业发展与人口增长，土地价格也日渐上涨：位于城中心的 0.25 英亩（约 0.1 公顷）土地在 1880 年约 13 万美元，1890 年为 90 万美元，1891 年即为 100 万美元。[56] 芝加哥不像其他城市，尤其是欧洲城市那样设有法定限高，因此随着业主所购得的地块越来越小，建筑师的房子也越建越高。恰逢并受益于一系列发明如升降梯——最初由马匹拖拽，1853 年开始采用蒸汽液压系统，1889 年又变成电动马达——此外还有灯泡和电话，高层建筑聚集并且扩大了经济活动，促使地价进一步上涨。伯纳姆很快便展露出高效掌控大型项目以及不断做大公司的天赋。在沙利文看来，伯纳姆体现了那个时代的精神："在这一时期，工业世界的合并、联盟与信托模式正在形成，而芝加哥唯一一位意识到这种行动的重要性的建筑师就是丹尼尔·伯纳姆。他已洞察这背后的趋势，即扩张、形成组织、委托授权及强烈的商业主义，而他可以在脑海中即刻构思出相应的工作模式。"[57]

1881 年，伯纳姆与鲁特的事务所建造了七层高的格兰尼斯大楼（Grannis Building），1882 年建造了十层高的蒙托克大楼。由于业主务实且节俭，他们采用无雕刻的砖建造这座建筑，极少使用装饰，并且设计了一个平屋顶。建筑朴素的风格预示了一种新型的、明确的现代指向，听命于商业逻辑而非装饰潮流。这些建筑检验了高层砖石结构的承载力，基座处的墙体越做越厚，以承受建筑的重量。渐渐地，由铁路工业率先采用的钢结构梁逐步发展起来，并应用在芝加哥快速发展的中心城区建筑，使墙体变得更薄。其后钢梁又被浇筑在混凝土内部，提高结构的耐火能力。伯纳姆昔日的雇主威廉·詹尼（William Jenney）在 1885 年建造的家庭保险公司大楼（the Home Insurance Building）采用了接近于全钢框架的结构，而伯纳姆和鲁特设计的十层高的兰德 - 麦克纳利大楼（Rand-McNally Building，1888—1890 年）被认为是第一座完全钢结构的建筑。其后他们的事务所在芝加哥、洛杉矶与亚特兰大建造了更多的大楼。他们的建筑越来越高，建造技术越来越复杂，立面装饰也越来越简单。位于芝加哥的 16 层高的蒙纳德诺克大楼（1889—1892 年）的凸窗及干净的立面如此简约，常被人比作一台机器——这是 20 世纪的建筑师非常喜爱的隐喻。在诸多芝加哥建筑师当中，沙利文被认为是现代主义的先驱，他发现了这座建筑的绝妙之处："这是一道砖石砌造的令人赞叹的悬崖，竖直向上生长，纯粹而且简洁，带着线与面的微妙组合。它的意图极为专一且直接，使人为之震撼。"[58]

如果说伯纳姆与约翰·鲁特所建造的摩天大楼指向了未来的可能性，他对于现代城市的贡献，即今日所指的"城市美化运动"，则是回溯性的：指向欧洲和昔日的古典时代，象征了一种保守主义，这种保守从某些角度来看是美国文化的不稳定性的产物。

1889 年，巴黎世界博览会取得了巨大的成功，这是 19 世纪下半叶举行的第 15 届也是最盛大的一届世界博览会。美国决心要超越它，申请在 1893 年作为主办国召开下一届世界博览会，以纪念哥伦布发现美洲 400 周年。经过大量游说，芝加哥这座新兴城市击败了纽约与圣路易斯，成为世博会的举办城市。1890 年，倒计时开始了。主办方聘请美国著名的景观设计师弗雷德里克·劳·奥姆斯特德（Frederick Law Olmsted）与他的合伙人亨利·柯德曼（Henry Codman）为大会选址，并委派丹尼尔·伯纳姆担任地方顾问。他们选择了城市南方一处未开发的沿湖地块——杰克逊公园（Jackson Park）。奥姆斯特德与柯德曼制定了最初的规划，伯纳姆和鲁特则作为顾问建筑师。这是一个规模极大的项目，一座真正的城市——占地超过 600 英亩（约 242.8 公顷），比巴黎世博会大四倍，配置了下水道、煤气、电力、水系统、照明、街道、排水系统，还设立了警察与消防部门、医疗服务、保险、通信等。当年 10 月，伯纳姆被任命为首席工程负责人（后来被称为工程总监），负责所有的基础设施建设、设计、工程技术及建造，而这一切必须在三年内完成。[59]

对于建筑形式来说，最初的设想是再次采用巨大的玻璃－铸铁建筑——这种从 1851 年伦敦水晶宫开始出现的形式。而在伯纳姆则希望“摒弃原有展会的缺点……建造永恒的建筑——一座梦想的城市”[60]。展会的每个主要部分都设有独立建筑，由不同的建筑师来设计。他选择了东部最杰出的五位建筑师，说服他们接受委派。其中三位来自纽约：理查德·亨特（Richard Hunt）设计中央行政大楼；麦基姆、米德与怀特事务所的查尔斯·麦基姆（Charles McKim of McKim, Mead, and White）设计农业馆；乔治·波斯特（George Post）设计制造业及人文艺术馆。波士顿的皮博迪与斯特恩斯事务所（Peabody and Stearns）设计机械馆，堪萨斯的凡·勃朗特与豪尔事务所（Van Brunt and Howe）设计电力馆。伯纳姆与鲁特将作为执行建筑师，负责实际建造工作。在芝加哥组织者的施压下，五个或者更多的本地建筑师被选中设计其他建筑，其中包括艾德勒和沙利文，他们设计了交通馆。

1891 年，约翰·鲁特因肺炎去世，这使本已承受着无法想象的巨大压力的伯纳姆雪上加霜。所有的建筑师被召集到芝加哥参与为期一周的讨论，其中包括奥姆斯特德与雕塑家奥古斯都·圣高登（Augustus St. Gaudens）——后者是艺术顾问。讨论决定整个博览会的建筑采用统一的风格——既不是此前的世博会中色彩鲜艳的维多利亚折中主义风格，也不是更为现代的、受到机器的启发而产生的新芝加哥风格——后者显然更适合即将展出的机械产品与各类发明。所有建筑被规定须采用新古典主义，带有楣饰等常用的细节。新古典主义此前曾被哥特等风格取代，如今成了新的潮流：许多世博会建筑师曾在巴黎美术学院受训，新古典主义是该学院的惯常风格，而纽约及新英格兰的文化精英们正苦于从欧洲文艺复兴的若干艺术形式中提炼并推行一种“美国的文艺复兴”。此风格的重现表明了美国人对他们日渐上升的国际地位的认知，以及由此而产生的文化焦虑。越来越多的美国人在“镀金时代”（Gilded Age）[1]的工业大发展之下变得富裕——从1883—1893年这十年间，社会财富增加了200亿美元[61]——并前往欧洲旅行，为“美好时代”（Belle Epoque）[2]的壮观与精美所震撼，这激起了他们发展本国的野心，也令他们在归来之后对现状感到难堪与不满。美国作家亨利·詹姆斯（Henry James）曾在26岁的时候自我放逐到英国，其后一直居住在那里，直到1916年73岁时去世。他在1904年出版了《美国掠影》（*The American Scene*）一书，描述了返回故乡之后的见闻，书中带有他标志性的对这个新贵国家拙劣愚蠢的美学趣味的斥责。芝加哥，在这个生长得如此迅速又如此巨大的城市中，畜牧围场、铁路站场、包装工厂以及肮脏的工人阶级街区混乱不堪地挤在一起，使得刚从国外归来的人们感到极为恐惧与厌恶。年轻人也是如此。在亨利·布雷克·富勒（Henry Blake Fuller）于1895年出版的小说《游行队伍》（*With the Procession*）中，颇具艺术鉴赏力的主人公特拉斯戴尔·马歇尔从欧洲旅行归来后称芝加哥为：“一只丑陋的、可悲的困兽，几乎令人落泪。没有哪里比这里更具活力、永不疲倦，也没有哪里

---

1 镀金时代，指代美国历史中从南北战争结束到“进步时代”之间这一段时期，约从1870—1890年，在这一时期，美国财富迅速增长，工业、铁路、矿业大规模发展。“镀金时代”一词最早源于莎士比亚的作品，1873年马克吐温以此为名写作了他的第一篇长篇小说。

2 美好时代，通常指1871年普法战争结束到1914年第一次世界大战爆发之前这段时间，在法国，相对应的是第三共和国时期，在英国则与维多利亚时代和爱德华时代相重叠。这一时期以乐观、和平与经济繁荣为特征，同时也是西方殖民帝国的巅峰时刻，科技、文化发展迅速，文学、音乐、戏剧以及视觉艺术的若干经典作品也完成于这一时期，尤其以法国巴黎为代表。

会这般令人同情地充满怪诞、恐怖与恶劣的景象。”

丹尼尔·伯纳姆的芝加哥世博会将与此截然不同。一座码头延伸至密歇根湖，迎接到访的船只。设计已经成形了：主要建筑环绕着一片名为“荣耀之庭”的巨大水面布置，前方是600英尺（约182.9米）长的柱廊或罗马式列柱庭院，每根柱子象征着美国的一个州，全部粉刷成白色并装饰以雕塑和铁艺作品。潟湖中将会遍布往来于世界各地的色彩鲜艳的船。人们对世博会的期待很高，尤其是因建设工作聚集到一起的建筑师、雕刻家和画家（圣戈登在1891年2月的团队会议中表达了他们的自我认知：“看这里，你们是否意识到这是15世纪以来最大规模的艺术家盛会？”[62]）。是年春季建造开始。伯纳姆搬进了基地上临时搭起的作为建设总部的帐篷。他号令数千名全年无休的工人，直面各类挫折，例如暴风雪曾经摧毁了屋顶，而沼泽地质对建筑地基来说也是一个难题。他们在钢结构框架表面包裹了木材与塑料，涂成仿石材的外观。[63]整个展览会场如同巨大的舞台背景在密歇根湖畔生长起来，在两年的时间内，其建造以非常低廉的造价进行着。

芝加哥哥伦布世界博览会于1893年5月1日开幕，总统格列弗·克利夫兰参加了开幕式。场面本身非常引人入胜：媒体将之称为“白城”，因为建筑明亮的白色外观以及夜里整个展场都被灯泡照得雪亮——这是有史以来规模最大的电力系统，由电力馆中乔治·威斯汀豪斯（George Westinghouse）安放的巨大的发电机组供电。展会上约有200座建筑，包括各主题展馆、代表美国各州与地区的分馆以及46个其他国家的展馆，各自展示农业、文化以及发生在世界各地的技术奇迹：德国馆中的克虏伯火炮、尼古拉·特斯拉（Nikola Tesla）的霓虹灯及磷光灯展、埃德沃德·迈布里奇（Eadweard Muybridge）的连续运动照片、乔治·费里斯（George Ferris）最早的摩天轮、“开罗大街”上的肚皮舞者、牛仔和印第安人在“野牛比尔”的西部荒野秀上重现最近的战争。在为期六个月的展览中，共有21 480 141人观展，相当于当时美国人口的一半。[64]

这届博览会不仅对芝加哥来说是一场登场盛会，对整个美国来说也是如此。

传记作家亨利·亚当斯（Henry Adams）写道："芝加哥是美国式思维第一次以整体面貌被呈现，是一个必然的起点。"[65] 在美国国内，历史学家弗雷德里克·杰克逊·特纳（Frederick Jackson Turner）发表了他著名的演讲，宣告美国拓荒潮[1]的终结，这一观点基于1890年的人口普查数据，预示国家生活将进入一个新的时代。国家迅速地城市化与工业化，甚至包括农业领域，并且由于大量移民涌入，关乎人种、民族及宗教的分化在加剧，财富的分化也在加剧——强盗贵族式资本主义[2]使国家财富越来越聚集在少数人手里，造成前所未有的收入差距。博览会本身的成就是进步主义的体现，即朝向两个主要方向、广泛且包含诸多分支的改革行动。其一为效率：在管理部门与政府方面，意图消除腐败、鼓励民众参与、采纳科学方法；建设基础设施，力求更健康、安全与卫生；建造国家公园以保护自然资源、野生动物与森林。其二则指向社会公正：限制童工、推动妇女选举权、改善穷人境况。人们就改造城市贫民区进行了大量的思考与尝试。到19世纪末时，贫民窟的景象对于中层及上层阶级人士来说已经是令人震惊的"奇观"，直可媲美早些时候英国的城市贫民窟。记者与社会改革者冒险进入城市贫民区，那里主要是来自欧洲的移民，人口密度极高。他们带回的照片与报道中描述了人们挤在阴暗、肮脏的房间里，通常缺乏卫生设施、供暖、洁净的水与空气。对异己与阶级革命的着迷与畏惧，混杂着一种有罪推定，即贫民窟会对美国文化造成严重的损害，促使人们在建筑方面尝试了若干种变革方案。雅各布·里斯（Jacob Riis）拍摄的纽约下东区照片于1889—1890年出版，名为《另一部分人如何生存》（*How the Other Half Lives*）。这使得关于建造"典型"社会住宅的实践快速展开，然而这些设计并不能改变穷人的经济状况，他们依然在其中苦苦挣扎。

1　美国拓荒潮，泛指17世纪早期英国殖民者来到北美后美国土地扩张时期的一系列历史、地理、风俗、文化等现象，这大规模移民及扩张风潮以总统托马斯·杰弗逊购买了路易斯安那州作为标识性的高潮起点，并且将扩张哲学提升至前文所讲的"命定扩张"的高度。

2　强盗贵族式资本主义：强盗贵族一词最早指代的是中世纪时期的德国部分封建领主，他们向经过自己属地或莱茵河的客商强行征收非法的高额费用。1859年，《纽约时报》撰文指责当时的运输业霸主范德比尔德与政府勾结垄断市场获得非法利润，此后这一词语被经常用来比喻19世纪下半叶的美国商人。

芝加哥博览会上的建筑也同样注重革新，不过关注的并非社会公平或为穷人建造更好的住宅。它源自截然不同的传统：设计具有启发性与教育意义的城市环境，以实际建成案例推行恰当的价值观。潜藏在其中的理论依然是美好的环境能够提升公民道德。在这种传统观念之下，新古典主义建筑在很长一段时间内得以流行。许多人在博览会中品味到它试图对普罗大众施加一种强大的，甚至是神秘的影响。亨利·德玛瑞斯特·劳埃德（Henry Demarest Lloyd）作为一名记者，认为它“向人们揭示了实用、美丽、和谐的社会存在的可能，而这种可能性他们甚至做梦也没有想到过；这些场景不可能出现在他们平庸乏味的生活当中，除非再经过三至四代人的努力”[66]。人们对此并非完全没有异议：一些当代评论家将之称为一种倒退，路易斯·沙利文后来曾抱怨新古典主义的选择使美国建筑退后了整整一代，摒弃了“民主的建筑”（他显然认为自己的作品属于此类），取而代之的是“封建的”“帝国的”“庸俗的”风格。[67]

然而对大部分人来说，芝加哥博览会是一场启示。伯纳姆自己曾写道：“人们不再忽略建筑问题。他们被1893年的哥伦布世界博览会所呈现出的一切唤醒了……”[68]他还得到了大量的公开表彰，耶鲁与哈佛大学在1894年为他颁发了荣誉学位，西北大学授予他第一个荣誉博士学位，美国建筑师协会于1893和1894年推选他为主席。[69]1896年，他与妻子玛格丽特旅行前往欧洲和地中海，到访了法国、意大利、马耳他、迦太基、埃及和雅典。[70]他从古典文化的源流中感受到力量，并决心将之带回家乡。在雅典卫城中他曾经幻想；“这是一个完美的夜晚……（我与妻子）沉默地、入迷地坐在岩石上，周遭是倾颓的柱子……希腊精神永远地印在了我的灵魂当中。它像一朵蓝色的花，余生都将是一场梦境，只有希腊这片土地是存在的现实。”[71]

事实上，伯纳姆遗忘了他在那久已没落的文明废墟上许下的诺言。即使芝加哥博览会的建筑从风格层面延续了年轻的美利坚合众国的气质，它的内在含义也完全不同：博览会浮夸的伪罗马式盛况所表现出的是一个崭新的、强大的资本主义，它正在组织并控制整个国民经济。美国正坐在火山口上：后内战时期的社会背后潜藏着种种压力，普遍存在于种族、阶级、本地出生者与移民、新教徒与天主教徒、资本家与工会之间。这个国家的成长是建立在暴力之上的：奴隶制，以及通过向欧洲势力、印第安部落和墨西哥发动战争而进行的扩张。痴迷于“命定扩张论”的美国带着一种帝国式的志得意满，而且很快就形成了真正的帝国力量。它攫取了夏威夷王国，然后是西班牙在加勒比最后的殖民地，再后是遥远的菲律宾。在 1886 年芝加哥干草市场暴动、1892 年霍姆斯特德罢工与 1893 年普尔曼罢工的背景下，博览会中潜藏的动荡清晰可见——工会试图组织工人，而伯纳姆果断地加以清洗。博览会结束之后，许多博览会建筑在可疑的氛围中被一把火烧掉了。然而这并没有影响到“白城”以及伯纳姆耀眼的成功。在 1896 年大选中，保守的、亲商的共和党人威廉·麦金莱（William McKinley）击败了平民主义的民主党人威廉·詹宁斯·布莱恩（William Jennings Bryan），这预示了昔日较为宽容的林肯时代的共和党的终结，以及城市和企业利益对传统农业的全面倾轧。历史学家 T. 杰克逊·里尔斯（T. Jackson Lears）总结道：“在 1896 年大获全胜的并不是白城，而是在其中展示的机器。”[72]

芝加哥博览会之后，伯纳姆的事业迅速兴盛起来。鲁特去世之后，事务所更名为 DH 伯纳姆与合伙人事务所（DH Burnham and Co.），办公室设在芝加哥中心区内，并于 1900 年在纽约开设了分部，他与他的妻子玛格丽特则生活在埃文斯顿附近的郊区。它不再是个典型的建筑事务所，而是逐渐成为一间大公司，服务对象也主要是企业业主。公司的建造风格不拘一格，诸如新古典主义的银行与图书馆、折中主义的火车站、奢华的百货公司以及更多的摩天楼，其中包括建于 1894 年的芝加哥信托大厦（Reliant Building）和 1903 年的纽约熨斗大厦（Flatiron Building），之后还建了当时世上最高的大楼。这些建筑高大、壮观、自信，与其建筑师和业主的气质十分契合。1912 年伯纳姆去世时，DH 伯纳姆与合伙人事务所的规模约 180 人，建造了超过 200 座建筑。[73] 这是个非同寻常的成功的记录。

1901 年，伯纳姆即将面临他的下一个重大挑战：重新设计国会大厦。最初的规划设想由法国工程师皮埃尔·拉昂方（Pierre L'Enfant）[1] 于1791年制定。这是个极为庞大的文艺复兴式的布局，由林荫道划分出规整的街区，并且从一系列设有雕塑的广场上延伸出放射形的道路，规划的重点则是白宫与国会大厦所在地。从规划中心即国会山向西延伸2英里（约3.2千米）一直到波托马克河，是纪念性的国家广场。众所周知，这座城市在建设伊始，只是一片沼泽与牧场。在乔治·华盛顿担任总统、杰弗逊担任国务卿时期慢慢建设起来，并未完全依照拉昂方的规划，国家广场也从未建设完成。该区域的一部分由亚历山大·杰克逊·唐宁（Alexander Jackson Downing）在1850年设计为曲径通幽的"英国式园林"，然而半个世纪后，大部分已是疏于管理、荒草丛生。南北战争期间军队曾驻扎在这里，其后部分变成了牧场、伐木场、铁路站场及轨道，直到1901年。它简直就是美国快速乃至草率的工业化进程的缩影，也表明重新思考和重建公共空间的需求已极为迫切。

1901年，密歇根参议员、哥伦比亚特区委员会主席詹姆斯·麦克米兰（James McMillan）组织了一个三人规划委员会来讨论国家公园建设方案，邀请伯纳姆作为主席，成员为小弗雷德里克·劳·奥姆斯特德（Frederick Law Olmsted, Jr.，建筑师奥姆斯特德的儿子）与查尔斯·麦基姆（Charles McKim），后来奥古斯都·圣戈登也被要求加入其中。他们的工作是无偿的。摆在面前至少有一个严重的实际问题：华盛顿纪念碑的选址即白宫与国会大厦的轴线交叉点处的土壤湿软，无法作为建筑地基。此外还有美学问题，以及确定他们的工作所需涉及的范围。而伯纳姆谨守他的信条，希望制定大型规划，他认为这座城市迟早会吸引更大量的人口。他写信给奥姆斯特德说："我个人认为相较于所有已知的其他城市规划，我们不但不能做得更少，还要在广泛及详尽程度上远超过它们。华盛顿很快将飞速发展，成为全美国富豪的聚居地。"[74] 他向参议员麦克米兰提议希望政府出资赞助欧洲考察："在考虑华盛顿发展方向的同时，去看看其他城市如何处理类似问题，是扩充我们思维最好的方式。"[75] 在此之前，他们考察了殖民时期的弗吉尼亚州

1　皮埃尔·拉昂方（1754—1825）：法裔美国工程师，18世纪90年代制定了美国首都华盛顿特区的城市规划。

庄园斯特拉福德、卡特格洛夫、伯克利与威廉斯堡。后者的规划类似于小型的华盛顿特区，拉昂方的规划也许曾受到过该城市的启发。然后他们前往巴黎、罗马、威尼斯、维也纳、布达佩斯，又重返巴黎参观了凡尔赛宫、枫丹白露与子爵堡等皇家园林。伯纳姆独自去了法兰克福和柏林，之后在伦敦与其他人汇合，参观了海德公园和汉普顿宫，接下来又去了伊顿和牛津。

这些参观地大部分为皇家或国家建筑与园林，全部是贵族式的，以此作为共和国首都的建造参考委实怪异。不过这是有根源的，美国的开国元勋就很钟爱新古典主义，因而这种不协调贯穿了美国的全部发展历程。伯纳姆只是以其上流社会的认知强化了这一点。一方面，这种现象相当合理：文艺复兴早期恢复古典形式的诉求是对理性与科学的启蒙计划的一部分，探索清晰和谐的普世法则——这也是共和思想的哲学基石。那个时代的城市规划更注重现代化，打破杂乱无章、瘟疫蔓延且火灾频发的中世纪城市，取而代之的是为更好地运输人员、物资，必要时乃至于军队而设计的城市。这就是为什么在1666年伦敦大火之后雷恩、虎克与伊夫林（Christopher Wren, Robert Hooke & John Evelyn）提议以规则广场和放射状林荫道的形式重建伦敦。他们相信更理性化的规划会带来经济利益、现实益处和社会进步：新建的城市也是改良的标志，代表了一部分普遍的渴望，即呈现出智识、阶级、财富、优雅与美德。

另一方面，古典风格直指古代的制度与秩序，无论是贵族、王室或是教会。从定义上讲，文艺复兴的城市是罗马城市的复兴。任何人想要加以模仿，都会面临一个问题，即此种复兴的对象是元老院时期的罗马共和国还是恺撒时期的罗马帝国。凡尔赛宫是这种冲突的重要范例：它具有高超的审美与园林造诣，涉及科学、美学、奇思与睿智；同时也是法国君主及其国家权力的赤裸裸的缩影，这一点也无法隐藏。它证实并不断提醒人们它所代表的意义——对其领地的军事、宗教、经济、行政的全面控制，从位于园林中央的宫殿延伸出去的放射状林荫道即一种明确的表述。新古典主义的城市（并不存在真正意义上的古典城市，因为所有曾有过的显赫的城市均为对更早时候的城市的模仿）是权力的展示。罗马的城市规划来自兵营的布局。欧洲文艺复兴时期的规划很大程度上应归功于防御工事、驻军城镇、法国村寨以及其他国家类似城镇的发展，原本的城墙、训练军队的广场、精心设置的视线通廊及道路得以因袭，而这些布置的最初目的是划分火力范围以及便于军队前进。城市理论家与军事战略家马基雅维利和皇家城防工程师沃邦为丹尼尔·伯纳姆建造他的梦想建筑提供了理论基石。

奥斯曼男爵（Baron Haussmann）于1853—1870年间为拿破仑三世进行了大规模的巴黎改造，在拥挤的老城区中开辟了大路、林荫道、公园、桥梁、纪念性的城市建筑以及火车站，服务于不同功能。宽阔的大街以及间或建造的纪念物象征着国家的荣光。笔直的道路将贫民区分隔开，允许军队快速通过并具有良好的攻击视野——过去几十年中巴黎所发生的六次暴乱使这一点变得非常重要。街道针对机动车交通而设计，一个新的中央市场——雷阿尔中央市场被建造起来，商业愈加繁荣。地下水管及下水道改善了城市卫生条件，奢华的公园、广场和绵延不绝的规则的建筑与檐口线则有助于美观。

改造的过程加速了将穷人驱逐出市中心的进程，并将城市修饰为“富有人士的家园”——伯纳姆如是说。绅士化的一种表达方式即是将城市变成收藏自身历史的博物馆、它本身的纪念碑，同时也惠及有足够能力居住在其中的人们。重建或保留过去，用以佐证今日的权力的正统性。19世纪的西方文化是一场不断行进的时间的危机：由于现代性所造成的断裂与创伤，文化开始沉迷于寻找正确的记忆，试图给当下赋予意义，或者从中逃离。采取的方式则是为当下披上黄金时代的外衣，至少是找到一段可供参照的历史。19世纪的科学领域已经发展到了深层时间（deep time）阶段，如莱尔的地质学、达尔文的进化论、温克尔曼的考古学；此时的社会学则是关于历史与记忆，如黑格尔与马克思、詹姆斯、弗洛伊德与柏格森。现代博物馆也被发明出来，不再是收藏陈列过去物品的地方，其自身也成为展品。巴黎的卢浮宫、伦敦的大英博物馆、维也纳的艺术史博物馆与纽约的大都会艺术博物馆只是这种“博物 - 纪念馆”的几个例子，它们被用以纪念19世纪后期崛起的帝国主义城市和生活于其中的统治阶级。

在华盛顿，委员会成员们决定采取一个大动作：1901 年的麦克米兰规划，以拉昂方的规划方案为基础进行大规模的扩建和调整，从白宫沿着宾夕法尼亚大街直到国会大厦，设置了一个凡尔赛式的钻石形图案，由林荫大道、纪念馆与公园组成。他们以一种很实际的方式来解决华盛顿纪念碑所存在的问题：将公园的东西主轴向南稍许转了些角度——那里的土地更为坚实。国家广场中央是一条 300 英尺（约 91.4 米）宽的草坪带，两侧是种植了四排榆树的林荫道。其后则伫立着严肃的新古典主义政府建筑。纪念碑背后加建了一座倒影池，一直延续到为林肯总统建造的庞大的纪念馆。纪念馆的选址原为波托马克河的河道，通过在沼泽中挖掘了一个巨大的盆地（即潮汐湖），使这块土地显露出来。南北轴线的端点则是另一位总统托马斯·杰弗逊的纪念堂。这两位总统均化身为巨大的雕像，安放在专门为他们设计的列柱式殿堂当中。铁路问题被宾夕法尼亚铁路公司总裁亚历山大·卡萨特（Alexander Cassatt，他还是印象派画家玛丽·卡萨特的哥哥）很好地解决了[76]，他买下了竞争对手巴尔的摩与俄亥俄铁路公司，并且同意将铁路从国家广场所在地迁往新的联合车站，车站的设计者即是伯纳姆。新车站于 1907 年建成，距离国会大厦五个街区。伯纳姆全力以赴完成了这位业主的委托，建造了一座殊为壮观的罗曼复兴式建筑。这是他最令人印象深刻的作品，也是“镀金时代”标志性的建筑之一。入口及 600 英尺（约 182.9 米）长的立面上布满由雕刻家圣戈登制作的雕像，形态模仿了君士坦丁凯旋门，室内净高 96 英尺（约 29.3 米）的拱顶参考了戴克里先浴场。然而国会并不赞同麦克米兰规划呈现出的规模与野心。尽管得到了罗斯福总统的支持，伯纳姆与参议员依然花了好几年的时间各方游说。最终塔夫特总统于 1910 年成立了美国艺术委员会，由伯纳姆担任主席。很快，规划得以实施。这一规划最后一个建成的主要项目即林肯纪念堂，于 1922 年落成。

丹尼尔·伯纳姆及其同事的作品成了一场广泛的城市运动的一部分，该运动试图以提升城市美学为手段来改善美国的城市病。在此之前已有一些本地园林及城市俱乐部尝试通过植栽、喷泉、城市艺术等方法来“美化”和“装饰”邻里街区，如今则拓展到代价高昂的官方城市规划——建造林荫道、公园和大型新古典主义建筑。起到领导作用的是纽约州罗切斯特市的记者查尔斯·马尔福德·罗宾逊。他被芝加哥博览会打动至深，以至于从此投身于这场由他命名的“城市美化运动”[1]，致力于担任倡导者的角色，为此撰写文章、发表演讲，并在1901年出版了《城市与城镇的改善》（*The Improvement of Cities and Towns*）一书，这本书后来成为这场运动的“圣经”。他的口号是“城市美化”与“装饰”，通过公共艺术、园林、树木种植、街道铺设与照明来实现，此外还有整治垃圾与广告，并通过区划将不雅观的或产生污染的工企业迁到城镇的其他区域。他极力鼓吹这些方法，认为这将促成更美丽、健康的城市环境，并且可以提升居民的市民意识。作为一名坚定的改革者，他主张成立如麦克米兰委员会之类的专家委员会，同时愿意参与其中。许多地方城市美化委员会及政府部门聘请他制定研究报告与城市规划，其中包括底特律、丹佛、奥克兰与火奴鲁鲁——后者才刚刚被美国强制吞并。他在1907年为洛杉矶制定的总体规划希望通过建造十字交叉形的景观大道将这座城市变成“美国的巴黎”，然而这一规划未曾得以实施。[77]而他在1909年为圣巴巴拉编制的颇为低调的规划则大部分得到了采纳。[78]

罗宾逊赞美芝加哥世博会所营造的“梦想的城市”揭示了发生于美国的“对我们尚未达到的境界的渴望”，同时也“激发、强化和鼓励了……对财富、旅行和生活必需品的向往”。[79]对于批评家来说，这场运动就像它的模仿对象一样，都是一种矫饰，试图回避迷人的新古典主义面纱背后真正存在的社会问题。刘易斯·芒福德（Lewis Mumford）曾写道：“世博会的成功的糟糕之处在于……它推广了城市美化运动这一观念，将它作为一种市容整治的手段，同时将建筑师的工作局限在给混乱的建筑、单调的街道和平庸的住宅外面罩上一层讨喜的立面，这在新兴的较大城市里已成为一种标志性的面貌。”[80]

尽管如此，这场视觉运动在各个政治派别中均具有强大的吸引力。如爱德华·贝拉米（Edward Bellamy）的畅销书《回顾》（*Looking Backward*），初次

1 城市美化运动：1890—1900年代在北美洲盛行的建筑和城市规划领域的进步主义改革运动，意图通过对城市进行美化，兴建宏伟的纪念碑式建筑来促进和谐的社会秩序，消除社会弊病。它是彼时由北美上层中产阶级领导的、试图改善贫民生活品质的一系列社会革新运动的重要组成部分。

出版于 1988 年，及至 1990 年成为仅次于哈丽特·比彻·斯托（Harriet Beecher Stowe）的《汤姆叔叔的小屋》的第二畅销的书籍。在该书中，主人公朱利安·韦斯特于 1887 年陷入沉睡并在 2001 年醒来，醒来时发现他身处于一座明显带有城市美化运动特征的美国乌托邦城市："在我脚下是一座伟大的城。延绵几英里的大街由树荫覆盖，两侧排列着整齐的灌木……四通八达。每一处街角都设有一座开放式的广场，当中种满树木，其间设有闪亮的雕塑，喷泉折射着午后的阳光。尺度恢宏的公共建筑如此壮观，沿着道路两侧堂皇地伸展开来。"[81] 贝拉米的乌托邦显然是社会主义的——证明了宏伟壮观的碑铭主义建筑的魅力是超越政治边界的。

城市美化运动的支持者们似乎抱有一个或几个可能相互关联的信念：坚信物质具有改变人类的力量；看似合理地认为科学与管理有助于形成事物的良好秩序；持医学视角，将城市看作罹患癌症的身体，必须对其加以治疗使其摆脱疾病并健康发展；纯粹的一厢情愿；不同程度的利己主义。罗宾逊清楚最后一点的存在："城市在美学方面的进步得到了一种有趣的经济观点的支持。这并不是前提或目的，然而最近被太多提及以至于很难忽略。这种观点通常以金钱来衡量城市吸引力的价值。"他继续评论说："原因其实很简单，若一座城市具有魅力、看上去美观、宜居、具有启发性与趣味性，这的确具有经济价值。"[82]

大型新古典主义建筑——数以千计带有白色柱子的银行、法院、博物馆遍布全国的城市与村镇。

伯纳姆本人依然十分受欢迎。1902 年，克利夫兰的进步派市长汤姆·L. 约翰逊（Tom L. Johnson）聘请他担任一个委员会的主席，同时担任这个职位的还有建筑师约翰·卡雷尔（John Carrere）。委员会负责美化这座城市，工作始于在一个重要的城市中心周围建造公共建筑。他们于 1903 年提出"团体规划"（Group Plan），建议清除伊利湖沿岸 100 英亩（约 40.5 公顷）的高密度贫民区，改建为公园式的广场，由两条并行的林荫路构成，一直向南延伸。广场以巴黎协和广场作为参照，两侧排列着三层高的市政建筑，具有等高的檐口和白色的、带有新古典主义柱子的立面。在接下来的若干年中，这一规划大部分得以实施。

同样是在 1903 年，他被旧金山改善与装饰协会挽留下来，协助将这座城市改造得“更适宜居住”[83]。旧金山在淘金热之后便开始无序地生长，除了建在沙质山丘地带上僵硬的网格街道之外，没有任何其他规划。这座城市粗糙而且形式各异，居住着来自世界各地的移民。同时还野心勃勃，不仅想要成为一座伟大的城市，还想成为太平洋地区的“罗马”。市长詹姆斯·费伦（James Phelan）认为，如果旧金山人也能像伯里克利统治下的雅典那样建造纪念碑与建筑，那么这些纪念碑与建筑一定会“使市民展现出愉悦、满足、驯服、自我牺牲精神以及热情”[84]。伯纳姆规划了一个庄重的、新古典式的城市中心，位于市场街与凡内斯街交叉处，林荫大道从这里发散出去，通向带有纪念碑的广场。显著的小山如电报山（Telegraph Hill）的山顶，被改造成罗马式的景观，设置了人行大道、栏杆、喷泉与雕塑。规划方案完成后仅七个月，即发生了摧毁性的 1906 年大地震，伯纳姆壮丽的愿景被永远搁置了。不过还是有一些局部元素被建造起来：1915 年完成的巴黎美术学院式的市政厅，巨大的穹顶比华盛顿的国会大厦还要高出 42 英尺（约 12.8 米）；建于联合广场的杜威纪念碑；以及原建于市场街与凡内斯街交叉口、1925 年迁往德洛丽丝街的加利福尼亚志愿者纪念碑，于 1906 年 4 月由费伦捐赠并委托建成。[85] 这座纪念碑是为了纪念菲律宾战争的死难者，彼时这座城市震后火灾的余烬尚未消散。

在进行旧金山规划的过程中，伯纳姆还接受了美国政府的委托，准备为美属菲律宾的马尼拉和位于碧瑶的夏季首府做规划。他的马尼拉规划看起来很眼熟：朝向海湾设置了巨大的轴线和绿地，肃穆的政府建筑彼此相隔很远，规则的斜向道路和广场体系统领着街区网格。碧瑶位于马尼拉以北的高地上，它的规划看起来像是凡尔赛宫，然而颇不合时宜。伯纳姆是鲁德亚德·吉卜林（Rudyard

Kipling）的崇拜者，深信“白人的使命”[1]，并且相信他在马尼拉规划中履行了对祖国以及被占领国的责任：“马尼拉或许将会成为菲律宾人民的命运的完整象征，同时也将长久地见证美国对菲律宾诸岛有效的扶持。”[86] 从未在意菲律宾人民在长达十年的时间中苦苦反抗美国的占领，并且付出了令人震惊的生命代价。

在那之后，伯纳姆开始了他职业生涯中规模最大的规划：为他的故乡芝加哥进行区域规划，并于 1909 年完成，合作者为爱德华·贝内特（Edward Bennett）。在艺术家朱尔斯·盖林（Jules Guerin）绘制的令人印象深刻的水彩画中，这座城市的中心是一座巨大的广场，周边排列着白色的列柱建筑，圆形的市政厅位于最显赫的位置，顶部有一个非常庞大且高耸的穹窿。呈斜线的林荫大道从广场放射出去，形成钻石形格构，穿过正交的街道网格，到达外围巨大的环形绿化大道。规划范围从市中心向外延伸了 60 英里（约 96.6 千米），此范围之外设置了一圈公园与绿化带。整个密歇根湖滨都建成为公园，以市政广场为中心建造了一座由防波堤保护起来的港湾。接下来的若干年中，这一规划的大部分内容得以建成：24 英里（38.6 千米）长的沿湖地区建造了 20 英里（32.2 千米）长的公园；联合车站于 1925 年建成；史上第一条双层林荫道威克大街被建成。此外还建造了几座新古典主义建筑——艺术馆、菲尔德自然历史博物馆及谢德水族馆，以稳固市中心的地位。尽管壮观的中央广场和穹顶没有建成，它的鸟瞰图和总体布局被世界各地复制，成为一种颇具影响力的标准模式——它的力量直到 20 世纪才真正显示出来。

甚至在“白城”被建造的同时，新古典复兴风格已经在世界各地吸引了越来越多的注意力。在法国，巴黎美术学院以巴洛克式的对称挤走了 19 世纪中叶的折中主义。在英国，这种潮流扫清了中世纪复兴与维多利亚式折中风格，而就在 1830—1840 年代，18 世纪朴素的古典主义也是这样被折中主义取代的。大

---

1 白人的使命（White Man's Burden），来自鲁德亚德·吉卜林写作于 1899 年的诗歌《白人的使命——美国与菲律宾岛》（*The White Man's Burden: The United States and the Philippine Islands*），鼓吹白人殖民者对殖民地负有义务，将文明及教化带给当地人民。

英帝国于维多利亚时代晚期与爱德华时代在印度和非洲迅速崛起，同时目睹了一场“流行帝国主义”潮流，其境况与古典复兴时期的风格更替类似。自罗马时代起，古典风格在欧洲就代表着皇家样式，因此1897年维多利亚女王登基60周年庆典采用了巴洛克古典主义也并非例外。毕竟这是雷恩的格林威治皇家海军医院[1]与范布勒（John Vanbrugh）的布莱尼姆宫[2]所采用的风格，而当伦敦希望看起来更像一座帝国大都市时，这种风格相当贴切。1901年，阿斯顿·韦伯爵士（Sir Aston Webb）受雇设计维多利亚纪念碑以及连接白金汉宫到特拉法加广场的礼仪大道。[87]当工程于1913年完成时，它看起来包含了伯纳姆所擅长的全部关键词：两侧设有林荫步道的帕尔默街从巴洛克式的水军提督拱门延伸到维多利亚纪念碑，端部是个圆形广场，并且重新按照巴黎美术学院的风格改造了白金汉宫立面。最终伦敦看起来就像是法国，或者像是被城市美化运动的规划师改造后的美国。

爱德华时代的人们将这种风格出口到了帝国的边境。当埃德温·鲁琴斯（Edwin Lutyens）于1912年来到印度进行新首都新德里的规划时，他明显曾经研究过奥斯曼男爵与丹尼尔·伯纳姆，并且推崇新古典主义的壮观。而在此前，他是立足于中世纪风格的工艺美术运动的领军人物之一。他规划了一条宽阔的、树木成荫的国王大道，周边是雄伟的印度门、总督府、国会大厦以及书记处大楼，看起来就像伯纳姆的华盛顿规划，不过在建筑上增添了一些印度元素，以满足英王及印度皇帝乔治五世所提出的要求——帝国必须以人民的意愿为基石。

乔治五世是在自欺欺人，历史也将证明这一点。帝国的建设者们常常倾向于此。他以宏伟的建筑掩饰帝国根植于其上的压迫和不公，这在20世纪绝非孤例。意大利独裁者本尼托·墨索里尼于1930年代后期规划了EUR（罗马世博会园区），

1　格林威治皇家海军医院：位于伦敦格林威治，由克里斯托弗·雷恩爵士于1696—1712年设计建造。医院于1869年关闭，其建筑在1873—1998年隶属于格林威治皇家海军学院，如今则属于格林威治大学。

2　布莱尼姆宫：位于英格兰牛津郡，是马尔堡公爵的乡村宅邸，建于1705—1722年，建筑师为约翰·范布勒爵士。

作为 1942 年世界博览会会场，以庆祝法西斯统治 20 周年。世博会由于二战的发生而取消，然而诸多建筑业已建成，采用古典主义与理性主义风格。后者是一种杂交的变体，依据现代主义原则去除了装饰，不过依然采用体量恢宏、白色对称的建筑立面。在纳粹德国，19 世纪晚期的新巴洛克式被用于容纳公共演出的大型建筑空间——城市舞台，这是梦想成为建筑师的希特勒在孩提时代就中意的风格，不能不说就像是芝加哥世博会的邪恶版本。在慕尼黑，以这种风格建成的建筑是德国艺术之家，由保罗・特鲁斯特（Paul Troost）设计。建于纽伦堡的则是由路德维希・拉夫（Ludwig Ruff）设计的、以罗马斗兽场为原型的国会议事厅，以及由希特勒钟爱的建筑师阿尔伯特・施佩尔（Albert Speer）设计的齐柏林集会场，后者因兰妮・莱芬史达尔（Leni Reifenstahl）的《意志的胜利》（*Triumph of the Will*）而闻名。施佩尔还构思了柏林中心区规划，带有强烈的纪念性，以象征该城市作为未来日耳曼世界首都的地位。规划的中心建筑是人民大厅，一座巨大的罗马哈德良万神庙与巴黎万神庙的仿制品，建筑总高 950 英尺（约 289.6 米），穹顶直径为 820 英尺（约 249.9 米），空间足够容纳 18 万人。它面对着 5 千米长的阅兵场，沿南北轴线延伸，途径一座极夸张的凯旋门，足可以把整座巴黎凯旋门放在门洞里。

建筑本身并无好或坏，亦无内在特质。只有建造者的意图及使用者的行为才能赋予它们道德含义。从建筑角度来看，施佩尔的柏林相比于哈德良的罗马和鲁琴斯的新德里并无区别，只是格外地大。然而城市被设计为如何发挥作用，如何影响、规范、控制或蒙蔽其中的居民则是道德维度的问题。施佩尔的规划显示出建筑可以通过塑造、限定与隐藏空间来制造潜在的压迫：它如同一张巨幕，掩盖对当政者不利的现实。新古典主义从本质上来讲就是一种伪装，不具备真实的历史、场所与语境。通过模拟历史，它宣扬一种连续性，也可以被解读为宣扬当今政权的合法性。这就是为什么许多新兴的但还不够稳固的国家和社会会被它所吸引，也是极权主义尤其对此无法抗拒的原因所在。约瑟夫・斯大林作为一个粗人，对新巴洛克式的新古典主义尤其着迷，下令将这类建筑在整个苏维埃世界到处建造，形成各种各样的变体，令人眼花缭乱。如果把它们集中在一起，会像是特大号的维也纳蛋糕店橱窗。莫斯科的红军剧院与全俄展览中心只是糖霜堆成的山的尖顶。

民主世界的城市建造者们同样受到城市美化运动理念以及新古典主义设计方式的吸引，假如使他们感兴趣的不是新古典的装饰，那么则是大城市空间中呈现出的庄严、秩序与宏大尺度，对一些人来说，这便意味着美。澳大利亚联邦新首府堪培拉的规划由美国建筑师沃特尔·博雷·格里芬（Walter Burley Griffin）于1912—1913年完成，他是一名来自芝加哥的年轻人，作为路易斯·沙利文的崇拜者，曾经为弗兰克·劳埃德·赖特工作。他的规划方案综合了伯纳姆的对角线大街与广场体系、弗雷德里克·劳·奥姆斯特德景观化的公园与湖泊，以及一系列相互联系的埃比尼泽·霍华德的田园城市中的环状郊区。瑞士建筑师勒·柯布西耶（Le Corbusier）的规划如“伏瓦生规划”（Plan Voisin）与“光辉城市”（Radiant City）基于完全由直线构成的、规则的几何平面（详见第3章）。勒·柯布西耶甚至也曾像丹尼尔·伯纳姆一样，褒扬规则性规划所具有的美及力量，认为这将激起市民对周边环境的自豪感，从而过上更为规律、更理性化的生活。[88] 他在1950年代得到了机会真正设计与建造一座城市——昌迪加尔，印度独立后旁遮普省的首府。如前所述，他规划了一套直接继承自鲁琴斯、伯纳姆与奥斯曼的几何形网格。

美国的现代主义建筑师以较小的尺度结合新古典主义方法处理建筑与公共空间的关系，尤其在市中心与博物馆区：采用对称性的、带有柱廊的立面，朝向当中设有喷泉的十字形广场，以表达庄重与严肃。纽约的林肯中心、华盛顿的肯尼迪中心、洛杉矶的音乐中心与芝加哥的伊利诺伊理工学院校园是其中的几个例子，均为新古典主义式的基本布局。类似案例数不胜数。

如今，各种类型的建筑趣味已经模糊了通常的建筑谱系。弗兰克·盖里（Frank Gehry）那些标志性的后－后现代公共建筑（post-postmodern civic buildings），例如毕尔巴鄂古根海姆博物馆与洛杉矶迪士尼音乐厅，其尺度和布局与伯纳姆在芝加哥博览会上的荣耀之庭或伦敦维多利亚纪念碑于逻辑上如出一辙：它们都是纪念物，意图彰显所在城市以及城市管理者们的辉煌与尊严。它们证明了人们始终需要城市或国家精英，将他们的德行以具体的形式表现出来，并延续这一精英集团的成功。所谓的毕尔巴鄂效应（Bilbao Effect），即一座独立的、高曝光度的建筑以及它在城市肌理中的策略性位置可以给城市经济及人们心目中对城市的认知带来革命性的影响，如今已作为使城市在地图上占据一席之地的重要手段被广泛接受。它的作用不亚于凯旋门或类似的记功建筑，当它由富有经验的建筑师或规划者以正确的方式选址建造，似乎可以改变一切。况且，为一座宏大的建筑开一张大额支票要比真正地改变世界便宜得多。

名词解释：新古典主义

综合判定

- 建筑：新古典主义建筑通常是白色的、对称的，带有古典式柱子、三角楣饰、雕带、装饰线条等。它有诸多变体，其中包括巴黎美术学院式的杂糅风格以及现代主义者采用的规整的白色柱子和对称性立面。
- 街道、林荫道及公园：笔直的，两侧种植了行道树；“轴线”——以建筑为起点以固定角度延伸，通常以环形或方形广场作为结束。
- 纪念物：通常是大理石或青铜建造的、单色的人物雕塑，带有古典趣味；往往是为纪念某些（去世的）国家英雄。

案例

美国

- 大部分州府
- 纽约：纽约市立图书馆、大都市艺术博物馆、格兰特墓、大军广场
- 华盛顿特区：美国最高法院、国会大厦、白宫、国会山庄、林肯纪念堂、杰弗逊纪念堂

- 弗吉尼亚州里士满：纪念碑大道
- 费城：本杰明富兰克林公园博物馆区、费城市政厅、费城艺术博物馆
- 匹兹堡：辛雷农场区
- 旧金山：市民中心
- 德拉瓦州威尔明顿：罗德尼广场
- 丹佛：市民中心、希腊圆形剧场、弗里斯纪念碑与城市赞助者柱廊（1919）
- 佛罗里达州克罗尔盖布勒斯：城市规划
- 佛罗里达州萨拉索塔：约翰·诺伦（John Nolen）1925 年规划

英国

- 伦敦：特拉法加广场、水师提督拱门、帕尔默大街、维多利亚纪念碑

法国

- 巴黎：凯旋门、奥斯曼的巴黎林荫大道

奥地利

- 维也纳：环城大道

澳大利亚

- 堪培拉：澳大利亚首都规划

南非

- 开普敦：罗德纪念堂
- 比勒陀利亚：联合大厦

中国

- 北京：天安门广场

印度

- 新德里：议会区规划、国王大道、印度门、总督府、国会大厦、书记处大楼
- 加尔各答：维多利亚纪念堂
- 孟买：市政厅
- 海得拉巴：英国住宅区

现代主义变体：

美国

- 纽约：林肯中心
- 洛杉矶：音乐中心
- 芝加哥：伊利诺伊理工学院
- 华盛顿特区：肯尼迪中心

意大利

- 罗马：EUR（罗马博览会新区）

巴西

- 巴西利亚城市规划

芝加哥世界博览会机械艺术馆（1893），伊利诺伊州芝加哥

芝加哥世界博览会荣耀之庭（1893），伊利诺伊州芝加哥

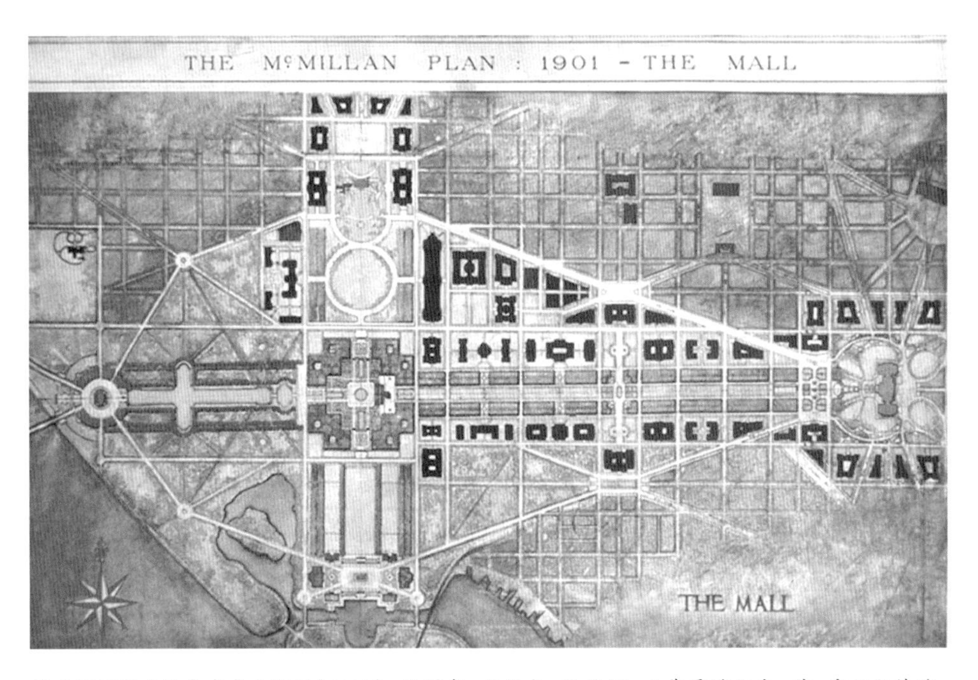

华盛顿国家广场麦克米兰规划（1901），规划者：丹尼尔·伯纳姆、小弗雷德里克·劳·奥姆斯特德、查尔斯·麦基姆

纽约公共图书馆（1902），建筑师：卡雷尔与哈斯丁事务所（Carrere and Hastings）

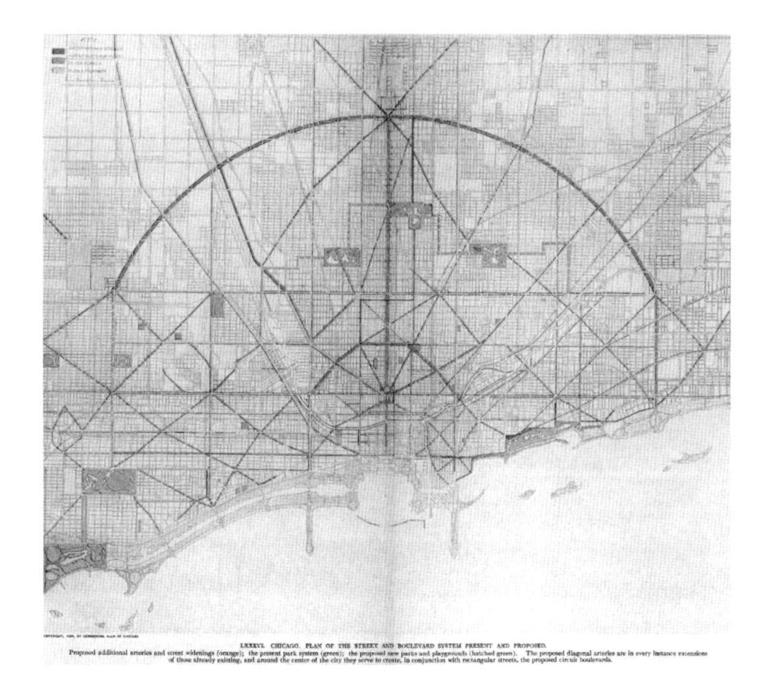

芝加哥规划（1906），建筑师：丹尼尔·伯纳姆与爱德华·赫伯特·贝内特

芝加哥规划中的市民中心（1906），建筑师：丹尼尔·伯纳姆与爱德华·赫伯特·贝内特，绘图：朱尔斯·盖林，1908
（图片来自 Typ970U Ref 09.296, Houghton Library, Harvard University）

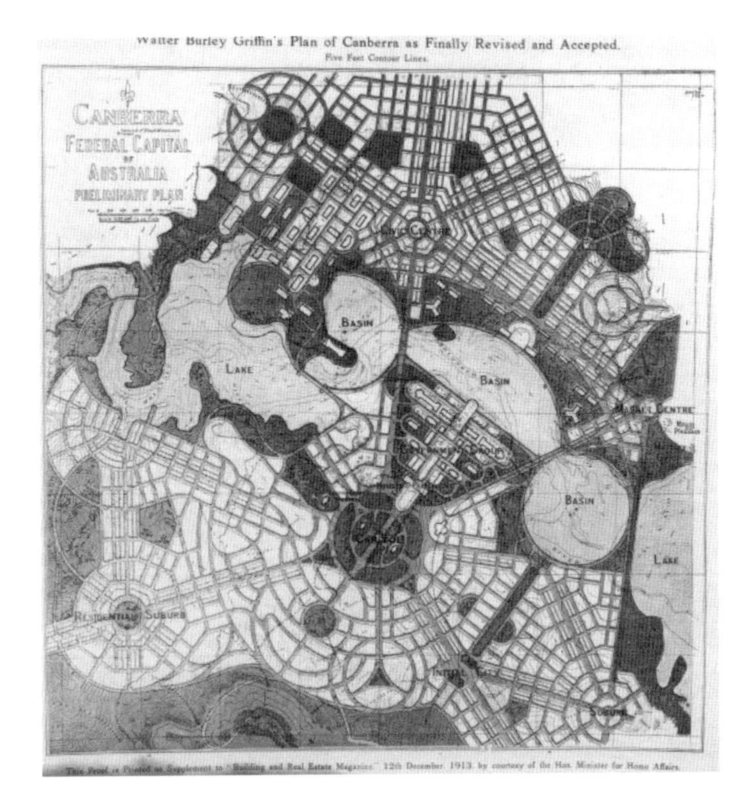

澳大利亚首都规划（1913），堪培拉，规划者：沃特尔·博雷·格里芬

纽约大都会歌剧院与林肯表演艺术中心（1966），建筑师：华莱士·哈里森（Wallace Harrison）
（图片来自 Luigi Novi）

3　板楼 Slabs

勒·柯布西耶、罗伯特·摩西与理性城市

城市是对集体不朽的尝试——我们终将死去，但是我们希望我们的城市形式与结构依然继续生存。然而讽刺的是，对这些形式的依恋使我们变得前所未有地脆弱：从未有过如此之多的方法可以摧毁我们的生活。

——马歇尔·伯曼（Marshall Berman），《不得安宁的城市》中“堕落”一章（“Falling” in *Restless Cities*）

当我回到俄亥俄

我的城市消失了

没有了火车站

没有了市中心

……没有了所有我热爱的地点

我的城市被拆掉了

变成一片片停车场

——伪装者乐队（The Pretenders），《我的城市消失了》（*My City Was Gone*）

当你漫步在纽约或是世上绝大多数的大城市里，都可能对这种事物视而不见——尽管它们在城市的大部分地区似乎无处不在——拔地而起的巨大的打着格子的盒子，以砖、混凝土或者玻璃建造，独立存在或绵延几个街区，它们是排列整齐的矩形板式楼房，看上去与墓碑别无二致。它们通常退避于街道，周围环绕着停车场、带围栏的草坪，或是由步行道、铺地与植栽组合而成的令人困惑的区域，看起来像是公园，然而又显然不是那么回事；它们也可能就坐落在四下蔓延的硬质广场中央或是“悬浮”于其上，风从广场上呼啸而过，搞不清它们的具体用途是什么。这些建筑可能是办公楼也可能是公寓楼。当中的居民有穷人、中等收入者抑或富人，仅仅能够从建筑与街道之间空间的日常维护程度和质量来判断——至于建筑形式则完全是相同的。无论怎样，它们看起来都毫无热情，显然其设计的本意就是要与街上走过的人群毫无干涉。在纽约，所有的五个行政区中都有大片土地被建造了成片的、由板楼组成的超级街区——这些街区是如此之大，当中的穿越道路被封闭起来，取而代之的是草坪、树林、混凝土地面、道路或停车场。它们可能是由门卫或安保公司守卫的私人公寓，也可能是日渐衰败的公共住宅，由对抗街头帮派的纠察队或警察维持着安全。银行、保险公司或旅店也可能位于其中。它们似乎在言说着现代性，然而却无可避免地证实了20世纪城市梦想的失败，因为无论居民看起来是贫穷还是富裕，都必然指向了这两者之间无法跨越的鸿沟，而这正是现代社会深感困扰的问题。它们可能存在于纽约、圣莫尼卡、东京或加拉加斯。一旦开始注视它们，就会发现它们如影随形，几乎遍布这个星球上所有的大城市。于是问题产生了：为什么？

无处不在的板楼似乎证明了它的发生的必然性，就像无可避免命中注定的事件，随着现代性的发展而出现，就像电影《2001太空漫游》（*2001: A Space Odyssey*）中那些不断出现的神秘的混凝土石板。一个多世纪以来，板式建筑已经成为一种集体实践，广为传播。成千上万不同行业的人们——建筑师、规划师、开发商、政府——通过建造此类建筑为增长的人口提供更多的住宅，以及适应新的交通方式，尤其是汽车。从这种角度来看，板楼是一种“理性的”选择，得到许多地方的人们的支持，以应对实际的现代情境。

然而它们远不是唯一的选择。它们的急速发展证实了一种普遍的需求与渴望，即通过采用现代建筑技术与形式进入现代世界。从根本上讲，板楼的吸引力来自它本身的乌托邦起源，与诸多乌托邦教条一样，试图从城市问题中解救世界。而且，非常明显地，它们的快速传播可以说大部分归功于一个人的影响力。他时而极富感召力，时而易怒，对某些人来说如同先知，另一些人则对他感到怀疑。而他那些异想天开的构想确实改变了我们的世界。他便是勒·柯布西耶（Le Corbusier），即查尔斯–爱德华·让纳雷–格里斯（Charles–Édouard Jeanneret-Gris）。

1887年10月6日，查尔斯–爱德华·让纳雷–格里斯生于瑞士一个富庶之家。他的家乡，一个名叫拉绍德封的小城，位于瑞士朱拉山脉中的纳沙泰尔，距离法国边境仅有5英里（约8.0千米）。那里是法语区，大部分人为新教徒，很多人的先祖是来自法国南部的卡特里教派[1]逃亡者，还有杰出的中产阶级人士。卡尔·马克思曾经到访并记录这里“具有完整的制表工业”[89]。这是个拥挤的小镇，由工厂、工作室、银行、工人的廉租公寓以及商人阶级的豪华住宅组成。它的文化反映了其经济基础：一种发展良好的地区工联主义经济政治，倾向于保守和温和的公有制；受到在法语地区十分流行的共济会的强烈影响——由于融合了部分基督教神秘主义，设定了神秘且复杂的仪式和入会标准，还赋予几何图形灵性，并且注重道德发展，这使其颇具吸引力。查尔斯–爱德华很早时候就接触到该城市的共济会组织，名为友谊会（Loge d'Amitié），是基于苏格兰礼改良会[2]发展而来的。[90]颇为有趣的是，该组织信奉存在着一名“宇宙总建筑师”。它在让纳雷家族中十分流行，后者所主持的慈善事业也颇为引人注目，包括建造一座图书馆与若干幼儿园，支持教育事业，为贫困者提供食物等。尽管在二战期间法国维希政府秘密警察档案中收藏了一些具有暗示性的调查内容，没有切实的证据证明查尔斯–爱

1 卡特里教派（Cathar）：也称纯洁派、清洁派。12—14世纪时在如今的法国南部及意大利北部盛行的一种基督教二元论异端派别，强调灵魂的纯洁性。

2 苏格兰礼改良会（Scottish Reformed Rite），相关信息不详，有可能指1778年创立于法国里昂的归正苏格兰礼会（Rectified Scottish Rite）。

德华曾经正式入会。然而共济会纲领有可能在他的工作与设计哲学中具有长远的影响。

他就读于本城的艺术学校，在几位教师的指导下了解了当下欧洲其他地方盛行的艺术与建筑新潮流。而且在年纪很轻的时候就得到了一些住宅项目的设计委托，其中大部分可以看出欧洲若干工艺美术运动变体的影响，如维也纳工作室[1]与德国手工艺运动。他在 1912 年设计的让纳雷－佩雷别墅受到约翰·拉斯金（John Ruskin）的影响——后者曾经旅居拉绍[91]，至少曾有意识地采用了“瑞士的”屋顶轮廓。在他 17 岁的时候，还设计了一座新古典式的住宅。宅子由高高的矩形体量与相连的半圆柱体组成，周圈带有檐口与不甚和谐的、小巧的卵形窗及一层高的纤细柱子，仿佛 1940 年代好莱坞摄政风格的早期作品。

第一次世界大战期间他留在中立的瑞士，于艺术学校中任教，与同时代的许多建筑师一样思考着重建在冲突中被炸毁的区域。1914 年，他绘制了“多米诺”建筑框架体系的概念图，用以重建佛兰德斯地区。该体系由混凝土板楼面和作为支撑的钢筋混凝土柱子组成，楼板悬挑出柱子外缘，使外部墙面可以独立于结构体系，因此能够自由地开设带形长窗。让纳雷的概念显然受到了美国工业化建造的影响，后者在欧洲被广泛宣传，一些欧洲高级学术团体在这方面的尝试也在他的设计中留有痕迹，如德国的包豪斯。

为了拓展建筑知识，他开始了一次旅行，首先到达维也纳，在那里看到现代主义建筑师先驱阿道夫·路斯（Adolf Loos）的作品，又去了希腊，在阿陀斯山山顶的东正教修道院中与僧侣们共同生活了 18 天，被壮观的地势及朴素的僧侣建筑与生活方式深深打动。[92] 他所接触到的最新的前卫运动令他放弃了原来所学的 19 世纪建筑风格。回到拉绍之后，新的建筑信仰似乎使他陷入了经济困境，还有

1 维也纳工作室（Vienna Workshops/Wiener Werkstätte）：由科罗曼·莫塞尔（Koloman Moser）与约瑟夫·霍夫曼（Josef Hoffmann）于 1903—1932 年在奥地利维也纳主持的应用艺术工作室。工作室受到莫里斯和工艺美术运动的启发而成立，其成员与维也纳分离派和新艺术运动的艺术家关联紧密，巅峰时期有超过 100 名雇员。

与从前的师长、伙伴之间的冲突，这促使他计划寻找一个新的开始。1917 年，他移居巴黎，住在圣日耳曼区雅各布街 20 号，开始了与旅居在外的瑞士银行家及其他年轻人的密切交往，这些人均被法国首都的活力与新鲜观点所吸引。

在巴黎，查尔斯 – 爱德华・让纳雷 – 格里斯，这位来自瑞士乡下的中产阶级，开始转变成为另一个人。他遇到了阿梅代・奥尚方（Amédée Ozenfant），奥尚方正在实践他的“纯粹主义”（Purism），即一种更为直白的、莱热与毕加索创立的立体主义的派生风格。他们一起创办了名为《新精神》（*L'Esprit nouveau*）的小杂志，在其中宣扬强硬的关于艺术与生活方式的前卫观点。1920 年，让纳雷开始在文中署名为“勒・柯布西耶”，这个笔名或许来自他某位很久以前的法国南部先祖，或许只是个拼凑词汇，从“乌鸦”（corbeau）一词而来，从此方便他以第三人称称呼自己。在他身边的人看来，年轻的让纳雷很明显有着远大的目标与计划，这要求他必须将拉绍德封抛在脑后。在他离开之后，一位朋友曾经写了一部小说，其中一名人物以他为原型：“他卸下了重负。这是你得以站起来的原因。”[93]

让纳雷后来曾在信中对另一位朋友说：

“LC（勒・柯布西耶）是一个笔名。LC 无休止地创造建筑。他追寻公正客观的理念，不想在背叛与妥协中屈服。这意味着完全摆脱欲念获得自由。他必须（然而是否能够成功呢？）永不令人失望。查尔斯 – 爱德华・让纳雷则是个现实的人，在充满冒险的生活中经历过无数光辉或凄惨的片段。让纳雷还会作画，虽然不是画家，却始终对绘画抱有强烈的热情，并且一直在画——作为一名业余爱好者。

CH. E. 让纳雷与勒・柯布西耶共同署名
致以最温暖的问候
1826 年 1 月 18 日于巴黎。”[94]

这个新生的人被若干决不妥协的理想主义信条所吸引。也许是受到家乡朴素的加尔文教派的影响，也许受到共济会执着于以几何和抽象的形式来表达宗教与道德秩序倾向的潜移默化，他开始为他的全新身份寻找一种命定价值之所在。

他写了《直角的诗》（*Poem of the Right Angle*），这是一本宣言性文集，强调了90° 角及直线形式的明晰，并给它们赋予了道德和精神的正当性。他提出“模度”（The Modulor）一词，这是基于人体“永恒和谐”的比例体系，重提古希腊时期以及古罗马建筑师维特鲁威所阐述的人体概念。在关于他的传记里，查尔斯·詹克斯（Charles Jencks）这样描述：“接下来他将在一种庞大的、非人的力量之中找到他的天赋使命，以及他史诗英雄般的角色”，然后，“终其一生，柯布西耶一直在探索一种超历史的、非传统的普适性象征”。柯布西耶自己则曾以尼采式的语调写道：“我想与真理本身对决。”[95]

1920 年代，他接到了一些私人住宅的委托，大部分来自熟人——一些与瑞士有联系的银行家和企业家。他设计的建筑都是白色的，表面惊人地朴素，带有圆形楼梯间、钢管扶手及带形长窗——均来自德国包豪斯等工业极少主义美学，这种组合方式后来成为他的标志性风格。1922 年他受邀为巴黎秋季沙龙展提供一个住宅设计作品，同时还被征询可否为巴黎城市设计提供一些想法。他提出的方案令人大吃一惊：一个“三百万居民的当代城市规划”。这是一座超现代城市，以 100 平方米的全景透视图加以呈现。这座“当代城市”由完全相同、排列成网格的十字形高层塔楼组成，塔楼高 60 层，由钢与玻璃建造，彼此之间距离 400 米，坐落在公园般的绿地当中。基地中央是形式较为丰富的交通中心以及一条交通廊道，道路依据不同交通模式上下分层，此外还有独立的步行平台。机场则位于廊道尽端。塔楼网格之外环绕着由六层锯齿形的建筑组成的建筑阵列，它们被称为“别墅”，同样坐落在绿地当中，被单向高架路包围。这位建筑师的指导原则为“隔离”：城市的工业、商业、住宅、休闲区域等不同功能、不同等级与速度的交通、不同高度的建筑，均相互隔离，建筑占地面积仅为全部用地面积的 15%，其他留给交通及他所称的”花园”。[96] 这种隔离也应用于人群：高层塔楼中居住着商人和富有的居民，别墅则是为工人准备的。城市中没有市政厅、法院和教堂。

很明显，战后的巴黎面临着严重的人员拥挤、交通拥堵以及建筑和基础设施的条件恶化，迫切地需要新的住宅、办公建筑及交通设施。然而勒·柯布西耶的

“当代城市”象征着对巴黎的彻底摒弃。巴黎是一座围绕着中世纪核心区多层次生长的城市，街区与道路都是不规则的，当中挤满了混乱的人群、车辆，日夜不停地发生着各类活动。柯布西耶不喜欢这样的巴黎。许多当时的评论家们也对这类未经规划的传统城市持有相似的观点。这种观点甚至已经延续了几个世纪——早在人们将城市的混杂及非均质化等同于过时与混乱之前。“缺乏秩序这种现象存在于城中各处，这对我们是一种伤害；破败的状态挫伤了我们的自尊。它们配不上悠久的历史，也配不上我们。”柯布西耶如是说。[97] 他尤其憎恶传统的街道：“这些一千年前的步行街道早已成为废墟，只是个毫无用处、早被淘汰的‘器官’。街道使我们筋疲力尽，极度令人厌恶！它为什么会依然存在？”[98] 他希望完全清除掉街道，取代以理性的、有序的、直线型的城市网格，因为——他强调道：“直线是属于人类的，曲线属于驴子”，只有直线型的城市才适合新的社会以及机器时代的“新型人类”。

毫无疑问，柯布西耶希望人们认可他的城市富有远见且不同凡响，可惜从很多角度来看，它都无甚新意。高层塔楼不是什么新东西：几十年来，美国的摩天大楼已经吸引了全世界人的注意；路易斯·沙利文，这位芝加哥钢结构摩天楼先驱，在 1890 年设计了十字形的高层塔楼。[99] 钢筋混凝土结构也是如此。法国建筑师奥古斯特·佩雷（Auguste Perret）早在 1903—1904 年就设计了较高的钢筋混凝土建筑，其中部分开间他称之为“凸角”（rédents），柯布西耶也同样采用了这一词汇。他无疑也知晓意大利未来主义者的作品，尤其是安东尼奥·圣－伊利亚（Antonio Sant’Elia）在 1914 年为米兰火车站做的“新城市”（Cittá Nuova）规划。该规划中同样采用了多层的分级交通。米兰火车站的设计灵感来自美国的现代立体城市概念，以飞艇等新技术为垂直城市提供服务，这类设想与尝试在美国已存在多时。[100] 分离交通模式这种想法至少可追溯至 1860 年代，及至 1920 年代已经是很流行的幻想小说和绘画的主题。大城市已有地下铁和快速路，特别是在美国。欧洲建筑师们也在积极推广这种理念。在柏林，汉斯·珀尔茨希（Hans Poelzig）于 1921 年设计了位于弗雷德里希大街的 Y 形摩天楼[101]，而路德维希·希尔伯塞默（Ludwig Hilberseimer）在 1924 年绘制了他的“高层城市”，其中有排列整齐的板式大楼，下方的机动车与人行交通分别由隔离道路和高架步行道承担。[102]

在法国，一位不能回避的先驱是建筑师托尼·加尼耶（Tony Garnier），他于1904年展出了名为“工业城市”的规划，这是一座可容纳35 000名居民的工业城市，依据功能划分相互分隔的区域，以此原则进行空间组织，这是最早的城市分区形式之一。柯布西耶对此十分敬仰，他写道：“……人们可以在此体会到秩序所带来的益处。当秩序获得统治力，安乐便由此而开始。”[103]一方面，这种宣言听起来非常像那一时代的法西斯语言，另一方面，也触动了当时的社会主义理念。它反映了一种信念，即设计可以使我们更加完满，就像是由建筑师开具的钢材与混凝土构成的药方。彼时这种信念在行业内广泛传播。加尼耶受到了19世纪小说家埃米尔·左拉（Emile Zola）的乌托邦作品《劳动》（*Travail*）的影响，就像无数建筑师也曾基于罗伯特·欧文（Robert Owen）与夏尔·傅立叶（Charles Fourier）的理念设计建造理性的、乌托邦式的社区，他们相信新兴的工业理性主义可以带来社会改良。欧文曾经称自己的砖砌四合院为“道德四边形”，一边为理想工厂，一边为集体餐厅，一边为可供休憩的会议室，最后一边为公寓。[104]傅立叶的法伦斯泰尔[1]中包含了剧院、花园、步行街和（非常具有法国特色的）“为所有人准备的美食”。不过它本质上还是一个高度制度化的工厂城市，在一座建筑中容纳了1 620名工人。[105]

柯布西耶的构想也清晰地隶属于法国一项由来已久的传统，即由国家下令建造或重建各类大型项目，从路易十四的凡尔赛宫到奥斯曼男爵于19世纪中叶对巴黎的强力改造。他可能了解过尤金·埃纳尔（Eugene Hénard）的作品。[106]埃纳尔是一位学院派建筑师，曾在镀金时代继续了巴黎奥斯曼的大型工程建设，协助规划了1889年与1900年巴黎世博会，还在1903—1906年连续出版了8篇研究

1 法伦斯泰尔（Phalanstery）：夏尔·傅立叶于19世纪早期设想的一种建筑模式，能够容纳整个自给自足的乌托邦社区，社区人数约500 ~ 2000人。

古典主义城市美化运动转型的文章。从其中的林荫道、轴线与宏大的交通系统来看，“当代城市”不过是古典城市美化运动的另一次实践，尽管披着明确反学院的现代主义外衣。如果说存在什么不同的话，那就是它带有一种美国式的强硬特征，这颇为怪异。美国摩天楼在当时遭到如此普遍的蔑视，以至于要用大量古典细节将它创新的现代结构加以掩盖，或者是哥特式的，或者是古典主义的，带有精致的檐口、雕塑及各种各样的装饰。柯布西耶对这种倒退十分不齿，然而非常关注表皮下的技术理性：“让我们好好倾听美国工程师的劝告，不过要警惕美国的建筑师们。”[107] 他的板楼都是白色的、毫无装饰，极其实用主义，就像在泰勒主义[1]与福特主义[2]效率最大化原则指导下的工业产品，而这种原则曾给他巨大的启发。

在柯布西耶这一规划当中真正引人注目的是，他承诺带给人们（依据他的推测）他们想要的一切，无论是城市还是乡村居民。更加诡异的是，他坚持只有更高的人口密度——通过把居民装在被绿地分隔开的高密度塔楼里——而不是分散居住才是治疗城市病的良方。从本质上讲，他希望通过结合城市与乡村来缓解这两者之间的紧张关系，结果就形成了逐渐广为人知的“公园中的塔楼”。“我们必须增加开放空间，又要避免太过遥远的距离。因此城市中心必须以垂直方式进行建设”，他如此写道。[108] 这便是超级城市——围绕着商业与快速交通技术组织起来的城市，也是这类技术曾使得郊区愈发分散。仿佛在回应未来主义者以及他们对速度的崇拜，柯布西耶在后来曾经写道：“为速度而建造的城市即是为成功而建造的城市。”[109] 与此同时，“超级城市”还保留了老式的田园梦想，即逃离城市，逃到风景如画的绿色自然界中去，实现方法则是将美丽的自然界延伸到建筑之间以及高架路下方。通过这种方式，“新型社会”中的“新型人类”

1 泰勒主义（Taylorism），19 世纪末 20 世纪初始在美国以及西欧国家流行的、由美国工程师弗雷德里克·泰勒创造的一套测定时间和研究动作的工作方法，科学分析人在劳动中的机械动作，研究出最经济而且生产效率最高的所谓“标准操作方法”。

2 福特主义（Fordism），一种基于美国方式的新的工业生活模式，指代以市场为导向，以分工和专业化为基础，以较低产品价格作为竞争手段的刚性生产模式。

便可以拥有崭新的、安稳坐落在广袤的法国式公园中的美国式摩天楼。柯布西耶极为欣赏凡尔赛宫——这个有序的机械宇宙观下的伟大模型，象征着设计者无处不在的统治。他时常在书中引用巴黎的杜伊勒里宫与卢森堡公园，作为他本人规划的参照，而且他还受到风景优美的布洛涅森林公园与蒙梭公园的强烈影响，这两处公园均为18世纪法国建筑师弗朗西斯－约瑟夫·贝朗杰（Francois-Joseph Bélanger，1744—1818）所设计。

这是个非常大胆而且出色的把戏：瞧！要什么有什么！拥有现代主义的全部优点，缺点则全部摒弃。勒·柯布西耶在他职业生涯中另一个关键时刻曾经将之称为“灵光一现”。公平地讲，与其认为这是独创的灵光乍现，不如说它证明了柯布西耶非同寻常的收集周遭所见事物的能力，将这些事物中的某些方面提取并整合在一起，获得新的观感，然后在其上顺利地署名。然而“当代城市”还只是一个怪异的相互矛盾的观点集合，并未完全融会贯通。它基于直线发展起来，却完全依赖于优美的，或者说曲线形的自然景观而存在。它要求提高速度，目的则是减缓城市生活步伐、减少通勤时间。它需要极高的居住密度来保证开放空间的面积。事实上，归根结底，勒·柯布西耶提出的观点彼此是无法统合的，然而直至今日，这丝毫没有影响他的设想对人们的吸引力。

柯布西耶的“当代城市”没有建造起来，不过他作为一位激进的现代主义预言家的名望则日渐传扬。1923年，他出版了一本宣言式的册子，名为《走向新建筑》（*Vers une Architecture*）。这本书以英国评论家雷纳·班汉姆（Reyner Banham）的话来讲，“将被证明是20世纪最具影响力、被阅读最多却被理解最少的建筑文本”[110]。书中典型的现代主义机器美学以及确切的阐述方式迷惑了几代建筑系学生。柯布西耶将其论点总结为五个原则：建筑底层架空、屋顶花园、不设分隔墙的室内“自由”平面、水平带形长窗和不设结构及装饰构件的“自由”立面。不同的读者会对他的文章有截然不同的解读，部分原因是柯布西耶令人抓狂的写作方式——各种照片、文本、图解、格言拼贴在一起，出现在他一生中所出版的50多本书中。查尔斯·詹克斯描述柯布西耶的写作“具有一种催眠效果”，尽管可能正是因为这样一种形式——“它们由一些看似为‘观点’的短章组成，以无韵诗的形式呈现，在文章中反复穿插重现。这些断言如此具有说服力，以至于让人忽略了它们的可疑及矛盾之处。”[111]

1925年，柯布西耶在巴黎国际艺术博览会上展示了一个新的城市模型，这次不再是抽象的构想，而是令人震惊地具体：他提出了比奥斯曼更激进的计划，夷平了大部分巴黎历史中心，取而代之的是规整、理性、纯粹，而且显然是美国式的未来城市。方案被命名为“伏瓦生规划”——法国汽车业大亨加百列·伏瓦生（Gabriel Voisin）同意予以赞助（标致与雪铁龙则拒绝了他）。规划提议将巴黎历史中心区右岸的2英里（约3.2千米）范围推平，建造50多个超级街区，其中有26座耸入云天的办公塔楼。像早期的“当代城市”一样，这些塔楼平面为十字形，不过高达60层，彼此间距400米，间隔地带全部覆盖以草坪。可以容纳40万名职员办公的商业中心完全与住宅分隔开来，职员们也不再居住在“别墅”里——那是田园城市传统的遗存，而是相互连接的、线形的板楼。所有建筑的底层全部架空，使95%的办公用地和85%的居住用地均为开放的室外空间。每座塔楼下方的地下站台连接了七层高的交通体系，其中包括铁路干线、郊区线、地铁、机动车道、机场及抬高的步行道与平台。整个规划由隔离的快速路串联起来，汽车成了未来的王者。这位建筑师对此大加赞美：

“这些三层高的平台是塞米拉米斯的空中花园，是宁静的街道。精巧的水平线穿过巨大的垂直的玻璃体块之间的空隙，以纤细的网格将它们编织在一起。看那儿！壮观的柱廊逐渐消失在地平线上，那是单向机动车高架路，汽车以闪电般的速度穿越巴黎。20千米长的对角高架路悬浮在成对的纤细的支柱之上。”[112]

最后，“这些玷污了我们的城市的、裂口一般的阴暗街道”全部被抹去，就像奥斯曼男爵抹掉了中世纪的巴黎一样。并且他断言“传统意义上的那种街道再也不会出现”。[113]

尽管付出了巨大的努力，他发现依然没有业主愿意投资他的城市计划。他用了几年的时间来说服资本家们（毕竟他在巴黎的瑞士朋友都是银行家），强调高密度人口所带来的地价增长将会抵消夷平这座首都城市大部分地区所付出的代价。“城市化即平衡收益，”他宣称，“城市化不是花钱，而是赚钱，甚至是发财。”投资者没有为此动容，他又转而游说法国政府：

“在巴黎中心实现这一理念并不是空想。诸多冷静的数据可以证实这一点。地价的大幅增值将为国家带来数十亿法郎的收益——将巴黎中心区域加以改造并合理地规划，意味着创造庞大的财富资源。”[114]

在他的计划中，始终有一些令人震惊的暗示使银行家与政府官员无法忽视。首先是建议大规模拆除现有城市：“因此我所坚持的观点，也是相当冷静的观点，即我们的大城市中心必须被推倒重建，而那些境况恶劣的环状郊区也必须被拆除并且移到远处，它们现在的所在地将被一步步改造成为开放的保护区域……”[115]其次，为了达到这样的效果，即便不制造一场革命，至少也需要相当的强权。他提出三项“决策”以保证规划的实施：“1. 为了公众利益而征用土地。2. 对城市人口进行普查：区分、归类、安置、迁移、调解，等等。3. 建立物品生产许可制度，严格禁止生产无用的产品。由此而产生的富余劳动力将投入重建城市乃至整个国家。”[116]

再度受挫之后，柯布西耶转而向苏联寻求认同。他为莫斯科设计了一个类似的方案，取名为“光辉城市”（La Ville Radieuse），于 1930 年在布鲁塞尔展出，又于 1933 年结集出版。这本书注明“献给权威人士”，显示出他十分明白实现他的梦想需要怎样的破坏性力量。高层住宅严格按照每人 14 平方米进行设计，这是一个标准单元，与他非常欣赏的阿陀斯山修道院居住单元十分类似。尽管在他的文字论述中尖锐地批评了西方的田园城市理念，攻击美国郊区住宅为阴谋“建立资本主义社会的奴隶制”[117]，苏联当局还是没有上钩。他们被分散理论所吸引：将人们彻底从城市中搬出去，搬到类似于田园郊区的地方。这对柯布西耶推行自己的理论毫无益处。在苏联他只得到一项委托：在莫斯科建造苏联合作同盟中央局大厦。这是一座低调的多层建筑，底层架空柱将建筑首层抬高。建筑于 1928—

1936 年建成。为了显示他的意识形态柔韧性，二战期间，他甚至寻求奉行法西斯主义的法国维希政府的支持，然而结果依然是徒劳。

从 1920 年代晚期到 1930 年代这段艰难的时光中，他的确获得了一些委托，大部分是郊区住宅：1932 年在巴黎建造的带有屋顶花园的拉·罗奇·让纳雷住宅；1932 年位于瑞士的公寓住宅项目（未建成）；以及建于 1929—1931 年、位于法国首都之外普瓦西的萨伏伊别墅。关于萨伏伊别墅，柯布西耶最著名的言论是称之为“居住的机器”，将这座夸张的机器似的建筑深深刻在公众的脑海中，并使之成为 20 世纪现代主义“代言人”之一。它是如此直白地反自然：抬高的地面层与固定的窗扇强调它完全脱离了土地，就像一艘宇宙飞船。然而它依然依赖着田园诗般的景观而存在：俯瞰着空无一人的绿色空间，无瑕地与世隔绝。一方面，如果说柯布西耶尚不算狡诈的话，他至少可以称得上忘恩负义，在浪漫化的自然背后兜售他的机器时代。另一方面，他很了解这种矛盾对于很多人来说是无法抗拒的诱惑。这些人希望以“现代”的方式生活在技术、洁净与财富的神殿中，同时又沉溺于壮美、奢侈的田园生活，还想着能尽可能远离其他人类生活的痕迹。

有趣的一点是，就像学者斯文·博克斯塔德（Sven Birksted）所指出的，柯布西耶似乎从 18 世纪贝朗杰为阿图瓦伯爵（Comte d’Artois）设计的别墅中获得了灵感。杰恩·斯特恩（Jean Stern）的一幅速写呈现出它们的相似性：一座白色的平屋顶别墅，平面呈方形，带有白色的柱子，坐落在绿色的山顶上，周遭是如画的风光，人们在其中猎狐。还有类似的证据指出柯布西耶在他纯粹的现代主义建筑中借鉴了大量贝朗杰的作品元素。贝朗杰是 18 世纪晚期的古典主义建筑师，带有浪漫主义倾向。终其一生，柯布西耶都随身携带着贝朗杰的书，而他很少意识到他们之间的传承关系。他似乎还从贝朗杰那里借鉴了后者对共济会象征符号的运用，那是一种针对普遍性与抽象意义的形式语言，使柯布西耶能够将彼此互不相容的事物连接在一起。他将他的高层集体住宅与雅典帕提农相提并论，将他为企业家所建的郊区别墅比作古代庙宇。作为一个不断寻求赞助的投机者，他的组合套路相当“多面、可塑并且万能”，以博克斯塔德的话说，“这种象征方法……

形成了创造力的极致：神秘而且拒绝被解读”[118]。

从 1929 年经济崩溃一直到整个战争期间，这段艰难时日里柯布西耶始终忙着绘制假想的城市规划——这与他的郊区别墅形成截然对立的两极，而他从未尝试过整合或调节这两者之间的差异。1929 年他前往南美洲，也是为了寻找设计委托。他的设计开始发生了变化。他在飞机上被眼前多变的地形深深震撼了，还将里约热内卢曲线形的地势比作女人。他为布宜诺斯艾利斯规划进行了一番研究，考虑了拉普拉塔河的地势与城市中的山形——这并非革命性的，不过相对于早期扁平的概念方案来说是一个进步。在他为里约热内卢、布宜诺斯艾利斯与蒙德维的亚所做的规划中，主干道沿着岸线蜿蜒行进——就像他曾说的驴子的道路——而他惯常采用的摩天楼之间的空地也呈现出不规则的形状。[119] 他紧绷的弦略微松弛了一些。有整整四年的时间他都在为阿尔及尔的规划工作，在不规则的地块内布置的线形排列的摩天楼形态也发生了改变，呈现出 H 形、Y 形与菱形。他还为斯德哥尔摩、内穆尔、波哥大、莫斯科、伊兹密尔等城市制定了规划。查尔斯·詹克斯对此总结道：

“他所做的大量城市规划令人惊讶，不仅仅因为超大的尺度，还因为它们都是某种程度的徒劳。很少有项目是得到了委托的，基本没有人付钱，而且几乎全都没有被采纳的可能性。这也许能解释为什么在勒·柯布西耶的写作中会出现一种新的语调：冗长、重复，有时自吹自擂，并且常常带有一种极度的紧迫感。”[120]

柯布西耶的忙碌，部分原因还在于他试图努力游说同行。1928 年 6 月，他聚集了 27 名其他现代主义建筑师，在一座借来的瑞士城堡中成立了“国际现代建筑协会”（Congrés internationaux d’architecture moderne，CIAM）。随着新的支持者的出现，这一团体在 1929 年、1930 年及 1932 年再度集会，将现代建筑的角色从建造建筑拓展到重新构筑社会的经济与政治支柱。第四次会议于 1933 年举行，原计划在莫斯科召开，然而由于柯布西耶在苏维埃宫的竞赛中失利而作罢，转而选择在一艘从马赛到雅典的船上举行。依据他的议程，大家讨论将城市区分为四种“功能”：居住、工作、休闲与交通。尽管这一主张直到十年后才被发表，且由柯布西耶以一己之力完成，《雅典宪章》中关于城市规划的功能分区原则成为国际式建筑重要的一部分，作为现代主义对治疗世界性问题开出的唯一处方。

1935 年秋天，勒·柯布西耶在美国停留了近两个月，于东部和中西部开设讲座。纽约现代艺术博物馆资助了他的行程，同时还赞助了他在 1932 年现代建筑展中的作品。[121] 彼时他 48 岁，在到达美国之前，他的作品中始终带有对美国的先入之见。他在早期文章中曾经赞美美国的工业主义，间或在书中引用筒仓与工厂的图片。然而他对美国大城市的态度颇有保留，宣称它们太过混乱，并且认为这种境况反映了美国式资本主义的无序与破坏性。至于纽约，他称之为“野蛮的城市”[122]，并在 1923 年写道：“若提及优美，则与这里完全绝缘。这里只有困惑、混乱与激荡。”[123] 当真正到达美国之后，他在旅行记录中表示出满意，“是的，癌症情况控制良好。”这是他最喜欢用的关于城市的比喻。[124] 他从挑衅性的修辞中得到乐趣，称纽约与芝加哥为“强大的飓风、龙卷风、洪水……全然没有任何和谐之处”。[125] 然而这些世上著名的摩天楼令他失望：它们彼此间距太近，也不够高。在他于现代艺术博物馆进行开幕演讲（是年 10 月 24 日）的两天之前，《先驱论坛报》（*Herald Tribune*）刊登了对他的采访，并采用了如下标题：“勒·柯布西耶的初次印象：摩天楼还不够大。法国建筑师宣扬‘幸福城市’愿景，深信它们应该规模庞大且相距甚远”[126]。他绘制了一些简图以说明纽约的发展进程：最初是以目前混乱的形式逐步建造，而“明天”将是“光辉城市”，在其中建起彼此间隔很远的巨大的高层塔楼。他宣讲了他那关于分隔与速度的“福音”，并且描绘出一个未来的乌托邦，通过夷平现有城市得以建造，他向他的听众保证现有城市只是“暂时”的存在。

在出发前往纽约时，他有足够的理由相信将会在美国得到委托项目。毕竟他在法国时已经拥有美国客户了。他千方百计在纽约及其他地区寻找那些可能使他的设想得以实现的权力代言人：市长、纽约市房屋局官员以及如纳尔逊·洛克菲勒（Nelson Rockefeller）这样的有钱人。[127] 美国无疑需要某种方式来解决内城区现存的问题。他们对于棚户区的关注已经持续了数十年，不过大部分美国人倾向的方法都仅限于改造建筑等硬件，而非人口、工作、薪酬、经济等软件。雅各布·里斯（Jacob Riis）的观点十分典型："穷人将始终与我们共同生活，然而我们不需要贫民区。"[128]一位俄亥俄州官员告知国会，为贫民区的居住者们建造更好的房子，就能够"消除贫民区"。[129]

美国人的普遍态度看似比较容易接受柯布西耶的宣传，不过若想实现他的城市愿景，他还需要面对诸多障碍。首先，他是一名外国人，而大萧条时期的共识是工作尽可能分派给本市居民。其次，他的规划被普遍认为太过现代主义、太欧洲化了，很少有公共住宅还保留传统的外观，而像柯布西耶看到的纽约市房屋局建造的哈莱姆河畔住宅则都是多层砖石建筑。再次，大规模的拆除与建设在当时的经济条件下是不现实的，更遑论宏伟壮观。从次，美国住宅革新运动由主张城市扩张的分散派建筑师主导，例如亨利·怀特（Henry Wright）、刘易斯·芒福德、凯瑟琳·鲍尔（Catherine Bauer）等，他们认为贫民住宅应该通过专门的规划建在周边地价低廉的区域中，而非市中心的昂贵地段。最后，也是最关键的——他的征用土地及共同拥有产权的设想挑战了美国人私有财产的基本概念。亨利·怀特评价柯布西耶的规划："它需要一场观念的革命，改变我们对城市建筑及土地所有权的看法。"尽管美国人愿意接受公共住宅，然而这一点却引起了人们的怀疑，担心政府会插手控制神圣不可侵犯的私人领域。在大多数人看来，公共住宅也许意味着社会主义，甚至是极权主义。

换句话说，美国，勒·柯布西耶的终极灵感来源之所，并没有准备好迎接他。

尽管速度非常缓慢，横亘在公共住宅面前的墙还是出现了裂缝。政府初次决定冒险建造公共住宅是在一战末期，为军工工人所建。大萧条期间，总统富兰克林·罗斯福的 1937 年《住宅法案》（*Housing Act*）为清理贫民区提供了资金，还提供了一对一的重建计划。这项法案更多意味着工作岗位而不是住宅计划，因此影响范围很小，主要发生在类似纽约这样期望拆除贫民区并取代以新住宅的城市，而且新建的住宅主要是小型多层砖砌住宅。[130]随着联邦政府提供了新的资金，一些城市中心区开始对整治大型贫民区产生了兴趣。这种征兆最早出现在迈阿密，当地白人与黑人领导者协同讨论了一个清除 340 英亩（约 137.6 公顷）的有色人种区［后来被称为“上城”（Overtown）］的规划，该地位于市中心西北方向，迈阿密 25 000 名黑人市民中的绝大部分居于其中。被迁出的居民被重新安置在距离市中心 5 ~ 6 英里（约 8.0 ~ 9.7 千米）的城市外围，一个共有 243 个居住单位、名为“自由广场”（Liberty Square）的居住区当中，这是最早为黑人建造的公共住宅。这等同于白人业主在偷窃：美国纳税人提供资金将不受欢迎的人搬出市中心，抬升了物业价值，并且将昂贵的地产用于开发。而对于黑人社区来说，这意味着持续几十年从市中心向城市边缘大规模迁移的开始，就像是被打败的印第安部落离开家乡长途跋涉迁往保留地。

美国国内的各个城市也开始担忧起郊区化的趋势，不再像之前那样对城市中心商业区的绝对统治充满信心。前往市中心的人数减少了，人们更多在郊区商业中心购物、办理银行业务或者看电影。市中心的物业价值和零售商业开始下滑，空置率开始增加。业主们发现他们周围的居住区内出现越来越多的穷人和有色人种——这不是他们的客户，同时对他们的客户存在威胁。必须想办法吸引白人，尤其是白人妇女，从郊区返回城市。要做到这一点，除了需要提供给她们接近市中心的便利之外，还要有类似郊区生活的氛围。柯布西耶的“公园中的塔楼”正好合适：超大的街区切断了道路网络，提供了远离城市街道及其居民的安全绿洲，而市中心具有吸引力的地点也皆在步行距离内。

慢慢地，资本家们——至少是市中心的资本家——开始支持柯布西耶的设想。高层混凝土板楼在商业与工业建筑中已经很普遍，如今也入侵了住宅领域，甚至是私人住宅领域。[131] 宾夕法尼亚州日耳曼镇边缘奥尔登公园内三座建于 1925—1928 年的带有传统建筑细节的 Y 形公寓楼，指出了发展的方向。出生于瑞士的建筑师威廉·莱斯卡兹（William Lescaze）与同为瑞士人的助手阿尔伯特·弗雷（Albert Frey）——后者曾经在柯布西耶的巴黎工作室工作——受纽约市房屋局委托，从 1930 年代早期便准备建造柯布西耶式的公共住宅。理查兹据称是布鲁克林威廉斯堡住宅群（1934—1937）的设计者，那是由 20 幢四层高的砖砌住宅组成的街区，明显受到国际主义风格的影响。四年之后，纽约市房屋局建成了哈莱姆区的东河住宅群，那是由六层、十层及十一层塔楼组成的超级街区，是纽约市建造的第一个“公园中的塔楼”项目，然而远远不是最后一个。

最早将现代主义带到美国的是欧洲建筑师。1928 年，从奥地利移居到洛杉矶的理查德·纽特拉（Richard Neutra）展出了他的“极速城市改革”（Rush City Reformed）方案，这是一个更加激进的“光辉城市”，成排的板楼一直延续到天际线，彼此间别无二致——比包豪斯学派的现代建筑师如路德维希·密斯·凡·德·罗（Ludwig Mies van der Rohe）、沃尔特·格罗皮乌斯（Walter Gropius）与马塞尔·布劳耶（Marcel Breuer）来到美国布道早了九年。CIAM 的功能分区原则被更多越来越具影响力的欧洲建筑师传播到世界各地，其中包括沃尔特·格罗皮乌斯、阿尔瓦·阿尔托（Alvar Aalto）以及何塞·路易·赛特（Josep Lluis Sert），并且逐渐在城市规划师以及其他人群中流行开来。到了 1930 年代后期，机器美学已经完全俘获了公众的想象。1939 年的纽约世博会为 440 万观众展示了“明日的世界”，其中包括了工业设计师诺曼·贝尔·盖迪斯（Norman Bel Geddes）的未来世界展：36 000 平方英尺（约 3 344.5 平方米）的世俗乌托邦规划，由通用汽车公司赞助，规划中显示出由自动化高速路连接的田园牧歌般的乡村景观与明显为柯布西耶式的“未来城市”，比如公园中的摩天大楼、分层高速道路、抬高的步行道等。“居住、商业与工业区严格分开，以获得更高的效率与便捷”，展览宣传片中如是说。这个“神奇世界”即“美国式生活的设计方案”。[132]

这一畅想非常迷人，问题是所需的代价。宣传片中建议改建的“过时的商业区与令人厌恶的贫民区”地价始终极为昂贵，贫民区住宅出租的收益非常好，土地所有者们也期待能够在中心商业区扩建时卖个高价，这一切使得拆迁的代价远超过私人开发商的经济能力，即便他们能够买下相邻地段用以建造超级街区。在城市外围尚有大量廉价土地的情况下，他们完全缺乏在市中心建房子的动力。结果就很明显了：政府需要以相当高的市场价购买土地，再以相当低的价格出售给私人开发商，以确保他们能够获利。财政情况无法支撑为穷人建造住宅。事实上，补助金也很少用于城中情况最恶劣的贫民区，它们通常是远离市中心的。甚至还有些时候，得到补助的地区根本就不是贫民区。这一切意味着赶走成千上万的工人阶级或贫困居住者，空出土地给中产或上层阶级建造住宅——并且花费数十亿美元的政府资助——只为了提高中央商务区的地价。

这种想法十分惹眼，然而并没有什么说服力。支持者们不得不发明了一个新的概念：衰败。这一词语用来描述某一处并非——至少目前还不是，贫民区的区域，而它的定义则非常暧昧。一些人称那些建筑老旧或年久失修的区域为衰败区。更有甚者，仅仅因为某处地产价值下滑、停滞，或不如其他区域上涨得迅速，就被定义为衰败区。一位费城规划师将衰败定义为“发展不如预期的区域”[133]。然而越来越多的美国人认为“衰败区”是一种危险：作为潜在的贫民区，给公共道德、健康乃至城市的存在带来威胁。衰败被贴上了惯用的“市政癌症”标签，被认为“具有传染性”，是城市的病肢，必须以“外科手术刀”进行切除以免扩散。一位费城法官认为：“如果城市想要生存下去，必须清除衰败的区域，这些区域会像癌细胞一样生长，最终毁掉城市本身。”[134]除此之外，一些评论者还警告说，衰败也威胁到财政平衡：衰败区域所需要的维护费用比该区域的税收要高 3 至 5 倍。通过将衰败区域改建成为富人的公寓住宅，可以使那些消失在郊区的房地产税回流到地方政府的口袋。

这一概念的影响力持续扩大，多方力量似乎在此获得了统一：住宅改革者、中心城区地产投资人、工会、住宅产业从业者、城市规划师及学界、大城市政府官员，甚至包括一些为穷人发声的人，他们从中看到了大规模介入的需求。著名的公共住宅倡导者凯瑟琳·鲍尔曾写道：“为了建造足够的城市与住宅来应对 20 世纪的需求，我们必须将一切推倒重来。”[135]她与另外一些人坚持任何清理行动的目的必须是住宅重建，然而城市中心商业区的投资人与大部分美国人清除贫民区的目的却不是为了改建贫民住宅（他们认为这是一种社会主义），而是再开发并扩大中心城区以接纳更多较为富裕的人。一系列州立法律被颁布，以 1942 年在纽约颁布的《重建公司法》（*Redevelopment Companies Law*）为肇始，它赋予政府重建计划的代理人以征用权，通过买断和驱逐获得成片的大量土地，再将其出售给私人开发商——以足够低廉的价格，确保后者能够从住宅建造中获利。从根本上来讲这是有钱人的社会主义。

最早的大型项目是斯特文森城（Stuyvesant Town），由大都会人寿保险公司建设。后者是当时美国最大的公司，它投身于住宅产业是因为董事们认为居住条件良好的人们寿命更长，因此有利于提升公司财务状况。一位作家将这种发展类型称为"商业福利制度"[136]。改造的目标对象是煤气罐住宅区的18个方形街区，那是一处位于下东区的工业－居住混合地区，一度居住了大量移民，到1920年代，仅有半数居民依旧居住在那里。[137]纽约颇具权势的公共事业"沙皇"罗伯特·摩西（Robert Moses）在大萧条期间最早开始建造了长岛公园道路系统、琼斯海滩以及三区大桥周边的建筑，率先尝试征用权，以低廉的价格获得土地，并为开发公司建设道路，以及提供25年的固定税率。大都会人寿保险公司所建的乌托邦是柯布西耶式的：周边全部被夷平——据亲历者描述，该地区看起来就像是被轰炸过——10 000名居民被迁出（大部分迁至很远的地方，因为很少有人能够负担该地区的租金），然后一座占地60英亩（约24.3公顷）的超级街区被建起，从第14街延伸到第20街，从第一大道到C大道。街区建成之后，24 000名居民搬入35幢板楼，周边是草坪、树木、混凝土道路及停车场——一座"城市中的乡村"。大都会人寿保险公司将有色人种排除在这一地区之外，因为种族隔离是乡村生活最主要的吸引力。一家报纸以大标题写道："资本的杰作——超级住宅项目彻底清除贫民窟。"

还有些类似的项目被建成，如匹兹堡的衡平人寿保险社在市中心建造了占地23英亩（约9.3公顷）的盖特威中心。[138]除了保险商，开发商与银行家们则对投资不甚热情。他们需要一份联邦计划，而这项计划随着1949年的《住宅法案》一起到来，由杜鲁门总统在该年夏天签署。法案的重点在于它的第一章，不仅规定了政府需要负担三分之二的补助资金，还允许开发者们随意建造他们想建的项目，只要能够证明该处土地被“最有益且有效地利用”。[139]这意味着可以建设会议中心、办公楼、体育馆或是豪华公寓。通常还意味着停车场——因为除了生活在附近的工人阶级以及贫民之外，市中心最大的问题就是汽车了。

早在1930年代早期，大部分美国城市中央商业区的车辆就陷入了饱和，造成了严重的交通拥堵以及停车的噩梦，这使得郊区居民直接选择了“不再进城”而不是采用公共交通。[140]市中心的既得利益者们相信可以通过建造高速公路来解决这个问题：新的、出入口有限的公路，从市中心向外辐射，通过快捷的交通吸引人们进入。批评家们对此诸多嘲讽，因为在建造每小时可运载6 000人的高架公路的同时，每小时可运载4万人的高架铁路正在将城市撕开巨大的裂口。[141]很多人估计若要300英尺（约91.4米）宽的高速公路从街区中穿过，会导致数千人被迁走，致使原本已渐萧条的地区越发恶化。且每英里公路的造价需要300万美元，即便对于中型城市来说，进行公路重建也需要耗费数亿美元。然而市中心已经形成了推进这一计划的同盟：规划师制订规划方案，政府官员成功地征收汽油税与财政补贴。奥克兰建造了尼米兹高速公路，波士顿建造了中央干道，纽约市则建造了西区公路与格瓦纳斯大道——罗伯特·摩西拆除了原本位于第三大道并穿过布鲁克林日落公园工人阶级街区的高架铁路，将其改造成为四车道的高架路，高架路下方则是十车道的道路，同时还拆除了上百家企业，迁走了1 300户居民。[142]这一街区再也没有恢复原本的生机。

在全美国范围内，城市遭到三个方向与步骤的进攻，最后在“城市更新”（Urban Renewal）的大旗下一一陷落，尽管这一名词直到1954年才开始出现。其一是《住宅法案》“第一章”提及受政府资助的城市清理–再开发项目及私人企业重建项目；其二是“第一章”允许或由私人开发商独立建设公共住宅；其三则是大规模的公路建造竞赛，将城市通过多车道高速公路连接在一起，同时游说各个城市，使放射形的道路从城市中穿越，连接市中心与郊区，并在城市周围建设环线。1956年的《联邦公路法案》的颁布加速了这一进程，该法案由艾森豪威尔总统签署，将政府投资提升到总资金的90%，这是个令人无法抗拒的诱惑。很少有城市能够拒绝引诱，而城市更新在肆意发展几十年之后，剧烈地改变了美国城市景观的肌理、个性、人口结构、经济与政治环境。

纽约市也许可以作为最典型的案例。罗伯特·摩西，这位饱受赞誉与攻击的“建造巨匠”于1934—1968年间在一系列公共机构中掌握大权，而在此期间，整个大都市地区都被重建，以服务私家汽车用户、郊区通勤者及中央商务区。尽管从未当选过相关职位，摩西实际上掌控着税收收入，可以借此发行债券，也可以越过立法机关与公共参与行事。在作为公园管理委员会委员时，他建造了公园、游泳池、公共沙滩，服务于几十万市民——不过黑人是被排除在外的，这在当时是很正常的情况。他曾是一名勒·柯布西耶的仰慕者，最后成为其最狂热与高效的信徒之一。他宣称“城市是由交通创造的，并且为交通服务”，通过建造区域范围内的快速道路系统，他将自己的职业生涯致力于实现柯布西耶“公园中的塔楼”这一设想。[143]他在哈德逊河、伊斯特河与哈莱姆河上建造桥梁，还建造了更多的公路以连接曼哈顿和纽约其他自治区与郊区。由于坚信新建的州际公路系统“必须径直穿过而不是绕过城市”[144]，他甚至设计了直接穿过城市中心的道路。诸多衰败区在他手中被清理，总面积约9 000英亩（约3 642.2公顷），其中包括了17个“第一章”项目与大量独立项目，这使得他得到了“第一章之王”的称号。[145]他还有过如下厚颜无耻的语录：“你可以在一块空白的黑板上画下任何你想要的图画，在新德里、堪培拉或者巴西利亚的荒地中任意发挥想象，然而如果想要在拥挤的大都市中这样做，则必须得挥舞着斫骨斧才行。”[146]

摩西大刀阔斧的行动的绝大部分受益者是精英阶层。即便在联邦政府要求地价降低三分之二的情况下，纽约市昂贵的土地依然使得大部分新建的建筑只能是高端住宅。[147]带有围墙的大学在原本是住宅的地方建造了新校园：纽约大学从布朗克斯区迁到了格林威治村，占据了华盛顿广场的南侧；长岛大学、普拉特艺术学院、福特汉姆大学与茱莉亚音乐学院也得到了摩西的礼物。在曼哈顿西区，一大片土地被清理出来建造林肯中心以容纳歌剧、舞剧表演，还有若干奢华的高层建筑，代价是数千户低收入家庭失去了家园。摩西总共约将20万人迁入公共住宅，这些住宅通常离他们原来的街区很远。一项针对最早的 500 户迁出家庭的调查指出，约有 70% 的居民搬到原街区之外，租金普遍上涨了 25%，只有 11.4% 的居民搬进了公共住宅。[148] 仅在曼哈顿一地，摩西的迁建项目清除了 314 英亩（约 127.1 公顷）土地，建造了 28 400 户市价公寓，以及 30 680 户公共住宅单元，其中包括《住宅法案》“第一章”支持的住宅项目以及 21 个周边地块项目。[149] 这些新建的住宅项目都是现代主义超级街区，当中的道路是封闭式的，周围则是扩建的大路，以容纳改道而行的交通。这使得这些街区与城市的隔离越发严重。在那些原有建筑覆盖率为 80% ~ 90% 的区域，城市更新后则变成了 30%，新开辟出来的“开放”空间则大多被用作地面停车场，有时也会做地下车库。[150]

对于这些被“再开发”或“更新”的社区来说，城市更新是毁灭性的。尽管 1949 年的《住宅法案》明确表明了目标，清除活动本身却倾向于快速减少住宅存量并提高余下住宅的价格。通常每拆掉四个单元却仅有一个单元被重建。艾森豪威尔总统于 1952 年当选，这使得住宅建造愈发不受关注，因为这位将军对建造州际公路更加感兴趣。1954 年通过的《住宅法案》大幅削减了住宅补助，以至于在很多时候，迫使搬迁的居民无处可去。这种冲击对非裔美国人来说尤为严重，以詹姆斯·鲍德温（James Baldwin）的话来说，城市更新即是“迁走黑人”[151]。事实上，有些社区被整个抹掉了，例如新斯科舍哈利法克斯（Halifax, Nova Scotia）的非洲村，它在 1964—1970 年间被拆除，以便建造高速立交桥和一座桥梁。即便对于那些得以幸存的部分社区来说，公路的建造常常将它们切割得四分五裂，将其中的居民与城市隔离，有效地从地理与经济两个方面将他们孤立起来——低薪酬的工作正在消失，或随着逃离的白人居民和企业搬迁到城市边缘的郊区。结果是陷入恶化的漩涡：地产价值的持续跌落、失业率与犯罪率的相应上升。令新奥尔良颇为烦恼的特梅街区由于 10 号州际公路的建造而被割裂，这是一个典型的例子。发生于 1965 年的洛杉矶瓦茨骚乱在 6 天内席卷了 46 平方英里（约 119.1 平方公里）的城市区域，死亡 34 人，这刚好发生在 I–110 号（1962 年建成）、I–10 号与 I–710 号（均于 1965 年建成）州际公路将非裔美国人街区隔离之后。纽约的布朗克斯区本是个生机勃勃的混合社区，集居住、商业、工业为一体，在罗伯特·摩西开始建造跨布朗克斯区高速公路之后开始衰退，从1948年到1972年，其间还有若干穿越公路被建成，很快“布朗克斯”就成了国际知名的城市衰退的代名词。

那些留下来的人被安置到巨大的公共住宅项目中，这类项目通常分散在城市其他地段的超级街区内部，被公路和停车场环绕。在圣路易斯，山崎实（雅马萨奇，Minoru Yamasaki）设计了普鲁伊特－伊戈（Pruitt–Igoe）项目，由33幢11层的板式住宅组成（1950—1956年）。底特律建造了格雷伊特（Gratiot）社区，克利夫兰建造了霍夫（Hough）社区，芝加哥建造了卡布里尼·格林（Cabrini Green）社区与罗伯特·泰勒之家（Robert Taylor Houses）社区——这只是其中最大而且最为臭名昭著的案例。除了少数例外，这些社区伴随着必要日常维护与警力的缺乏而迅速恶化，因为主要的纳税人纷纷从城市搬到了乡村。随之而来的是失业与家庭破产，公共区域如走廊与楼梯间罪案频发，还有楼宇之间沙漠般的空地，由于面积太大且人员稀少，很难保证安全。较为富裕的居民不断离开，各种问题每况愈下。到了1970年代，这里充斥着种族隔离、纵火、犯罪及遗弃事件，这也是许多美国市中心区的典型特征，而这些区域正位于治安良好的新建高层商务区之外。与布朗克斯区类似的很多地方，数千名业主烧毁他们的廉租公寓以获得保险赔偿，上百个街区被空置，人们常常将这里比作被轰炸过的废墟。城市更新运动，尤其是以柯布西耶的设计原则进行的城市更新运动，被证明是一场代价极为高昂的失败。那些情况最恶劣的建筑群被拆除了，其中最引人注目的是1972—1973年拆除的圣路易斯普鲁伊特－伊戈社区，以及1998年拆除的芝加哥罗伯特·泰勒之家社区。

城市更新运动本身并没有造成中心城市的没落。人们从市中心迁出这一活动已经持续了一个多世纪，而去工业化是一种国际现象。各种复杂的公共政策鼓励并且加速了这种现象，努力使一部分人的生活变得更好，同时使另一部分数量极大的人口，尤其是有色人种的生活日益恶化。然而建筑与城市规划依然难辞其咎——它们固执且盲目地追随那些乌托邦先知们（例如勒·柯布西耶）的教条。

而后者的设计原则——针对不同活动及人群的划分、隔离、拆迁——直接导致了目前的后果。典型的例子就是洛杉矶市中心的邦克山（Bunker Hill）再开发项目，它将原有的“衰败”居住区拆除，取而代之一个高层超级商务街区，周边环绕着混凝土栏杆与高速立交桥。柯布西耶确实希望终结目前的城市。而他的明日城市，也确实如马歇尔·伯曼以及其他作者所说的，是一场“城市屠戮”[152]。

名词解释：高层塔楼街区

综合判定

- 板楼是指高大的、通常为现代主义风格的建筑，细节极简，带有重复的立面与窗，整体建筑为直线型形态。立面通常是玻璃幕墙或现浇混凝土。建筑可具有住宅、办公或商业功能，不过一幢建筑往往只服务于单一用途。
- 通常与其他建筑相隔甚远，由开放空间、公园、停车场或者道路等隔开。
- 通过车行道、快速干道、高架道路或公路到达，依赖于机动车交通而存在。
- 城市规划呈规则形态、纪念性形式布局，由板楼与快速机动车道、高架桥或公路组成。

案例

美国

- 波士顿：市政中心
- 纽约：联合国秘书处（1947）、利华大厦（1952）、西格拉姆大厦（1958）、斯特文森城、雷弗克城、纽约市房屋局项目
- 匹兹堡：金三角重建项目
- 克利夫兰：河景大楼、伊利湖景大楼
- 洛杉矶：拉贝雅公园、邦克山再开发项目、世纪城

英国

- 伦敦：罗汉普顿奥尔登住宅区、南华克佩卡姆住宅区、北帕丁顿埃尔金住

宅区等住宅地产；伦敦墙大街、中央点大厦、尤斯顿中心、斯戴格大厦、卡姆登大厦等办公街区

- 格拉斯哥：红色大道公寓（已拆除）
- 纽卡斯尔：拜克墙住宅区

法国

- 巴黎：拉德芳斯区、蒙帕纳斯大厦、奥林匹亚街区综合体等
- 全法国区域：HLM 低造价住宅区；九个新城，其中包括巴黎外围的塞尔吉－蓬多瓦兹、马恩－拉瓦莱、瑟纳尔、艾弗里、圣昆丁－伊夫林；以及诸如里尔、里昂、马赛、鲁昂、格勒诺布尔外围的新城

俄罗斯及苏联时期的加盟共和国

- 莫斯科：加里宁大街、新阿尔巴特大街；板楼在俄罗斯及历史上所有苏联的加盟共和国中似乎无处不在，从爱沙尼亚的塔林、乌兹别克斯坦的塔什干到吉尔吉斯斯坦的比什凯克，再到格鲁吉亚的第比利斯、哈萨克斯坦的阿拉木图与亚美尼亚的埃里温

东欧

在华沙条约签约国及其附庸国中此种形式也非常流行，形成了普遍的城市形态。

- 东德（前德意志民主共和国）：无处不在的板式公寓街区被称为“Plattenbau”，即“板式建筑”的意思
- 匈牙利：被称为“Panelház”，约有两百万人口居住于其中，占全国人口的五分之一
- 波兰：简单的板式建筑延伸成为曲线形，被称为“Falowiec”，即“波浪”，以描述它们的形态。格但斯克一幢这样的住宅楼高 11 层，长 3 000 英尺，可容纳 6 000 居民

“柯布西耶式”集合住宅（1957），德国柏林，建筑师：勒·柯布西耶

联合国秘书处及会议厅大楼（1952），纽约，建筑师：勒·柯布西耶、奥斯卡·尼迈耶等

纽约市斯特文森城与彼得·库帕村（1947）

纽约市斯特文森城（1947）

普鲁伊特－伊戈住宅区（1955），密苏里州圣路易斯

密苏里州圣路易斯普鲁伊特－伊戈住宅区，于1972年拆除

公园山住宅区（1957—1961），英格兰南约克郡谢菲尔德

“波浪形住宅”(1970 时代)，波兰格但斯克
（© Johan von Nameh 2005）

捷克斯洛伐克布拉格杜里霍娃街上的板式住宅（Panelak），1959—1995年间，超过一百万套板式公寓被建起，所容纳的居民数量相当于如今捷克共和国人口的三分之一

健明邨，中国香港，建于2003年，可容纳22 000名居民
（图片来自Baycrest-Wilipedia user/Baycrest-维基百科用户；遵循CC-BY-SA-2.5协议）

蒙古乌兰巴托住宅项目，被称为“Ugsarmal”，建于1970—1980年代，采用了苏联的设计

板楼住宅（2004），中国上海

4　家庭农场 Homesteads
弗兰克·劳埃德·赖特与反城市

很久以来，乌托邦一直是不现实与不可能的代名词。我们建立乌托邦以对抗整个世界。事实上，正是我们的乌托邦使这个世界变得可以忍受：人们终将生活在他们梦想的城市与建筑当中。

——刘易斯·芒福德，《乌托邦的故事》（*The Story of Utopias*）

1935年4月15日星期一晚8：30，总统富兰克林·德拉诺·罗斯福在白宫的椭圆形办公室中按下了一个金色的电话键，向纽约市发送了一组电波脉冲。[153]几秒钟后，第五大道洛克菲勒中心的一个房间里，120个闪光灯一起发出砰然巨响，50盏泛光灯被点亮，警报声响起，电风琴开始奏响，一面美国国旗从天花板上展开并缓缓下降。这标志着国家艺术与产业联盟主办的工业艺术博览会的开幕，展品都是大规模生产的消费品，入选的标准则是其设计“强调了美感”。彼时这个国家正深陷于大萧条，博览会的目的是通过展示美国在制造业与创新领域的前沿位置，重新唤起人们的希望与经济活力。促成这一切的是人们在电力控制方面令人震惊的、奇迹般的发展——在电器、工具、电话与广播等各个方面。一大批崭新的装饰艺术风格——以混合了古埃及、古典主义图案和当代的流线形式装饰主题为特色——的高楼大厦被建成，象征并概括了这个国家的技术复兴。在纽约，首先建成的是帝国大厦，其后便是洛克菲勒中心，包括1932年建成的无线电城音乐厅，而这一建筑群的其他部分直至1935年才完成。而在西部，与之相对应的则是博尔德大坝[1]。在荒无人烟的内华达沙漠中，一道光洁的混凝土拱券高悬在科罗拉多河上方700英尺（约213.4米）处——这是有史以来最高的大坝，即将在是年9月30日宣布落成。大坝发电机组生产的电力将横跨250英里（约402.3千米），穿过沙漠与山脉，点亮洛杉矶的夜幕。

就在这个星期一的早些时候，该国最著名的建筑师弗兰克·劳埃德·赖特发表了一场讲话，由洛克菲勒中心的一个麦克风记录下来并通过无线电加以广播。[154]赖特已经成名数十年了，不仅因为他与他早期的雇主和导师——芝加哥摩天大楼建造者路易斯·沙利文以及丹尼尔·伯纳姆的关系，还因为他开创了草原式住宅这一模式，后者被认为是仅属于美国的建筑形式，基于对混凝土与玻璃的创新式应用。赖特的名声曾经来自他的建筑所呈现出的大胆的现代性，然而他最好的作品均建于1890—1900年代，都是在他40岁之前了。1935年他67岁。大众主要通过自1909年起便与他纠缠不休的绯闻了解他。彼时他抛弃了自己的妻

1　博尔德大坝（Boulder Dam），即著名的胡佛大坝（Hoover Dam），于1947年更名。

子和孩子，与客户的太太私奔到欧洲。接下来则是一系列灾难，其中包括发生在他家中的凶杀案，凶手是一名疯了的仆人；自宅中反复发生的火灾；牢狱之祸、离婚以及破产——这些广泛报道的事件比最超现实的建筑更吸引众人。[155]

赖特拥有非常符合公众想象的形象：穿戴披肩、礼帽、宽领带，拿着手杖[据他的自传作家梅尔·西克雷斯特（Merle Seacrest）说“其实全无必要”]。据说他夸张、暴躁、举止傲慢，对自己的创造力与想象力非常自信。他的演讲没有令人失望。他称洛克菲勒中心为可耻的公司权力的化身——“内部罪恶滔天”[156]——他不是针对设计，而是针对美国的经济与治理结构。“我热爱美国以及她的民主观念”，他在开场如是说，然而如今这个国家堕落成为“经济、美学与道德的修罗场”，人们被赶到巨大的肮脏的城市中去，被工业资本这一庞然大物剥夺了人性。美国领导人没能成功应对工业生产机制的挑战，从而将美国民主的根基——个体的自由——推向险境。“同时，对民主的希望使我们每况愈下，”他说：“我们在这里……悲惨的分崩离析就在眼前。当下的成功梦想将被证明是个噩梦，除了对极少数人而言。”[157]

赖特接下来声称，他，幸而作为一名建筑师，可以找到另一条出路：“我已经尝试过理解如今正发生在我们之间与四周的巨大的变化潮流，并且将其具体地阐释出来，目的是建造一个更加贴近自然的人类居所，这是目前这个贪婪而且愚蠢的国家无法做到的。”[158]他将这个更自然的居所称之为“广亩城市”，亦即“伟大的未来都市”，它不仅将取代现有的、如纽约那般的都市巨兽，还将取代更小的城市与村镇，将它们建于分散的、无边无际的田野当中，结合城市与山野各自的长处。他以他标志性的隐晦语言讲述：“城市将不复存在，又无处不在。”[159]

展会上展出了广亩城市模型：12英尺8英寸（约3.86米）长、12英尺（约3.66米）宽，比例为1∶900，相当于2 560英亩抑或4平方英里（约10.36平方公里）范围。模型以卡纸和木材建造，由25名塔里埃森学社（Taliesin Fellowship）的学徒辛苦制作，从威斯康星州和亚利桑那州以卡车运往纽约。模型复杂而且精致，表面强化了阴影与轮廓，看似一幅浅浮雕。广亩城市看起来并不像一座城市，而是像一些小型市中心和小城镇散落在以平原为主的田野中，建筑之间相隔甚远，几乎消失在葡萄园、果园、树林与农场中。规整的网格遍布整个农业景观，划分出各类明确的用地，其中包括家庭农场、小型制造业建筑与实验室、较大的学校建筑、一座教堂、一座小型大学与一座医院。沿着田野与湖面边界设置了较小的独立式公寓塔楼。其他地方则是公共设施：动物园、水族馆、植物园、机场、艺术建筑、市政建筑、集市与运动场，顺应地势等高线设置。沿着模型长边一侧是一条多层、多交通模式的走廊，被称为“大动脉”，依据用途分层并且相互隔离，类似于柯布西耶的七层交通走廊：双层公路，上方为 10 条小汽车车道，下方为 2 条卡车车道，当中为一条高速单轨列车道。主干道沿现状货运铁路设置，甚至在大部分地区可以取而代之，因为煤炭可以在开采地就被转化为电能，运输煤炭的铁路也就失去了大部分功用。电力通过新建的长距离电缆输送，就像博尔德大坝生产的电力穿越沙漠输送到城市中一样。公路下方是连续的仓库，沿着仓库则是呈带状开发的市场、工企业与汽车旅馆。次一级的道路顺着规整的网格向外延伸，逐渐融入乡村道路中去。广亩城市依赖于私家车——至少每个家庭拥有一辆，而在后来更新的规划中还出现了少量的“空中汽车”，一种具有未来主义外观的私人直升机。

赖特颇费了一番力气来解释广亩城市并不是一种城市类型，而是将完全取代城市，“一种美国人的新的生活模式”，就像展板上的标语一样。“广亩城市并不是简单地回归土地，而是要打破城市与乡村生活之间的人造隔阂。”[160] 它将彻底消除城市甚至城镇中心的概念，将“中心”的传统功能分散到田野中去。占据方形模型中央的是农场构成的网格。关于农场，赖特所指的就是它的字面意思，一个完整的农业综合体，由一座家庭住宅、一座人均一英亩的小型家庭农场，也许还有一个小型工厂或实验室组成。家庭的主人可能既是一个农场主，同时也是机械师、科学家或知识分子。住宅由预制构件装配而成，主人依据自己的需求进行定制。赖特假设他的乌托邦中存在着程度有限的收入差异，并据此提供“小、中、大”类型的住宅，三类住宅的车库大小也有所不同，他进而将其分成“一辆、两辆或五辆汽车”的住宅。对于不从事农业活动的人，规划中为大型工厂的工人设置了公寓塔楼。然而根据设计，广亩城市中绝大部分居民是独户住宅业主。“美国式民主真正的中心（唯一允许存在的集中）就是生活在属于自己的、真正的美国式住宅中的人。”他在 1945 年当提到更新一版的广亩城市规划时写道。[161]［“美国式”（Usonia）是一个新造的词，用以描述他重新设计的、更好的美国——这一词语也许来自乌托邦作家塞缪尔·巴特勒（Samuel Butler），也许只是自行拼凑的。］早在 1910 年他就已经提出了这一原则：每个美国人都拥有“以自己的方式在自己的住宅中享受自己的生活这一独特的、不可剥夺的权利”[162]。简而言之，非但一个人的家是他的城堡，独立家庭住宅还是“自由社会中唯一允许存在的庇护所”——以历史学家罗伯特·费舍曼（Robert Fishman）的话来说。

广亩城市并不是模型上那样限于 4 平方英里（约 10.4 平方公里）的社区，模型只是概括性的示意。它将覆盖整个国家，依据地势与河流划分，成为不断延展的“村落集合”，每个社区容纳 1 400 户住宅，以自治县的方式进行组织，村—县沿着“大动脉”[163] 设置，彼此间距大约 20 英里（约 32.2 千米）。赖特坚信这将是“伟大的建筑”。“广亩城市不仅是唯一的民主城市，”他写道，“它是朝向未来唯一可行的城市。”[164] 赖特的全景模型是一种图示，以规划的形式表达出他以彻底的分散来解决美国问题的信心。他将这种信心与这片广袤的土地上的同胞分享，以及他的自由主义信仰。“在广亩城市中，你不仅会看到一种天然自由的图景，使人可以真正成为独立的人，还会发现这种图景是基于分散的，将大机构所赖以生存的一切加以消解，你还将发现一种基本经济结构，更具独立性、更加简洁，由政府更为直接地主导。”[165] 政府将被“缩减成隶属于每个县的小单元”[166]，以县建筑师的角色出现，负责管理土地的划分（土地所有权属于国家）、提供服务、保证高水平的设计与建造。赖特认为，这类设计与建造将是反抗“经济、美学与道德混乱”[167] 必不可少的保障。

在模型边的另一个展板上，赖特罗列了一些基本设计原则，仿佛一系列神圣的法令，以及各项指令、承诺和要求。每一句话都以“没有”作为开头。以否定的方式加以强调：

没有从属于私人产权的公共需求
没有地主与租客
没有“住宅”，没有艰难维系的农场
没有交通问题
没有铁路，没有有轨电车
没有平交道口
没有电线杆，没有电线
没有车头灯，没有照明设施
没有刺眼的水泥道路
没有高层建筑，除了在隔离的公园内部
没有贫民区，没有社会败类
没有主要或次要的轴线

这一切加在一起意味着什么？很显然，广亩城市是长期以来的乡村伊甸园式乌托邦传统的一部分：田园牧歌式的、低密度的、依赖于农业的、杰弗逊主义式的想象。赖特决心将“小”渗透于全部规划：“小农场、小住宅、小工厂、小学校、小大学。”[168] 他反对大尺度所意味的集中与垄断倾向，无论是在城市还是工业领域。每个县基本上都是自给自足的，大部分商品都在本地生产与消费：“往返运输所造成的浪费以及相应的低效的商业活动都将不复存在。”[169] 促使人们通过工作来满足其自身的需求以应对经济衰退，这对他来说是最合乎情理的解决方式了。

他对田园美学的关注似乎直接来源于弗雷德里克·劳·奥姆斯特德的浪漫主义田园郊区，赖特对此很熟悉，从伊利诺伊州河滨市时便开始了，那里正位于他在芝加哥的家附近。该处结合了农业、工业与住宅，并将绿化带作为抵御大规模事物（城市或工业）的生态防线，而现代交通网络为其提供服务，就像埃比尼泽·霍华德的田园城市——田园城市这一概念的形成也与霍华德在美国的经历密不可分，他曾在内布拉斯加的农场生活过一段时间，在此了解到了浪漫主义花园式郊区与理想主义的偏远农场，后来又将它们带回到烟雾弥漫的工业化的英国。[170]

然而广亩城市中并没有传统城镇中常见的中心区域。交通、工业及各类机构被安置在规划区域边缘。没有一座“水晶宫”来强调商业与社区生活。购物活动发生在“路边市场”中，人们在此直接出售与购买产品。当县建筑师消除了政府的其他职能的同时，也消除了中间商的存在。赖特提供了一个“社区中心”，当中有饭店、艺术馆、剧院、高尔夫球场、赛车场、动物园、水族馆与植物园——一个“有吸引力的车行目的地”，他写道，而这后来被命名为“体验式”购物中心。[171]

赖特的概念比早期其他整合了现代技术的乡村乌托邦走得更远；事实上，广亩城市是基于这些建立起来的：“通过更合理地应用发达的科技力量，我们找到了一种现实可行的生活方式，将艺术、农业与工业和谐地整合在一起。”赖特罗列了三种最关键的新技术：“三种主要的发明……1. 汽车……2. 广播、电话与电报……3. 标准化的机械生产”，以此来预言集中式城市的终结，“无论那些拥挤的旧城市是否欢迎它们”。与勒·柯布西耶一样，他认为这些事物的出现已经使城市“不够现代”了——以他的话来说。[172] 然而与那位瑞士现代主义者的区别是，赖特认为工业生产时代应该指向分散城市而不是集中。在其整个职业生涯中，他都在指责柯布西耶和其他欧洲现代主义建筑师们，称其为集中式的、专制的权力代言人。与之相反，他的毕生事业则是寻找一种使他所珍爱的杰弗逊主义理想、类农业式的民主生活与工业生产方式和谐共处的方法。这至少开始于 1901 年他在芝加哥的赫尔馆（Hull House）进行的名为“设计的艺术与工艺”的演讲。赫尔馆是简·亚当斯建立的社区服务中心，也是与工艺美术运动有着密切联系的泛改革同盟的中心。赖特尝试寻找一种途径来控制工业技术，以实现工艺美术运动的期望，即把工作与贴近于土地的生活重新联系起来——简而言之，试图将机器安全地带入田园。他很清楚这些技术造成的破坏：“这三种对美国来说最主要的发明也造成了恶劣的后果，即周遭无处不见的开发，包裹在丑陋且浪费、只待被扔掉的脚手架当中。”[173] 不过，赖特试图说服他的听众，他的县建筑师体系——明显是他自己的代理人——能够保证“好的建筑”，并且通过好的建筑推行良好的策略。

在所有的发明中，最令他着迷的是汽车。后者的速度——每小时 60 英里（约 96.6 千米），相较于霍华德的步行或自行车慢节奏，将赋予人们“掌控时间与空间”的能力，并且使城市摆脱传统的边界。“机动车入侵以及相关发明的结果之一就是从此摆脱了牢笼”，他在 1945 年《当民主被建立》（*When Democracy Builds*）一书中如是说。“个人眼界被大大地拓宽了。这非常重要，不仅空间价值在新的度量标准下被转化为时间价值，新的空间感知也将完全基于机动交通而存在。无论人们是否愿意，机动交通已经影响到了他们。而且，它对当代空间含义的冲击不仅是物理的，也是精神的。”[174] 汽车对于弗兰克·劳埃德·赖特这位花费了几十年来逃离束缚——无论是妻子、债权人、传统道德还是错误的美学倾向——的人来说，是获得解脱的法宝。“如果他能找到办法逃走，他就会逃走。他的汽车就是他的办法。”[175]

在广亩城市仔细锯开又黏合的模型中，隐藏着一系列矛盾。赖特的乌托邦承诺将当代工业大都市的破坏性力量加以驯服，通过把机器控制在 19 世纪乡村均田主义模式中，以此获得更加完美的现代性。它通过消除城市来拯救城市，并且禁绝使它能够得以再生的前提条件。通过给予核心家庭尤其是自由的个体以特殊优待，来保护社会、捍卫民主，然而采取的手段则是依赖某个彻底独裁的（尽管可能是开明的）、未经选举就获得任命的人。

赖特的构思如此令人印象深刻，然而也清楚地呈现出他身为一名建筑师的失败，至少是被边缘化——事实上，广亩城市的模型是赖特在 1930 年代早期唯一在做的一件事情。赖特的早期职业生涯曾经收获过巨大的成功，以草原式住宅的盛行为标志（1890—1909 年），此外还有率先使用了空调、平板玻璃门与金属家具的拉金行政大楼（纽约州布法罗，1903 年），较早采用现浇混凝土的联合教堂（伊利诺伊州橡树园，1904）以及米德韦花园（芝加哥，1913 年）。然而在这之后，他的项目日渐稀少，部分是因为他在私生活方面名声不佳，另一部分原因则是建筑的流行风格发生了变化，朝向了复古。在 1909 年的丑闻之后，他前往各处游历，其间实现了几个代表作品，包括四座建于洛杉矶的混凝土“工艺砌块”住宅（1919—1923 年）[1] 与东京帝国饭店（1923 年），后者是个工程上的奇迹，那一年的大地震夷平了城市的绝大部分地区，而帝国饭店安然幸存。1924 年，他为芝加哥国家人寿保险公司设计了一幢非常新颖的摩天楼，主要材料为钢筋混凝土、金属板和玻璃，然而方案仅仅停留在了纸面上。1924—1926 年间，什么都没有建成。在这段艰难的日子里，一位造访者描述这位年近 60 岁的建筑师“消沉而且孤僻”，随着年轻建筑师的崛起渐渐被遗忘了。1932 年，由赖特策展，纽约当代艺术博物馆举办了他与欧洲现代主义建筑师共同参展的国际式建筑展，素爱捣乱的年轻建筑师菲利普·约翰逊（Philip Johnson）名为赞美实为诅咒地称他为“19 世纪最伟大的建筑师”[176]，这无异于在他的棺材上撒了一把土。

正如寓言中常说，一位伟大人物的没落往往从他站上权力与名声的顶峰时开始。在他职业的巅峰时刻，他为橡树园富裕的中产阶级设计住宅，并且广受赞誉。他的设计中出色地体现出家庭生活的舒适与幸福，以作为住宅中心的、精彩的壁炉空间为基点。在他为自己以及妻子凯瑟琳——一位富有的客户的女儿——和六个孩子所设计的住宅中，他扮演了一位典型的家长的角色。1907 年，他与另一位客户埃德温·切尼 28 岁的妻子玛玛·博斯威克·切尼（Mamah Borthwick Cheney）——一位两个孩子的母亲陷入爱河。[177] 人们曾目睹赖特与这位女士驾驶着他的汽车在城中肆意玩乐。凯瑟琳似乎已经习惯了他的放浪形骸，拒绝与他离婚。1909 年，他将项目交给了公司的合伙人，与玛玛前往欧洲，过程中搁置了亨利·福特（Henry Ford）的一项重要委托，这本该是他一生中的华彩之作。公众舆论对此反应迅速而且苛刻。当他终于离婚之后，赖特将玛玛·切尼与她的孩子安置在他童年居所旁的一座新建的住宅中，那里是一处美丽的农场谷地，位于威斯康星州斯普林格林村附近（Spring Green）。新的住宅于 1911 年建成，赖特依据一首他母亲喜爱的威尔士诗歌，将这里命名为“塔里埃森”（Taliesin）。是他的母亲激发了他对艺术、建筑与中世纪文化的热爱，以及对家庭的强烈认同，赖

---

1 工艺砌块”住宅（textile blocks house）：1920 年代初，赖特在洛杉矶地区建造了四座预制混凝土砌块住宅，这是他对于预制住宅的一次初步尝试。他认为混凝土砌块是“世上最廉价的建材”，可以通过给大规模生产的预制构件附加装饰纹理，发展出一种适用于普罗大众的物美价廉的建造工艺与设计语言。

特甚至因此将威尔士家庭的格言“真理对抗世俗”（Truth against the world）引为座右铭。1914 年 8 月，欧洲正在陷入战争，而在赖特不在家期间，塔里埃森发生了一件恐怖的事，一位发疯的男仆杀死了玛玛与她的两个女儿，还有其他五名受害人，然后放火烧掉了住宅。赖特在绝望中离开了家，在外流浪了六年，其间完成了他在加利福尼亚与日本的项目。尽管媒体对这些项目评价很好，东京帝国饭店又扛过了 1923 年的地震，他的工作依然岌岌可危。毕竟他的业主大多是古板的中西部商人，希望过着平稳的生活，而他的名声又实在太坏，难以在短时间内恢复。

1923 年他遇到了米利亚姆·诺尔（Miriam Noel）并与之结婚，然而他们的关系甚至没有维系过当年。1924 年，重建了一半的塔里埃森再次遭遇火灾。赖特被迫将其抵押给银行以减轻贷款负担。那一年的 11 月，他遇到了奥尔加·伊万诺娃·米兰·拉佐维奇（Olga Ivanovna Milan Lazovich）。[178] 奥尔加出生于黑山，在战前的一段动荡时光中流亡到欧洲，在经历了一段失败的婚姻之后，与七岁的女儿斯维特拉娜来到了美国。人们通常叫她奥格拉瓦娜（Ogilvanna），是一名优雅、美丽且富有教养的女性，带有一种神秘主义色彩；1915—1922 年，她追随神秘主义者乔治·葛吉夫（Georges Gurdjieff）穿越战火纷飞的混乱的欧洲，并成为其社交圈的中心人物。当她遇到赖特的时候，两个人都在试图离婚。这位建筑师对她一见倾心。据说他曾对她说：“来吧，奥格拉瓦娜，和我在一起，他们看不到我们。[179]”然而他的第二任妻子米利亚姆同样拒绝离婚，并且报复性地针对他们两个。1925 年 2 月，赖特将奥格拉瓦娜与斯维特拉娜搬到塔里埃森。两人的女儿埃瓦娜诞生。愤怒的米利亚姆将他们撵出去，并于 1926 年 9 月，在赖特与奥格拉瓦娜前往明尼苏达之后提出起诉，使他们因违反《曼恩法案》（*Mann Act*）被捕，罪名是非法通奸和“出于不道德的目的”穿越州境。[180] 媒体高兴极了 [181]：《纽约时报》将奥格拉瓦娜称为“黑山女舞者”，将塔里埃森称为“爱巢”。米利亚姆随后撤诉，他们被释放，然而这位著名的建筑师已陷入赤贫的境地，几乎处在一种隐居状态。

慢慢地，形势开始好转了。1927年，米利亚姆同意了离婚，在过了一年的等待期之后，赖特与奥格拉瓦娜结婚了。银行收走了塔里埃森，并且尝试了一次不成功的拍卖。然而一些仍忠于赖特的业主和朋友们组织了一个被称为弗兰克·劳埃德·赖特公司的团体，赎回了这项产业，并与他签署合同逐步偿还43 000美元的债务。[182] 他出售了在东京期间购买的令他引以为豪的日本画作，还有部分塔里埃森的农具与家庭用品。尽管如此，赖特的野心并未稍减。"我不只想成为在世的最伟大的建筑师，"他吹嘘道，"而是世上最伟大的建筑师。"[183] "在我之后，至少要再过500年才会有人与我匹敌。"[184] 事实证明，奥格拉瓦娜是他的理想伴侣，想出办法重建他的创造力与职业生涯，以在媒体恢复他的声誉和在塔里埃森以他为中心建造一座学校为起点。1928年，他在《建筑实录》（*Architectural Record*）杂志上发表了一系列九篇题为《以建筑之名》（"In the Cause of Architecture"）的文章。出于对金钱与曝光度的渴望，他开始寻找旅行演讲的机会，并且成为1930年普林斯顿大学著名的康恩讲座[1]的主讲人之一。讲座中包括了对广亩城市的一些深入思考。1931年普林斯顿大学出版社将讲座内容结集出版，名为《现代建筑》（*Modern Architecture*）。[185] 1931年，他开始了一系列他称之为"表演"的讲座，为此他专门前往美国中西部、纽约与西海岸，在那里还得到了一项宝贵的项目委托，为一名报业大亨设计位于俄勒冈州塞勒姆的住宅。[186]1932年他出版了两本书：《自传》（*An Autobiography*）与《消失中的城市》（*The Disappearing City*），前者开始写作于1927年，直到五年后才在奥格拉瓦娜的鼓励下完成。两本书中都包括了对广亩城市"蓝图"的文字描述以及与塔里埃森学社相关的内容。两者都体现了一个长久酝酿的目标，即重建以赖特为中心的大家庭，他在他所设计的乡村伊甸园中扮演着上帝的角色。《自传》开篇的场景是赖特的家庭农场，他于1867年诞生在那里，结束的场景则是对广亩城市的展望。规划过程如此长远。

---

1 康恩讲座（Kahn Lectures）：普林斯顿大学艺术与考古系于1929—1931年在纽约银行家奥托·赫尔曼·康恩的赞助下举办的讲座。该讲座设定为每年选择一名在其领域具有杰出造诣的专家进行一系列8次讲座，赖特主持的是第二年。该年原计划邀请荷兰建筑师 J. J. P. 奥德，然而他因病不能前来。赖特为此开办了6次讲座及1个展览，讲座内容最初于1931年出版，1987年再版，曾被评论家凯瑟琳·鲍尔誉为"迄今为止关于现代主义建筑最好的一本书"。康恩讲座对于赖特本人来说也非常重要，甚至可以说是开辟了他新的职业道路。

学社于 1932 年 10 月 1 日在塔里埃森开幕，招收了 23 名学徒，他们在此无薪劳动，报酬则是拥有在大师身畔工作的特权。他们的实际工作主要是种地、建造与维修塔里埃森建筑群、烧饭与打扫，还会有几个小时用于在绘图室中画图，内容通常是抄录赖特早期的建成项目图纸。很少有新的委托，因此也基本没有新的建筑可做。在普林斯顿讲座中，他曾经号召建立“工业风格中心”[187]，很像威廉・莫里斯与 C. R. 阿什比（C. R. Ashbee）在英格兰建立的工艺美术运动工作坊，或者是离他更近的、位于纽约东奥罗拉的罗伊克罗夫特工作坊与出版社。后者由埃尔伯特・格林・哈伯德（Elbert Green Hubbard）创立，他也是赖特在 1903 年设计建造的拉金大厦的业主之一。赖特的长发与礼帽、披肩与手杖似乎也来自他——看似无稽，却是自我营销的一种有效手段。[188] 塔里埃森学社的日程大多由奥格拉瓦娜安排，通常包括音乐、舞蹈及与备餐、就餐、清洁等礼仪——这是她在葛吉夫的人类和谐发展学院中学到的本领，她在其中一直做到类似于副导师的位置。塔里埃森学社与葛吉夫的团体有一些相同的特征，并不能算是社团抑或集团。前往位于斯普林格林附近的塔里埃森的访客们将它描述为一种阶级分明的组织。[189]安・兰德（Ayn Rand）说它“就像一个封建机构”。一位英国访客则认为它“更像一处英式庄园宅邸”。德国现代主义者、建筑师密斯・凡・德・罗曾经前往塔里埃森，他本想只停留几个小时，然而却在那里度过了整个周末，并且赞叹道：“自由啊！这是一个王国！”[190]

与塔里埃森学社一样，广亩城市的规划设想始终在赖特的思想中酝酿并努力加以实践，一直持续了几十年。他最早关于社区或小型城市的规划是为蒙大拿的私人业主做的：1909 年的苦根谷灌溉公司规划与科莫果园夏季度假区项目，均为半乡村式的城镇规划，依赖于汽车交通而存在，没有设置传统的城镇中心。[191]1916 年他在一篇杂志文章中发表了最早的概念设想。[192] 在那之后他曾多次乘汽车穿越美国旅行，并在 1920 年代移居洛杉矶。在洛杉矶，汽车已经促成了一种新的去中心化的城市模式，围绕着公路、独立住宅与汽车及其相关产业建造。[193] 这使他能够更清楚地看到其中蕴含着的变革的潜力。1932 年，他已经开始考虑小型农业的问题，通过为沃尔特・戴维森（Walter Davidson）设计的、未建成的“小型农场单元”

与“小型农场带”呈现出来。戴维森是拉金大厦的另一位业主，并在25年之后聘请赖特为他设计预制农场建筑。[194] 赖特还为戴维森构思出了街边市场的概念，一种驶入式购物中心。在1923年一份声明中，他在东京地震的阴影下表达了关于未来城市的思考，构想了一个限高五层的分散式城市：“现代交通将打散城市，给城市留出呼吸的空间，加以绿化和美化，使其适合更好的人类生活秩序。”[195] 到了1934年下半年，赖特的广亩城市设想已经颇具吸引力了，足够说服纽约的汤姆·马隆尼（Tom Maloney）愿意付出1 000美元用以制作展示在洛克菲勒中心的模型。[196] 匹兹堡百货商店的业主老埃德加·考夫曼（Edgar Kaufmann, Sr.）[197]——赖特在那一年为他设计了举世瞩目的流水别墅——也写下了1 000美元的支票，以帮助塔里埃森完成广亩城市的设计。第一稿图纸中呈现出一块绿色的、方形的乡村土地，当中有小路穿越，零星散布着郊区住宅。第二版草图则是十字形布局，有两条交叉的交通走廊和网格状地块，顶部标注了：“每户至少一英亩（约0.4公顷）。”最终版规划则完成于1934年年底，并于第二年发表在《建筑实录》中。在这版规划中，“主干道”被改到了用地一侧，家庭农场则被移到了用地中央。[198] 制作广亩城市模型的工作开始于冬季的威斯康星，完成于1935年早春的亚利桑那州沙漠里，那里是学社的新工作坊所在。[199] 学员们耗费了数百个小时，小心翼翼地切割着卡纸板与轻木片，努力使赖特的构思得以呈现。[200] 学员之一柯尼利亚·布莱尔利（Cornelia Brierly）在当时写道：“我们生活在这个未来城市里。在它的超级公路的阴影中加速。浮在水面上的湖滨木屋如此慵懒，而我们腰酸背痛眼睛干涩，尽日伏在这个精工细作的模型上面，只有通过在院子里的草坪上打滚来消耗被禁锢的活力。”[201]

从很多角度来说，赖特的设想并非激进，反而是主流的——正处于美国文化的转型趋势当中。毫无疑问它是长久以来乡村乌托邦主义传统的一部分。这种传统根植于清教徒以及他们的“山顶之城”[1]的理念，作为一种建成环境，包含了一种道德契约，契约的另一方不仅是上帝，还有大自然：美国是一座新的伊甸园，

1 山顶之城（City on a Hill）：《马太福音 5：14》“你们是世上的光。城造在山上，是不能隐藏的。”

一处崇高的荒野，正等待通过农业的力量进行改造。赖特的主张还契合了另一个美国传统，即哀诉布道。就像历史学家纳西索·麦诺克（Narciso Menocal）所言："就像旧日先知提醒以色列的孩子要保持对巴比伦的忠诚，美国的哀诉布道者们宣扬遵照自然所设定的永恒不变的理想模式来生活，待到世界末日时，这种生活方式将被证实胜过一切人造物，后者只是历史的暴政的产物。"[202] 弗兰克·劳埃德·赖特的父母，理查德·琼斯与玛丽·劳埃德是这种理想生活的纯粹案例：他们是威斯康星山谷的早期开拓者与虔诚的信徒，一步一步造就了一种可尊为典范的生活方式，就像朝圣者或《圣经》中的亚伯拉罕与萨拉。对于赖特来说，这里是"祖先的山谷"，尽管他身为移民的父母仅在他出生的前一年才买下这块土地。杰弗逊主义者们认为个体乡村业主天然具备道德优势与政治独立性，这种观点即来自这一宗教传统，并且与赖特的自我认知非常契合——终其一生，他始终视自己为一名杰弗逊式的农民。而且，这种信仰始终与一种矛盾的观念紧密相连，即田园牧歌式的城市与完整、丰沛的自然共存。超验主义者们对此有过充分的思考，例如亨利·大卫·梭罗的《瓦尔登湖》与拉尔夫·沃尔多·爱默生的《自然论》。从根本上讲，赖特的哲学的基础是主权个体的理想概念："没有个体就不会有任何创造力。人性，尤其是民主环境中的人性，只会凭借个体而存在。我们的教育与我们的政府的全部努力都应该是首先发现，其后珍视、利用并且保护每个个体。"[203]

乌托邦小说是美国19世纪最流行的文学体裁之一，最早可追溯至1802年詹姆斯·雷诺兹（James Reynolds）的《平等》（*Equality*）。这本书中包括了下列所有元素：教育普及、妇女解放、非竞争性的经济、中央政府提供的服务、在智者的领导下的民主以及减轻劳动力的技术的应用。这是一个工业化与城市化相当不稳定的世纪，因此无怪乌托邦故事中着重描述了慈善机构和与乡村联系紧密的城市，后者提供了相对安全、稳定的物质与道德环境。及至该世纪末，乌托邦小说成了美国最主要的文学类型。这一类型的文学作品希望通过改变世界的形态以完成对社会关系的重建。这也意味着通过城市规划来完成变革。

赖特从他的进步知识分子家庭中吸取了大量此类信息：在他家的晚餐餐桌上，在他姨母简与尼尔位于附近山坡上的私立学校中，在他的舅父、重要的唯一神教派牧师詹金·劳埃德·琼斯家中——这也是他第一次遇到简·亚当斯的地方。赖特早期的职业生涯是在芝加哥度过的[204]，而那里是进步改良的温床。在亚当斯的领导下，经济学家索尔斯坦·维布伦（Thorstein Veblen）、社会学家约翰·杜威（John Dewey）、作家西奥多·德莱塞（Theodore Dreiser）、林肯·斯蒂芬斯（Lincoln Steffens）、厄普顿·辛克莱（Upton Sinclair）都聚集在那里。赖特与以杜威和历史学家查尔斯·比尔德（Charles Beard）为中心的进步主义教育运动联系非常紧密，杜威和比尔德在纽约共同创立了社会研究新学院（the New School for Social Research），赖特在其中发表过演说。杜威曾经到访过位于亚利桑那州的西塔里埃森，而比尔德在 1934 年曾经写过一段话，可以明白地阐述出赖特当时的建筑观（或者是政治观）："下一个美国将是集体主义的民主——一个工人的共和国——一座辽阔的，由田野、森林、山脉、湖泊、河流、道路、去中心化的社区、农场、牧场及灌溉沙漠等构成的公园……一个美丽的国家——家园是美丽的，社区与农场是美丽的，商店与工作坊是美丽的……纯粹的乌托邦主义，我的先生们会这样说……然而更确切地理解的话，我们每个人都怀有乌托邦主义的某些方面。"[205]

芝加哥进步派是逐渐兴起的分权运动的积极参与者，1920—1930 年代的城市规划者中普遍带有这种倾向，即将城市人口密度看作那些年衰退的核心因素。亚当斯是伊利诺伊州一个公共住宅协会的主席，维布伦、杜威与比尔德也在关于这一话题的全国性讨论中扮演重要的角色。颇具影响力的作家刘易斯·芒福德预言在城市发展史中将会出现"第四次大迁徙"——朝向去中心化的城乡综合体，与赖特的构思并非没有共同之处。1923 年芒福德参与建立美国区域规划协会[206]，其余建筑师与组织者有克拉伦斯·斯泰因、亨利·赖特与本顿·麦凯耶（Benton MacKaye）。协会建立是为了接下来在新泽西州规划与建造一座示范性城市雷德朋（Radburn）。该城市于 1929 年建成，是一座受到田园城市启发而建设的城镇，主要通过机动车交通到达，罗斯福新政时期的住宅计划对此有诸多参考。赖特很清楚他们的努力，偶尔也与这些活动家有些联系，然而事实证明他们之间很难进行合作。

如今弗兰克·劳埃德·赖特的偶像是亨利·福特，量产机动车的教宗－圣人。由于将机器生产的创新转化成为一种平民主义的平权式社会活动，他在美国被大众视为英雄。在福特之前，汽车只是有钱人的玩具。他那强韧的、让人买得起的T型车把美国农民从繁重乏味的劳动以及骡马和手推车运输中解救出来——这是在商品物价暴跌与残酷竞争的冲击下，农业地景中为数不多的正面发展之一，并且减缓了农民向城市流动的速度。福特于1893年生产了他的第一部汽车[207]，就在同一年，赖特离开沙利文创办了自己的公司。他们两个都已形成了持续一生的政治与社会观，并且都基于那些年广泛讨论的平民主义－土地均分论。1918年，身为企业家的福特宣称："我是一个农民……我希望地球表面的每一英亩土地都覆盖着小型农场，幸福惬意的人们生活于其中。"[208]他达到目的的方法与赖特的观点相呼应——"简而言之……终极解决方法就是放弃城市，就像摆脱一个错误……我们应该通过离开城市来解决城市问题。"[209]福特开始积极实施他的计划，建立一个新的、去中心化的反城市，即在密歇根州的汽车基地德尔本附近建造乡村工厂及标准化工人住宅。1919—1920年间，德尔本共建造了250座福特式家庭住宅。[210] 1921年12月3日，福特带着托马斯·爱迪生以及二人的妻子搭乘火车前往亚拉巴马州的弗洛伦斯，这是一个位于田纳西河边的马斯尔肖尔斯附近的小型社区，联邦政府计划在这里建造一个水力发电站，为一座亚硝酸盐矿提供电力以便生产化肥，借此使美国在此类工业中摆脱国外的垄断控制。这两位发明家被委托通过汽车、公路、电力来拯救美国乡村，而爱迪生的电影，将城市的优势带到了小城镇与乡村。在弗洛伦斯，他们讨论了福特的"75英里城市"计划[211]，这是一个混杂了小型工厂、作坊、居住区与农场的区域，沿着河流两岸延伸了75英里（约120.7千米）。福特的规划基于工业与农业的整合：附近的矿山通过摆渡车和高速公路与冶炼厂和工厂相连；水力、电力为工厂与家庭提供照明；夏季，工人们可以离开工厂种植作物，这使得75英里城市成为一个自给自足的整体。福特的方案于1922年出版，被全国媒体大加赞扬，土地投机商因此得到了理由哄抬当地地产价格，结果导致政府对这个项目丧失了兴趣。

福特没有放弃他的想法，在各种演讲中反复重申，并在1926年题为《今日与明天》（*Today and Tomorrow*）的书中继续宣讲。稍晚些时候，赖特在一篇刊于《美国建筑师》（*American Architect*）的介绍广亩城市的论文中回应了这个题目，将其命名为“今天……明日”[212]。在1930年普林斯顿讲座中，他将福特称为前辈：

“我们承认在一开始，出于便利的原因，工业分散的结果依然是集中。然而很快就将不存在任何大规模聚集的理由了。独立的小单元在当地结成相互联系的群体之后，会在来之不易的自由中变得更为强大，而这自由，则来自城市中那些尚未屈服于机器生产的方面。亨利·福特在他的马索肖斯规划中声明了这一概念……”

“尽管这小城镇有些太大了。它将慢慢融入普遍的去城市化的开发中。”[213]

罗斯福政府似乎借鉴了福特的计划，用来解决城市中大量聚集的失业人口的问题：计划通过精心策划的与乡村工业和农场整合的住宅方案将人们重新安置在城郊。1933年，在罗斯福上任后的“第一个百日”中，内政部成立了自耕农场司，直到1935年并入新成立的重新安置署之前，该司在全美范围内建立了34个兼营农场主社区。赖特的广亩城市中的自耕农场很大程度上受到这些政策的启发。另有一个部门聘请美国区域规划协会成员，请他们依据自己的理念规划并建设三座“绿带”城镇，即马里兰州（靠近华盛顿特区）的格林贝尔特、俄亥俄州（靠近辛辛那提）的格林希尔斯、威斯康星州（靠近密尔沃基）的格林戴尔。同样在1933年，总统签署了《田纳西河流域管理法案》（*Tennessee Valley Authority Act*），建立了规模庞大的田纳西河流域管理局（TVA），负责在田纳西谷地的河流上建设大坝，为在大萧条环境下日益贫困的地区提供电力与工业。三位领导者之一的亚瑟·摩根（Arthur Morgan）在描述他的构想的时候，说出了类似于福特或赖特的话：“一个由幸福的人居住的山谷，带有一些小型手工工业，没有奢华的中心区，也没有富人。”[214]TVA建成的第一座水坝——诺里斯水坝部分实现了福特的计划。它建于马索肖斯，建造水坝的部分工人被安置在新规划的诺里斯村当中，这是一座传统风格的小镇，蜿蜒的街道两旁是古典复兴风格的住宅，仿佛奥姆斯特德的浪漫郊区的低配版本，与75英里城市的规划相去甚远，这使得赖特大失所望。[215] 政府一开始并没有聘请赖特。当他受邀与重新安置署郊区司的负责人约翰·兰希尔（John Lansill）会面时，他要求政府暂停绿带城市项目并且给他一亿美元的预算来建造“世上最完美的城市”——广亩城市——并且不要施加任何“干涉”。兰希尔解释说政府的项目是需要团队合作进行的，然而弗兰克·劳埃德·赖特绝不是个擅长团队合作的人，除非他可以完全控制团队，保持一种类似于他与学员之间的关系。“只要赖特愿意在一些颇为宽泛的指导原则下工作——就像其他规划团队一样，”兰希尔回忆道，“重新安置署是会考虑建造广亩城市的。”然而这位建筑师的回应是拒绝接受“美国所有的公立与私人住宅项目，并且绝不再与郊区司对话”。[216]

然而广亩城市带给了人们什么？模型在纽约展览了一个月，有四万人前来观看。[217] 后来又在麦迪逊的威斯康星州历史协会、考夫曼的匹兹堡百货大楼、华盛顿的科克伦美术馆展出，《华盛顿邮报》以两篇长篇报道加以介绍[218]，还将它展示给大量政府官员、各部要员、国会议员、交通部门官员与工程师。佐治亚的景观建筑师与城市规划师查尔斯·阿格拉（Charles Aguar）写道：“没有哪个规划方案曾像赖特的广亩城市那样有如此的曝光度与影响力，很大程度上是因为模型的表现力以及它的展出所制造的宣传效果。”[219] 还有数百万人通过杂志与书籍读到它。然而，政府在接下来若干年的大规模乡村城市建设中却逐渐远离了赖特的分散式构想，朝向更加集中化并且带有复古风格的趋势。赖特自己第一个指出以他的方式实现广亩城市是不现实的：广亩城市不能一步步建造，彻底实现它需要消灭已有的城市。“我可没有做过那种急功近利的规划。”他如此讽刺道。[220] 许多反对者批评广亩城市，认为它——正如其中一位所言——是“一个天真的不成熟的理想主义杂烩”[221]。另一位评论家诺里斯·凯利认为，实现广亩城市意味着：

“需要废除美国宪法，解散构成政府机关的数千个部门，通过国家征用权无偿没收全部土地，摧毁所有的城市以及它们所代表的国家的历史，重新安置所有人口，重新训练数百万人，使他们成为自耕农场主，还有太多其他的困难难以

——罗列。从现实可行的角度来看，它根本不值得探讨。”[222]

从建筑角度来说，广亩城市产生了若干重要的形式，在赖特后期作品中反复出现：他称之为圣马可塔楼的小型公寓楼变成了俄克拉荷马巴特斯维尔的普莱斯公司大楼；皮尤住宅（广亩城市中的“典型坡地住宅”）成为加利福尼亚马林县法院的原型。这些项目实践为他职业生涯晚期的另一些重要作品指明了方向：流水别墅、约翰逊制蜡公司大楼、西塔里埃森与纽约古根海姆博物馆。这些建筑均为昂贵、工艺复杂且独特的结构，很少有人能够模仿。事实证明在广亩城市中，由农场主本人以预制构件装配建造的、自给自足式的家庭农场建筑，虽然看似不甚重要，却具有更深远的影响力。赖特从 1880 年代就开始建造预算有限的小型住宅[223]，并且尝试采用创新型的建造技术，还曾在 1915 年创办了一家应用于住宅建设的预制建筑企业，生产“美国式预制结构”，并于 1916 年在密尔沃基建成了几幢建筑。预制建筑是现代主义建筑师的一个长久的梦想，尤其在欧洲。到了 1920 年代，美国的设计师与建造商希望将福特 T 型轿车的标准化生产方式应用于住宅建造。亨利·R. 卢斯（Henry R. Luce），《时代》与《财富》杂志的一位理想主义的年轻编辑，热切地宣传这一概念，甚至于 1932 年买通了《建筑实录》以便在建筑业界制造影响。赖特恰好在 1932 年为沃尔特·戴维森（Walter Davidson）设计了小型农场单元，接下来在 1934 年 11 月绘制了自给自足式的家庭农场。这是一长串建成的美国式住宅的开端，这些住宅位于堪萨斯州、南达科他州、威斯康星州、亚拉巴马州的弗洛伦斯，以及在马索肖斯附近为罗森鲍姆一家建造的住宅，后者完成于 1940 年。低矮的水平向体量、平屋顶、悬挑的大屋顶漂浮在“车库”之上——成为美国式住宅的外观特征。此外它还具有开放式的平面、起居室与餐厅挨着小厨房设置、固定家具、朝向室外空间设有大面积开门或开窗，平面通常为 L 形。通过胶合板夹心墙与砖，赖特创造出一种美国式“建筑语言”以及标准化细节做法，以便控制造价，尽管最终造价常常远远超出预算。罗森鲍姆给赖特的预算是 4 000 美元，然而最终造价高达 10 000 美元。

在战争期间，政府也积极地采用预制化，这必然是受到了赖特的理念的影响。田纳西流域管理局建于1940年的方塔纳水坝村是最早应用预制工艺的社区。[224] 建筑以胶合板建造，在一间马索肖斯的工厂中分成两部分生产，通过卡车运往基地再建起来。住宅的居住者是水坝及电厂的工人，每幢住宅造价为2 000美元。及至战争末期，全美有四分之一的住宅是在工厂中预制的，总计约20万个居住单元。在这之后，赖特尝试建立另一个预制企业，这次是同麦迪逊的建筑师与建造商马歇尔·厄尔德曼（Marshall Erdman）合作。然而只建成了两座建筑——据厄尔德曼所说，这是由于赖特对细节的坚持导致的——一些根本没法廉价量产的细节，“他完全不懂怎么做预制产品”[225]。1950年代，他再度失败了，弗兰克·劳埃德·赖特意识到他的住宅只适合“我们国家民主阶层中处在中上层的三分之一人士”。

尽管如此，他的美国式住宅依然被广泛传播与模仿，成为战后郊区住宅大规模建造时期最常见的独立式住宅模式，即农场住宅。此外还有另一个衍生物——可能会令赖特非常吃惊——“活动房屋”在美国随处可见。他也许不是活动房屋的发明者，不过毫无疑问对其产生了重要的影响，无论在设计上还是在它那些对成百上千万人具有吸引力的特点上：低造价、可扩建、适合价格低廉的半乡村环境——最主要的是，它承诺了某种程度的独立，这是赖特认为他的建筑最有价值的地方。他的理论得以证实，即汽车将会彻底改变城市，通过“打开笼子的门”，提供人们“逃离的方式”。于是人们逃走了，去探索郊区甚至更远的地方，一直到达杳无人烟的区域。赖特的广亩城市的另一个发明——街边集市，可以被看作是如今无处不在的驶入式餐厅或商店的前身，这是一种关键的建筑类型，使得全新的、彻底的去中心化反城市成为可能。[226]

如果说农场住宅是赖特广亩城市中的先锋理念于实际建筑中的表达，那么他关于反城市组织方式的理论则被战后繁荣期间越来越多的建筑师与建造商们加以实现。没有哪个地方比南加州发展得更快、更有效率了。从第二次世界大战前一直延续到战后，此处人口大量增长，汽车拥有者的比例很高，同时出于大规模防御的考虑，这一区域原本就是以分散安置的方式进行建造的。在此期间，加利福尼亚州相比其他州来说获得了最多的国防资金，吸引了大量的工人：从1939年到 1943 年，工人人数增加了 75%。在南加州，1941 年以前接近一半的制造业工作聚集在飞机制造行业，每个月都有约 13 000 名新来的产业工人到达洛杉矶。[227] 截止到 1943 年，洛杉矶地区有 40 万名国防工人，占全部劳动力的四分之一，产生的乘数效应非常大：洛杉矶地区的就业人口从 1940 年的 90 万人增至 1943 年的 145 万人，增长了 60%，而产业工人的数量翻了三倍。他们拿着全美最高的工资，大约是平均收入的 141.2%。[228] 现有的住宅及开发方式无法满足他们的居住需求。

第二次世界大战之前，工人住宅的发展主要依靠临时将空置的土地或农业用地分割成为便宜的小块土地，由业主或承包商建造住宅，采用的通常是半预制的住宅“套件”，如太平洋成品住宅公司的产品，该公司的一幢平房在 1924 年大约售价为 2 750 美元。[229] 结果是形成大片未经规划的蓝领郊区住宅[230]，位于偏远的工业中心、油田或机场附近，基本没有公共服务设施。随着战时工人数量的增加[231]——1943 年，伯班克地区的洛克希德 - 维嘉工厂群以及附属厂商共雇用了 72 000 名工人，此外还有 15 500 名其他人员来到这片谷地——这使得老式的临时建筑完全无法应付了。国防生产商与联邦政府、私人开发商们一起，以他们惯用的大规模工业生产的方式平地建起一个个完整的社区。在他们的工作中，最关键的内容是发布一系列新的融资政策[232]：1941 年的《蓝哈姆法案》（*Lanham Act*）为战争期间工人住宅短缺的地区提供了 13 亿美元，而《住宅法案》第六章则承诺为短缺地区的私人住宅建设提供最高达工程造价 90% 的贷款。1940 年，道格拉斯飞机制造公司在长滩附近一处洛杉矶县直辖区域开始建造一个有 1 100 幢住宅的居住区，距离它准备生产 B-17 轰炸机的工厂 2 英里（约 3.2 千米）。[233] 在圣莫尼卡的另一间道格拉斯工厂附近，西界村正在建造，其中全是面积为 885 平方英尺（约 82.2 平方米）的住宅，空间进行了仔细的优化，带有一间朝向后院且配备了现代设备的厨房（以便取消储藏室），全部采用最新的郊区住宅风格。建造商应用了一套流畅的、连续的生产线[234]，将附近供应商生产的各部分构件快速且高质量地拼合起来，造价也十分低廉：3 290 美元，首付 190 美元，月供 29.9 美元。距离米纳斯菲尔德（后来变成了洛杉矶国际机场）的北美公司与道格拉斯工厂不远的地方，有一片由 3 230 间住宅、可容纳 1 万人的住宅区，于 1942—1944 年建成。

这一系列开发行动在住宅建造领域持续制造了一场工业革命，比莱维特镇[1]要早了10年。

战后的洛杉矶逐渐形成了一副去中心化的区域城市面貌[235]，以主要的飞机工厂作为起点，逐渐扩张到周边，形成专门建造的社区，如北好莱坞 / 伯班克 / 格伦代尔（洛克希德飞机制造公司、维嘉公司）、圣莫尼卡 / 马尔维斯塔 / 卡尔弗城（道格拉斯公司、休斯飞机制造公司）、英格伍德 / 韦斯切斯特 / 艾尔塞贡多（北美航空工业公司、道格拉斯艾尔塞贡多公司、诺斯普洛公司）、唐尼市（伏尔提公司）、长滩 / 亨廷顿海滩（道格拉斯长滩公司）等。这些不断延伸的聚集区在距洛杉矶市政厅 15 英里（约 24.1 千米）的周边画了一个圈，由新出现的、主要依赖财政拨款建造的高速公路网连接起来，为它们提供日常服务的则是由开发商建造的区域性商业中心，周边被大面积的地面停车场环绕。现代洛杉矶已经初具雏形，未来数十年内，它将成为全球无数城市与社区的规划蓝本。

就像广亩城市一样，随着规划与设计而来的，下一个需要探讨的问题就是管理。关键性的进展再次发生在南加州雷克伍德的一个郊区飞机制造业社区。1950年，就在道格拉斯长滩工厂的工人社区附近，另一个住宅开发计划正在着手之中，那是美国有史以来最大规模的住宅开发区。选址位于一处农田当中，总占地 3 500 英亩（约 1 416.4 公顷），可容纳 17 500 幢住宅。每幢住宅约 1 100 平方英尺（约 102.2 平方米），通过几种户型进行巧妙排列，使得相邻的户型各自不同。开发商拿到了 1 亿美元的联邦抵押贷款，这使他能够建造一条完整的住宅工业生产线，全力生产时可做到每日 100 幢、每周 500 幢的房屋生产速度，整个项目在三年内建造完成。当项目售楼处开盘时，共有 25 000 名客户排队购买。

雷克伍德以及其他类似地产项目在 1950 年代的吸引力部分来自它的独立，

1 莱维特镇（Levittown），位于纽约州拿骚县，由莱维特父子公司于 1947—1951 年开发建造，通常被认为是第一个真正意义上大规模建造的郊区住宅区，也被认为是战后郊区的典型。

不仅是出于工作需要而迁移至市郊，远离中心城区，还可以远离某些特定的“其他人”。洛杉矶地区自20世纪早期就在广告中宣称自己为美国的“白地”，以吸引白人移民，还成立了最早的私人业主团体——事实上这些私人团体掌控了公共财产——通过交易限制、禁入区以及设计条款来加强地区隔离。首先是1916年在洛杉矶地区成立的罗斯费利兹发展协会，很快其他地方也模仿了这一做法。以作家迈克·戴维斯（Mike Davis）的话说，“他们最主要的目的是确保社会与种族的同质性”[236]。到1941年，很多城市地区，包括邻近的城市如西界、圣盖博谷以及帕塞迪纳都禁止有色人种入住。然而这些规划的同质社区在大萧条及战争期间被流入的南方黑人打破了。[237]受到国防工业的吸引，黑人大量涌入：在建设高峰时期，平均每个月有1万名黑人到来。他们被限制在特定区域，主要是市中心及郊区工业区，大约占城市居住区5%的面积。到战争结束的时候，这些区域的人口翻了一倍，还扩张到市中心的小东京区，彼时那里的日本居民被送去了拘禁营。附近居民的反应是加强种族隔离或索性迁居。1948年，最高法院宣布住宅歧视为非法，逐渐消除人种藩篱，也加速了白人逃离市区的脚步。他们迁往新建的郊区社区，即便在1948年之后，这些社区也在宣传中暗示它们仅允许白人居住。雷克伍德的销售宣传册中骄傲地声称它的“种族限制”策略将保证它成为“100%的美国家庭社区”[238]，长滩的“白地”。

1953年，长滩市宣布了合并雷克伍德的意向。一些居民的回应是要求该开发区域独立，并引发了一场公开的争论，直至1954年以雷克伍德建市作为结束。一个非常具有创新意义的协议促成了建市的决定——洛杉矶县与雷克伍德市签订协约，为后者提供县直辖区域的服务，其中包括道路建造与维护、健康医疗、建筑检测、图书馆、学校、动物收容、征税、消防、负责执法的县治安官等。[239]这种模式被称为雷克伍德计划，使原本无力负担完善城市服务的小型社区也可以实现自治，同时又保持较低的税收。更具有诱惑力的是，1956年，加州政府允许城市征收1%的地方销售税。[240]这使得像雷克伍德这样围绕着一座购物中心建造的开发片区忽然之间拥有了令人艳羡的计税基础，完全可以取代传统城市中分散经营的市中心商业街区。雷克伍德计划像野火一般扩散开来：两年之后，4个洛杉矶县社区依据此计划合约建市；1957 年，另有 5 个社区建市，还有 23 个正在申请过程中。在洛杉矶县，两年中新建了 30 个市，而在过去的 106 年中才仅仅诞生了 45 个市。[241] 到处涌现出像雷克伍德这样的微型自治市：皮科里韦拉、派拉蒙、蒙特贝洛、喜瑞都、贝尔弗劳尔、贝尔、贝尔花园、夏威夷花园、梅伍德、卡德希、科莫斯等；圣盖博谷也如法炮制，将洛杉矶县南部布满了街道网格，住宅覆盖了数百平方英里的土地。

自 1954 年起，所有的洛杉矶县新城市中仅有一座没有采用雷克伍德计划。加利福尼亚州的新城市中有 80% 采用了该计划，占全州城市的 30%。整个美国都在效仿这种模式。它的真正优势在于能使城市在较低税率水平下依然得到足够的服务，同时还可以自由地装扮自己——地方自治是其中最简单的一种形式。并非所有此类社区都有意排斥有色人种，不过大多如此，并且持续如此。1948 年种族藩篱被打破之后，许多第一代限制性业主协会的理想破灭了，然而新一代的雷克伍德式城市取而代之，成为如底特律、圣路易斯或新奥尔良这些空心城市外围的第二道“白墙”，通过住宅与经济隔离来维持种族边界。截止到 1990 年代，仅在加利福尼亚州就有 16 000 个业主协会，比例大幅增加，不过他们所做的往往是通过看得见的方式来显示自身的防御功能，如建造篱笆与设置私人安保系统。[242]

从飞机上可以清晰地看到，在美国的城市区域内部及周边的大片土地上无尽蔓延着的，要么是“死胡同”式的家庭农场，要么是伪乡村或半乡村的活动住宅或麦氏豪宅[1]。这种图景是否能够归咎于弗兰克·劳埃德·赖特？诚然，赖特理念的基石是家长式家庭与个体的独立性，而业主协会的排他性意图及其结果可以称为这种独立性的夸张变体。不过赖特在文论中并没有任何内容可以被指责为种族主义。然而，它们的原理是一样的，即通过严格的空间划分实现隔离。而城市蔓延正是赖特的规划仔细刻画的。且看城市规划师与建筑师约翰·达顿（John

1　麦氏豪宅（McMansion），对美国郊区大规模建造的独立式住宅的蔑称，因其建筑材料及建造技术的廉价，故将其比作麦当劳这类快餐食物。

Dutton）如何定义城市蔓延：“四处扩散、去中心化、没有明确边界、以机动车为主导”[243]。飞机窗外的景象证明了美国人虽然看似早已遗忘了赖特的构想，事实上却已经将其基本实现了——无边无际的伪乡村聚居地依赖机动车肆意生长，从东海岸到西海岸，遍布美国的土地，除了山脉、水域与沙漠。讽刺的是，赖特将他的自耕农场视为经济独立的一种方式，而实际的郊区居民却依赖于外围大企业与银行的工作和贷款生活，以及大型政府机构提供的公共服务。同时还需要大量的政府补助，因为相对于传统城市，去中心化的城市蔓延在基础设施（道路、供水、排污、电力输送）与能源（汽车油耗、供暖、制冷、建造巨大的住宅、维护巨大面积的景观以及随之而产生的温室气体）等方面完全是个无底洞。严重郊区化的美国拥有全球 4.5% 的人口，却耗费了全球 25% 的能源。这一事实使得乌托邦建筑师保罗·索莱里（Paolo Soleri）——他曾于 1947—1948 年在塔里埃森做了 18 个月的学徒，直至赖特将他开除——在 1992 年的一次采访中指责他的导师：

“这是弗兰克·劳埃德·赖特的一个巨大的失败……甚至是一个悲剧……它鼓励并且美化了独立住宅的定义……家庭住宅。还有平面的扩张和消费主义。没有什么比郊区化更加浪费。它是个巨大的耗能机器。因此——我确信如果赖特先生还活着，如今的他会调整他的广亩城市理论。”[244]

名词解释：蔓延

综合判定

- 家庭农场是指位于城市中心之外的单一家庭住宅，带有伪乡村特质，暗示着农业自给自足。然而事实上它并非农场，而是典型的城镇近郊居住社区或退休居所。通常建于专为低密度独立家庭住宅预留的地块内。部分是未经规划的，如自治区域以外的未建市地带，或是按照家庭农场区段布置的规划社区甚至整座城市。
- 彻底的去中心化、没有功能中心，看似没有公共交通，全然依赖小汽车；无秩序蔓延。

- 没有特定的建筑形式语言，从带有某些古典主题及慎重管理的门禁社区到随意的商业化的地方风格均有。
- 建筑形式主要是独立住宅，也可能是综合性建筑或混杂了各种类型、高度与风格的建筑群，容纳不同功能，从纯粹的住宅到工厂、农业建筑、高尔夫球场、监狱不一而足。这些建筑常常选择建在用地边缘或接近乡村的扩张地带。

案例

- 小块用地或工业及运输建筑群，位于城市边缘或高速路旁。
- 大部分美国城市外围，从市域范围内的第一道和第二道郊区环线到城市之外的郊区社区与非市辖地带，如密歇根州的底特律、印第安纳州的印第安纳波利斯、蒙大拿州的波兹曼。
- 绝大部分城市主要建造于20世纪，如亚利桑那州的凤凰城、佛罗里达州的奥兰多与加利福尼亚州的圣克拉丽塔。

广亩城市表现图（一），弗兰克·劳埃德·赖特

广亩城市表现图（二），弗兰克·劳埃德·赖特

罗森鲍姆住宅（1940），亚拉巴马州弗洛伦斯，建筑师：弗兰克·劳埃德·赖特

佛罗里达州的住宅开发区（1972）

土地再划分（1973），马里兰州

土地再划分（1975），从圣莫尼卡山穆赫兰大道远眺，加利福尼亚州洛杉矶

土地再划分（2009），新墨西哥州里奥兰乔

5　珊瑚之城 Corals

简·雅各布斯、安德烈斯·杜安尼与自组织城市

这是一种比单纯的丑陋或无序更糟糕的特质，即伪装成有序的虚伪的面具，代价是忽略或压制努力存在并需要被遵从的真正的秩序。

——简·雅各布斯，《美国大城市的死与生》
（*The Death and Life of Great American Cities*）

如果想要强调我们的殖民地传统，除了建筑形式之外，还需要找到更多的东西：我们必须发现决定早期村落与建筑形式的利害关系、标准以及制度。否则如果只是借用一些昔日的流行风格的话，它们无论是古埃及或是‘殖民时期’的，诚然无甚差别。

——刘易斯·芒福德，《木棍与石头》（*Sticks and Stones*）

……这是一种可见的现象，即私人住宅越是舒适、越能够自给自足、越是豪华，它的主人就越不愿意参与公共活动。在美国已有了这样的趋势，即随着私人财富与公共贫困日益分化，人们倾向于待在家里，以此抵御他们所生活的社区广义上的贫乏。

——理查德·塞克斯顿，《平行的乌托邦》（*Parallel Utopias*）

1950年代，纽约的“建造大师”罗伯特·摩西（Robert Moses）正处在他权力巅峰，即将完成将整个都市区域改造成为勒·柯布西耶的光辉城市的宏大计划：原本“衰败”的区域如今成了公园以及其中的塔楼，纽约、新泽西、康涅狄格三州交界处以完整的高速公路、桥梁及隧道体系相联系。他把成百上千的人迁出家园，夷平了数千英亩的土地，撕裂了繁荣兴旺的社区，一切均以发展和现代化为名。以历史学家希拉里·鲍伦（Hillary Ballon）的话说：“摩西在纽约的实际建造中拥有了空前甚至可能是绝后的巨大权力。”[245]摩西很了解这种权力，直接将自己比作他的前辈奥斯曼男爵。他曾写道，后者“独裁的天赋使他能够在极短的时间内完成大量的工作，这也给他带来了许多敌人，因为他习惯在所有的反对者面前耀武扬威”[246]。他最喜欢的攻击对手的方式是贬低对方，全然不顾民众的需求。例如在1920年代，为了将南方州立大道插入长岛一个富裕的住宅区，他猛烈攻击该区业主是“一少部分有钱的高尔夫球手”[247]。给平民主义披上“人民管理者”的外衣，从而使他的独裁势不可挡。

摩西的区域高速路网计划中还包括了曼哈顿下城高速路，它将连接曼哈顿西区的荷兰隧道和跨越伊斯特河通往布鲁克林的曼哈顿桥与威廉斯堡桥，在新泽西与长岛之间建立一条汽车及货运走廊，这将穿过一处非常拥挤的、半工业区的曼哈顿地段。350英尺（约106.7米）宽的高架路将沿着布隆街一路碾过苏荷区、小意大利、包厘街与中国城，迁走2 000户家庭与800个企业，拆除8座教堂、一个警察局和一座公园。这段高速路被称为LOMEX，将通过第五大道把市中心与北边地区相连，向南则是一条四车道的道路穿过华盛顿广场公园，与布隆街的高架道路相连。华盛顿广场公园是一块约有10英亩（约4.0公顷）的矩形公园，位于格林威治村中心，自19世纪以来就是周边地区的核心，以斯坦福·怀特（Stanford White）建于1892年的凯旋门、宽阔的喷泉、林荫道与长凳而闻名，为周边的居民、儿童、旅行者、纽约大学的教职员工与学生提供了一片城市绿洲。一条狭窄的车行道从南到北穿过，途经凯旋门下，不过通常是禁止车辆通行的。早在1935年，摩西就注意到这个公园及其邻近地区狭窄的道路是城市的交通瓶颈，减缓了车速。然而他拓宽外围道路的计划被纽约大学的抗议者们阻止了。到了1950年代，随着他十多年的职业生涯发展，他的野心也膨胀了：新的计划不仅包括了在公园中央开设车行道——南第五大道，还瞄准了向南延伸到第四大道的占地近 12 英亩（约 4.9 公顷）的工业及住宅混合街区，并将其称为衰败区，建议清理并改建为“第一章项目”（Title I project），即东南华盛顿广场。[248]

当他的改建计划于 1952 年泄露出来之后，当地居民群起抗议。其中一位写信给地方长官：“所谓民主即是允许社区民众对它的未来发展建言。我们敦促你尽快安排公众听证会，这样在你们采取行动之前我们可以参与进来。我们非常珍视参与社区规划的权利。”然而摩西对参与性的民主毫无兴趣，并且反击说：“这些事显然没法通过群众大会来决定。”[249] 当居民们发现他们遭到了拒绝，其中一部分——不少是发现孩子失去了户外活动场所的母亲——参加了一个城市评估委员会会议，他们知道这个会议对摩西的计划有最终决定权，并且成功使这一项目被暂时搁置。《纽约时报》记录了摩西在当时肯定能感到的不信任：“为华盛顿广场公园开设新道路的计划被妇女搅乱。”[250]

雪莉·海耶斯（Shirley Hayes）是这群妇女之一，她曾经希望成为一名演员，如今是一名四岁儿童的母亲。她投身到抗议工作中去，组织华盛顿广场公园委员会，收集签名，并且坚持这座公园的特殊价值：它是儿童游乐的安全场所，成人在此社交，邻里间背景差异颇大的居民在此相互交流。这里并没有衰败，而是运行良好的城市与家园。格林威治村在曼哈顿是个独特的所在：狭窄的街道与小街区；小型邻里公园；以低层和多层为主的建筑中容纳了工业、零售、办公与居住等混合功能；还有对曼哈顿来说颇为独特的混合人口构成，有相当多的意大利与爱尔兰居民社区。西村（the West Village）的建造早在 18 世纪就开始了，早于 1811 年的网格规划，还保留着放射性的街道布局：穿越城市的街道相互交叉向北延伸到第六大道西侧，而错落的街区向南延伸，形成独特的空间挑战——如西四街与西十三街相交。

其他市民团体曾提出妥协方案，例如将道路变窄。而海耶斯及其委员会始终非常强硬地反对在公园中建造任何道路。他们在这一区域的其他地方看到了摩西工作的结果，坚信任何对城市更新计划的让步都将很快变得不可收拾，因此决定决不退让。他们颇具政治敏感度，了解到项目评估委员会是由民选官员组成的——市长罗伯特·瓦格纳（Robert Wagner）、五个行政区主席以及两名在全市范围内选出的委员——这些政客对待有组织的选民十分慎重。他们安排集会，在公园中组织反对者，擅长利用媒体——尤其是那些“新”媒体，其中最主要的是成立于1955年的另类周报《村声》——该报在论战中成为探讨纽约未来的理想集聚点。《村声》（*Village Voice*）的编辑丹·沃尔夫（Dan Wolf）评论道：“我们认为任何对华盛顿广场公园的严重篡改将标志着格林威治村作为一个社区的末日……格林威治村将变成另一个毫无特色的地区。”[251]

这样的抗议并未能够说服摩西以及他在工商业界的同盟者们，后者坚信对于现代化来说，道路至关重要。摩西的帮手斯图亚特治安官驱散了失控的居民，并且诋毁道：“我不在乎（格林威治村）这些人怎么想……他们就是个麻烦。他们是那里的艺术家中非常恐怖的一群人。”[252]然而这并没有吓退抗议者，反而使抗议罗伯特·摩西的行动变成了一种流行事件。当地居民颇为激动，并且吸引了一些著名的旁观者加入，如人类学家玛格丽特·米德（Margaret Mead）与刘易斯·芒福德（Lewis Mumford），后者将该城市的规划称为“城市破坏”。《财富》杂志的作者威廉·H. 怀特（William H. Whyte）——他在1956年出版的书籍《组织人》（*The Organization Man*）描述的是支持摩西的企业员工，大卖了200万本——称城市更新（Urban Renewal）为“不喜欢城市的人制定的规划”，结果是建成项目“大规模空置……完全缺乏私密感与宜人尺度。”在1958年6月的一场支持集会上，哥伦比亚大学的城市规划教授查尔斯·艾伯拉姆斯（Charles Abrams）称赞抗议活动为一场划时代的“市民反抗价值摧毁、人行道反抗汽车、社区反抗规划、家园反抗冷漠的多层公寓、邻里反抗拆迁公司、人群差异性反抗不合标准的标准化”。他强烈谴责 “交通工程师的暴政”[253]，声称“轻易地摧毁一切已经成为1935—1958年这段计算尺年代的主题”，并且号召“重新发现真正对我们的城市有益的事物”——即小型化、差异性与社区。

摩西并没有忽略对建造小型车行道的呼吁，他的回应是变本加厉，将设计宽度增加到 48 英尺（14.6 米）。许多生活在格林威治村的母亲在长达一年的时间中通过收集签名、示威与演讲来支持抗议活动。其中一位名叫简・雅各布斯（Jane Jacobs），她与她的丈夫和三个孩子生活在西村。[254] 在她的回忆中，只有一次曾经与罗伯特・摩西面对面相遇，那是在一场喧闹的评估委员会会议上："他站在那里紧抓着栏杆，对'对抗'的大胆程度颇为恼怒。"雅各布斯记得他大声喊"没有人反对这些——没有人！没有人！没有人！只有一小群、一小群孩子妈妈！"，然后大踏步走了出去。[255]

1958 年，一个名曰"华盛顿广场公园谢绝机动交通紧急联合会"的综合团体成立了，雅各布斯是该团体的主席。他们为一个"实验性"计划收集了 3 万个签名，即暂时禁止一切机动交通通过华盛顿广场——摩西愿意接受这一挑战——哪怕最后只证明了这将使周围的交通拥堵情况变得不可收拾。这一团体受益于政治影响力，公开求助民主党党魁卡迈恩・迪萨皮奥（Carmine DeSapio），后者居住在华盛顿广场，同时正在面临（下一任市长）郭德华（Ed Koch）的强力挑战。迪萨皮奥支持公路反对者。9 月 18 日，评估委员会进行最终投票。1958 年 11 月 1 日，一条彩带横跨道路拉起，象征性地保护着公园。迪萨皮奥握住一端，简・雅各布斯的女儿玛丽代表儿童握住另外一端。艾伯拉姆斯教授故作严肃道："毫不奇怪，经过了这么长时间，美国正酝酿着一场叛乱。美国城市是保护差异性的战场，而格林威治村是其中的邦克山[1]。在华盛顿广场的战役中，即便是摩西也不得不屈服，当摩西屈服的时候，上帝一定就站在一旁。"[256]

他们胜利了。机动车司机在公园周边择路而行——他们一向擅长找路。这标志了一个转折点，其他即将遭遇城市更新的社区知道了只要组织得当，反抗会取得成功，例如摩西的 LOMEX 项目涉及的社区，在雅各布斯与华盛顿广场公园谢

1 邦克山（Bunker Hill），位于马萨诸塞州查尔斯顿。1775 年在这里发生的邦克山战役是美国独立战争史上第一场大规模战役，也是具有重要象征意义的战斗。

绝机动交通紧急联合会的帮助下，成功阻止了该计划。截止到 1960 年，LOMEX 项目已经耗费了一亿美元，其中 90% 来自联邦政府。罗伯特・摩西直到 1969 年才最终放弃该计划。在全美范围内，城市更新运动在 1960 年代及之后才进入高潮，挥动着“斫骨斧”——这个词来自摩西本人，十分令人难忘——从一个城市到另一个城市。公园抗议之后，雪莉・海耶斯淡出了公众视线。甚至作家罗伯特・卡罗（Robert Caro）于 1973 年出版的摩西的传记、1 250 页的《权力掮客》（*The Power Broker*）中完全没有提到她。该书获得了普利茨克奖，书中将摩西描述成为一个专断且破坏性的形象，印在美国人的心目中。而简・雅各布斯——罗伯特・费舍曼（Robert Fishman）形容她“在实际战斗中是一个步兵而非领导者”，她小巧的、猫头鹰似的外貌也许也令她看起来不像实际那么凶悍——却即将改变历史进程。

简・雅各布斯于 1916 年生于宾夕法尼亚州斯克兰顿，原名简・布茨纳。中学毕业后，她为当地报纸妇女栏目的编辑做无薪助手。大萧条期间，她与姐妹一起移居纽约，并且寻得了速记员与自由作家的职位，居住在格林威治村。她在城中的哥伦比亚大学就读于通识学院，发掘了非常广博的兴趣，其中包括动物学、地质学、政治学、法学与经济学。二战期间，她为一家经济杂志工作，其后又成为美国作战新闻处的撰稿人。1944 年她嫁给了建筑师小罗伯特・海德・雅各布斯（Robert Hyde Jacobs Jr.），1947 年，二人购买了西村哈德逊街 555 号的一幢三层小房子，位于西十一街与佩里街之间，总价 7 000 美元。[257] 1953 年，她在亨利・卢斯（Henry Luce）的《建筑论坛》（*Architectural Forum*）杂志中觅得了一个职位，在她探讨的各个主题中，最主要的是城市更新运动。她曾写过一篇关于“费城的罗伯特・摩西”埃德蒙德・培根（Edmund Bacon）的批评文章，吸引了威廉・怀特的注意，请她在于 1958 年在《财富》杂志撰写一篇文章，名为《人民的下城》（“Downtown is for People”）。据说这篇文章惹恼了杂志的出版商查尔斯・C. D. 杰克逊将军，他质问怀特：“这个疯女人是谁？”雅各布斯常常会被当作缺乏专业知识的“家庭妇女”而遭到若干群体的排挤，然而她对现代主义城市规划系统且尖锐的批评还是使她获得了 1959 年于哈佛大学举办的城市规划研讨会的发言邀请。她的演讲内容得到了洛克菲勒基金会的表彰，赞助将她的思想付诸书籍出版。最终成果就是《美国大城市的死与生》，于 1961 年出版，引起了轰动性的影响。

在该书的第一行，她即宣布了她强硬而且清晰的意图：“这本书是对当下城市规划与重建活动的抨击。”[258] 以此开始了一系列对城市规划者及其思维方式的指责，轻松、诙谐、冷静，然而毫不留情。雅各布斯直白地指出规划师这一职业就是“伪科学”，“耗时数年的研究以及大量微妙复杂的教条都建立在毫无意义的胡言乱语之上”，并且首先算了一笔经济账。“当下城市重建运动的经济原理完全是一场骗局”，她说，耗费了纳税人数百万的金钱，以及“从无助的受害原住民身上榨取大量相关利益”，他们被迫迁居，或遭受其他由城市更新计划带来的损失。据说所有这些项目都将得到令人艳羡的“高额退税”——“然而为了应对剧烈动荡的城市所带来的分崩离析与摇摇欲坠，需要投入大量公共资金，相比之下这些退税只是那么可怜地微不足道”。关于这种伪算法导致的悲惨后果，她写道：

“有一种一厢情愿的幻想，即只要我们有足够的钱——通常意味着数千亿美元——就可以在十年内清除所有的贫民区，扭转那些曾是郊区的巨大、乏味、灰扑扑的带形区域的衰败趋势，让四处迁移的中产阶级以及他们缴纳的税款有个稳定的落脚之处，甚至可以解决交通问题。”

“然而看看我们用最初的几十亿美元建了些什么：低收入住宅区成了青少年犯罪、蓄意破坏以及普遍的社会绝望情绪的中心，比它们希望取代的贫民区更加恶劣。中等收入住宅区则是沉寂与刻板构成的奇迹，完全杜绝了城市生活的活力与生机。豪华住宅项目试图以愚蠢和庸俗来掩饰它们的空洞。文化中心甚至无力负担一家好的书店。无人光顾市民中心，除了流浪汉，而他们除此之外也无处可去。商业中心只是标准化郊区连锁店的翻版，毫无生气。无来由也无目的的步行道上人迹罕至。高速道路将城市切得四分五裂。这不是重建城市，而是洗劫城市。”

伪科学的第二个基础是对“衰败”的定义。这个病理学名词大错特错，她说：“以医学来比喻社会组织非常牵强，发生在哺乳动物身上的情况与发生在城市中的事件毫无类似之处。”不过，雅各布斯反过来用医学的类比来证明自己的观点，认为正统的现代主义规划与19世纪医学界“看似博学的迷信”如出一辙——“就像医生迷信放血疗法，认为能够通过这种方法排除致病的体液。”而更科学的结论则是“病人需要补充体力，而不是抽干血液”。关于“衰败”的教条是基于一系列先验的偏见产生的，即住宅与商业、工业混杂将导致污染、拥塞与道德问题；高密度住宅等同于危险的过度拥挤；没有大块绿地将迫使儿童在街头或水沟里玩耍，这种情况被定义为不健康与不安全；狭窄的街道与小块街区意味着机动车交通效率很低，“以规划术语来说，即为支离破碎，道路浪费”。在这种假设之下，如格林威治村或波士顿北端这样的邻里街区一定是贫民区：“以正统规划的角度看”，它们处在“濒临破败的最后阶段”。

20年前的波士顿北区是个坐落于滨水工业区与较古老的市中心之间的小型廉租邻里社区，曾经挤满新移民，房屋明显年久失修，然而1959年雅各布斯到访此处时，她所看到的已经截然不同了。许多居民拥有了自己的住宅，并且仅凭他们的积蓄完成翻新——因为该处已经被政府机构认定为贫民区，无法获得抵押贷款。这里有各种各样的小型商业，其中包括“非常棒的饮食店”，夹杂在小型工业或手工业作坊当中。“街道生机勃勃，儿童在玩耍，人们在购物、散步、相互交谈。”这里有一种“寻常街道的轻松、友善与健康的气氛”。她在想，“这里对我来说不像是个贫民区”。社会统计数据证实了她的印象，这里的疾病发生率、儿童死亡率与犯罪率都比较低。尽管如此，她的一位银行家朋友还是断言此处是波士顿“最糟糕的贫民区”，每英亩土地上有275户居民（相当于每公顷土地上住有约679户），这个数据令他无法容忍。然而她对他说：“你们应该有更多这样的贫民区。”

北端以及与它类似的波士顿西端都是城市更新计划的目标，而后者将摧毁它们。雅各布斯承认城市规划师与建筑师们制定这些规划的意图是建立一个良好的范本，寻找郊区化时代改善城市状况的方法。然而问题在于他们太过关注“现代主义正统规划的圣人与先贤们所说的话，诸如城市应该怎样运行，怎样做才对城市居民及商业有益”。

接下来雅各布斯——列举 20 世纪城市规划的巨人们，从埃比尼泽·霍华德与他的田园城市开始。由于他所见的均是类似于狄更斯小说中的 19 世纪工业城市，这使得他非常相信城市的原罪，而解救城市居民的方式即选择城市的反面——以前工业时代的英国庄园或村落为原型，在时间与经济空间两方面与城市拉开距离。“他的目标是创造自给自足的小城镇，假如你性格温顺、缺乏主见，并且也不介意与其他缺乏主见的人共同生活，那么这种小城镇相当令人愉快。”她指责霍华德为现代城市规划提出了两个基本的概念，一个是“归纳出”城市的功能，并且“以相对自我封闭的方式安排这些功能”；另一个则是“把提供健康住宅当作最主要的问题”，并且是以“郊区的环境特征和小城镇的社会特征”而不是以大城市的情况为依据来定义健康与否。事实上，所有的现代城市规划都是基于这些愚蠢的信条发展起来的，或是以这些内容来自我粉饰。

她接下来开始批评霍华德的忠实信徒、美国的分散主义者，其中包括刘易斯·芒福德、凯瑟琳·鲍尔（Catherine Bauer）、克拉伦斯·斯泰因（Clarence Stein）、亨利·怀特（Henry Wright）以及美国区域规划协会，称他们为反街道、反高密度者，因此也就是反所有其他人：“其他人的存在，充其量只能称为无法回避的‘恶’，而‘好’的城市规划的目标至少是营造一种隔离的、乡村私密感的幻象。”从根本上来讲，分散主义者例如霍华德，就是反城市主义者：“大城市就是庞然都市、暴虐都市、僵尸之城，是巨兽、暴君、活死人。它必须被消灭。”因此毫无意外地，这些规划师的分析误读了真正的城市，将其视为 19 世纪时最恶劣的状态：“这样糟糕的事物有何必要去了解它？”然而真正的城市，她写道：“是实践与错误、成功与失败交融的巨大的实验室。”但是城市规划者们“没有对真实城市中的成功与失败进行研究”，而且“对此漠不关心……相反仅仅遵循从小城镇、乡村、肺病疗养院、集市与虚构的理想城市中提炼的行为与外观准则——唯独不在意城市本身”。

这些理想城市之一就是勒·柯布西耶的公园中的塔楼，如此破坏性地被嫁接到纽约城中。她认为，他的观点直接来自伪乡村式的田园城市，因此极其迷恋“超级街区……刻板的平面，以及草坪、草坪、草坪”。他关于自然景观的令人愉悦的描述使得人们“慢慢地接受了”光辉城市的超高密度。“如果城市规划的伟大目标曾使克里斯托弗·罗宾如此向往，那么柯布西耶又何罪之有？”答案是他颇具诱惑力地简化与误读了真实城市的复杂性：他的“理想城市”就像一个“奇妙的机械玩具”，“如此清晰、简洁、和谐，如此有序、明确、易于理解……对于规划者、设计师、开发商、投资商以及市长来说都具有无法抗拒的吸引力”。“然而关于城市如何运作，它就像田园城市一样，除却谎言，什么都没有说。”最后，她严厉地指责丹尼尔·伯纳姆的城市美化运动，称之为“倒退的文艺复兴模仿者”。她将芝加哥博览会宏大的新古典主义建筑与柯布西耶的板楼相比：“一个接一个排列的沉重、浮夸的纪念碑……就像托盘里撒了糖霜的点心，除了形象粗壮、富有装饰，与后来柯布西耶公园中一排排重复的塔楼别无二致。”所有此类规划的主题都是意图通过抑制多样性与隔离城市的主要功能，“将它们与工作日城市的联系切断”。这些观念相互影响、融合，变成了“光辉田园城市美化运动”（Radiant Garden City Beautiful）。其最主要的案例，在雅各布斯看来，就是位于纽约的巨大的林肯广场城市更新项目，那里原本是繁荣的邻里街区，被错误判断为衰败区并且拆除，然后在废墟上建起了一个毫无个性的灾难性的社区。

“由始到终，这些城市规划理论及实践结果都与城市的运行机制毫无关系，”雅各布斯如此总结，“没有研究、没有尊重，城市只是一个牺牲品。”与此相反，她将她的工作定义为排除城市规划教条中那些“一厢情愿的慰藉、常见的迷信、过分简化以及种种符号象征”的诱惑，开始“一场探索真正世界的冒险”，目的是“仔细观察最日常的场景与事件，尝试理解其中的含义，看看是否有某些规则的线索从中显现”。首先，她声明，必须清楚观察对象的特征：“大城市并不是更大些的小城镇，也不是密度更高的郊区”。大城市有其独特的运行规则。它并不是简单的物体 - 建筑的集合——每座建筑物都有独特的功能，拥有建筑即意味着获得某种社会秩序或良好的收益——这种想法曾被莱茵霍尔德·尼布尔（Reinhold Niebuhr）称为“砖的救赎”。城市不只是学校、住宅、公园与房子，而是它们与其居民和使用者们之间的相互作用。用雅各布斯的话来说，城市，是“复杂且有序的问题”。

这一研究的最基本单元是街道与人行道，它们是一座城市“最重要的器官”。在运行良好的情况下，街道负担着三种重要的职能：安全、交往与孩子的“同化”。街道通过被使用以实现这些职能：首先，居住或工作在附近的人们彼此形成联系，更重要的是他们会对异常情况加以关注，尤其是与儿童相关的事件，无论是自己的还是他人的孩子。雅各布斯将这种监视称为“街道眼”，并且坚信这些眼睛能够保障居民及外来者的安全。尤其是城市通常被定义为充满了陌生人，而陌生人的安全也更多由商人、店主、儿童家长、散步的人甚至是酒吧顾客等社区成员加以保障，而不是依赖于警察。必要的黏合剂是信任，是在“小尺度的日常公众生活的网络中”逐渐建立起来的：

“对城市街道的信任感是在许多微不足道的、发生在人行道上的公共接触中慢慢形成的。当人们在酒吧停下来喝一杯啤酒，从杂货店老板那里听一些建议或者给卖报人出个主意，在面包店与其他顾客交流一下心得，朝廊下喝汽水的两个男孩点头问好，边等着晚餐边看路边的姑娘，教训某些小孩，听说五金店老板在招人，从药剂师那里借一块钱，恭喜新生的婴儿，对新外套的褪色表示遗憾……信任就在这个过程中产生了。总之……这是一种公共认同感，一张公共尊重与信赖的网络，一种个人或社区在必要时可以求助的资源。缺乏此类信任感对一条城市街道来说是一场灾难。这种氛围无法通过制度强制形成。”

因此，规划师的首要目标应该是“促成生动且有趣的街道”，雅各布斯还列举了其中的一些关键因素。首先，人们不能总待在车里，而是应该步行，街道必须成为步行者的王国。她将街道上发生的事情称为舞蹈——“哈德逊街上的日常芭蕾”。其次，必须有足够多的人“相当持续地”使用街道，最好的方式是通过住宅、工作、购物与夜生活的大范围重叠来实现，其中包括了酒吧——她用了相当多的笔墨强调酒吧的重要性，如她所居住的哈德逊街区著名的白马酒馆，可以在凌晨时分使“街道眼”保持睁开。“为了了解城市，”她写道，“我们必须将混合的或组合的功能看作城市最重要的现象，而不是单独的功能。”她警告说，将城市生活拆分为“一系列纯粹的分类”将导致一片死气沉沉，尤其是下班后市中心空无一人：“这种情形已经成了某种规划术语，通常它们不再提到市中心，而是CBD，即中央商务区，就像曼哈顿中心，它在傍晚五点钟之后几乎完全空了”。“没有强大且富有包容力的中心，城市会变成彼此孤立的各种利益的集合体。无法从社会、文化、经济各个层面上形成更好的整体。”再者，公共与隐私之间必须有“明确的界限”。这两者界限模糊的结果是形成危险的“规划空地”与“缺乏监视的保留地”，无论是真实抑或想象的围栏都没法保障它的安全。在这类地点，“公共人行道上的法律与规则只能交由警察和保安负责。这种地方就是危险的丛林。如果它原本日常的、不经意间形成的文明机制已然崩溃了的话，无论多少警察也无法加强该处的文明程度”。

最后，雅各布斯以简洁的语言总结了她的观察：“若要一座城市的街道与地区形成丰富的多样性，四个条件必不可少”。第一，该地区必须具有多个主要功能，“有条不紊的功能多样性可以从经济及社会角度给予彼此持续的支持”。第二，绝大部分街区必须是小尺度的，使人们有更多行走路径，以此增加交流的可能性，设置更多的沿街面，以增加经济效益。长长的街道，尤其是住宅与商业彼此隔离的街区，会形成“单调且阴暗的一段长路——真正的沉闷衰败，间隔很远的地方偶尔出现一段华丽耀目的色彩。这是如今城市的一种典型败笔”。第三，街区内须有建于不同年代、维护程度不同的建筑，以获得经济的多样性。依她所言，老建筑租金低廉，可为年轻人及企业主提供更好的创业可能。第四，必须有足够的人员密度。这一点与条件一密不可分，她写道，混合功能的地区吸引人们在不同时间来到这里，这同样也有赖于必要的住宅密度。她指出，高密度并不等于过分拥挤，事实上“过分拥挤的住宅和住宅高密度通常极少同时发生”。关键在于要实现后者而非前者。后者是“多样性的发生器”，它将孕育成功：成功的街道产生成功的邻里，之后是成功的区块，再后是成功的城市。这是一种环形的关系：“城市多样性本身将会容纳与刺激进一步的多样性”。她并没有保证这是万无一失的良方，但依然坚持当这四个条件全部满足时，“城市生活将获得最佳的机遇”。

雅各布斯所追求的是发现自组织城市的运行规律。这听起来也许像是个矛盾，城市就像珊瑚礁——巨大的、多种多样的、复杂的结构——由微小的、简单的生物经过漫长的时间聚合在一起，每个个体各行其是，遵循清晰的模式生长与聚集，慢慢叠加成为具有生命力的整体。珊瑚的种群越复杂，相关的物种如虾、鱼、海兔、甲壳类、软体动物等越多，珊瑚礁的机能与适应性就越好。这种适应能力就像雅各布斯定义的“成功”的城市社区，“足以应对出现的问题而不是被这些问题摧毁”。“不成功的社区则会被它的缺点与问题淹没，越来越无力应付。”就像构成礁石的珊瑚群，邻里社区不应该是“自给自足的孤岛”，成为被绿带围合与外界隔离的小城镇，如霍华德的田园城市或者去中心主义者的绿带城镇，又或是被公园或道路隔离的街区，如柯布西耶的光辉城市。“成功的街道邻里，简而言之，不可能是孤立的单元。它们从地理、社会与经济角度都是连续的——当然也是小尺度的，这种小尺度是构成绳索的细小纤维。”

《美国大城市的死与生》仿佛敲响的钟声，吸引了大量读者的关注，他们都渴望知道为什么耗费了数十亿美元之后，城市更新运动似乎使“城市危机”愈发恶化，而不是加以改善。在规划领域内，雅各布斯通常得到的最好的反馈是被当作外行而无视，最糟糕的则是被称作多管闲事的家庭妇女。其中包括刘易斯·芒福德 1962 年在《纽约客》杂志上发表的名为《城市癌症的家庭疗法》（“Home Remedies for Urban Cancer”）[259] 的文章，将她称为“一类新的‘专家’”、一名“了不起的妇女”，“以她的眼睛乃至更令人钦佩的心灵来分析人类社会最大尺度的住宅”，然而并没有足够的资格来评论专业人士严谨的职业技能。这本书最终被译成六种语言，售出了 25 万本。[260] 雅各布斯的工作是一个更大的话题的一部分，即中心城市衰落的成因，这既关乎美国国内也切合国际情境。到处都存在着郊区迅猛发展的现象，这导致整个美国南部地区正在变成无尽蔓延的郊区式城市，如南加州、凤凰城、休斯顿与南佛罗里达。由此而产生的深藏的焦虑促使人们关注这个话题。伴随着对城市更新运动的普遍怀疑，它加速了人们对传统城市规划的集体排斥，并将雅各布斯的《死与生》视作导言与说明书。

彼时的时代背景是纽约市正陷入一系列的挣扎——以1957年纽约巨人队在垒球赛上败于洛杉矶道奇队为标志，又遭遇了白人迁移、劳工纠纷、犯罪率飙升、1965年的灯火管制以及1975年几近破产的财政危机——分析家与观察家们迫切地想要借助雅各布斯的见解探讨城市究竟如何运行以及规划领域的努力为何失败。这场运动被建筑师与规划师奥斯卡·纽曼（Oscar Newman）在1972年出版的《创造防御空间指南》（*Creating Defensible Space*）一书进一步扩大。书中认同雅各布斯提出的“街道眼”的观点，由其构成的公共监视以及公共与私人领域的清晰分界能够创造归属感与责任感，这对安全的空间来说至关重要。另一种更加积极地颂扬城市通过差异性与勇气取得成功的方式，即是音乐、电影与电视等媒介手段，如1969年首次上映即非常流行的《芝麻街》，它以毛茸茸的玩偶角色来表达发生在“内城”街道上人与人之间的日常联系，类似于雅各布斯的“街道芭蕾”，其中的角色有面包师、警察、厨师，甚至还有垃圾桶中的流浪汉。一种通过观察城市居民的活动来研究城市运行的准人类学研究方式正在快速兴起，雅各布斯的工作是其中的一部分。

公寓(condominium)是20世纪发展出来的最重要的一种建筑类型[261]，它与雅各布斯的书几乎在同一时间出现，这并不是个巧合。战后郊区独户住宅的繁荣使得很多人离开了城市，而由于贷款需求较高，高密度、多单元的开发项目很难获得资金支持，出租住宅也失去了吸引力。开发商需要一种新的产权方式使得较大的建筑项目能吸引到业主。第一部提出分割独立单元及公摊面积的法案——《水平所有权法》（*Horizontal Property Act*）于1958年在波多黎各颁布。两年后，盐湖城一位名叫基斯·罗姆尼（Keith Romney）的律师（共和党总统候选人米特·罗姆尼的堂兄弟）有一位尝试开发多单元建筑的客户，将类似的法案引入犹他州。他将这种新的形式按一段据说在古罗马废墟上看到的铭文“condominio”来命名。罗姆尼开始向其他州大力推广住宅单元的法案，开发与投资商很快表现出相当大的热情，将此作为一种应对城市“衰败”的方式，在没有联邦赞助的城市更新运动的地方建造更高、密度更大的住宅项目。1961 年，美国联邦住宅管理局开始承认公寓抵押权。这个创新立刻在佛罗里达州及其他地方受到欢迎，并且迎来一大批逃离城市与冷空气的北方人，高层建筑开始在海湾地区与大西洋沿岸壁立起来。到了 1969 年，所有州都将公寓合法化了。截止到 1970 年，美国大约建成了 70 万间公寓。及至今日，大约有 3 000 万人——占美国总人口数的五分之一——生活在公寓里。

低层公寓的建筑类型继承了查尔斯·摩尔（Charles Moore）于 1965 年在北加州建造的海滨牧场住宅的某些前卫设计，而公寓楼群有一种强烈的田园城市的外观：小型的伪村落聚集在一起，背后朝向街道，面向着内部乡村式的公共景观，由小径、树木、草坪与喷泉、长凳等公园设施构成，私人领域则是完全限制进入的，彼此之间完全隔离。这种公寓式建筑群大量增长，可以被视为聚居地，然而却不像是珊瑚般的结构，建筑之间彼此隔绝，与城市肌理和周边大范围的社区也毫无联系。

在建筑师当中，则开始了对现代主义的重新评价。查尔斯·摩尔被认为是“后现代主义者”，他们质疑现代主义对进步的信仰和对建筑历史的摒弃，他们试图将历史形式与参照用到建筑实践当中。罗伯特·文丘里（Robert Venturi）、丹尼斯·斯科特·布朗（Denise Scott Brown）与史蒂文·伊兹诺（Steven Izenour）领导了一个学生工作室，研究拉斯维加斯大街上的商业建筑形式，将功能主义的现代主义格言“少即是多”（密斯·凡·德·罗语）变体为“少即是无聊”，通过“大街相当好”的口号号召人们对地方商业建筑进行重新评价。克里斯托弗·亚历山大（Christopher Alexander），一位 60 年代移居伯克利的英国建筑师，从传统与地方建筑中发展出一套“生成语法”，意图为非建筑师设计建筑提供参考。他的研究结果，出版于 1977 年的《建筑模式语言》（*A Pattern Language*）成为历史上最畅销的设计类书籍之一，与随后在 1979 年出版的《建筑的永恒之道》（*The Timeless Way of Building*）一起，构成了新传统主义运动的理论支柱，不仅涉及建筑设计，还延伸到社区与城市领域。

在欧洲，也出现了复兴或者学习传统建筑与城市的风潮，以1970年代发生在法国与意大利的新理性主义为标志，代表人物是阿尔多·罗西（Aldo Rossi）和罗伯·克里尔（Rob Krier）。克里尔的弟弟莱昂·克里尔（Leon Krier）1946年生于卢森堡，他于1967年进入斯加特大学学习现代主义建筑，只一年之后便放弃学业前往伦敦，与詹姆斯·斯特林（James Stirling）共同工作，直到1974年。英国建筑师对现代主义教条的质疑对他颇具吸引力，他也将历史建筑的元素应用在自己的设计里。他在伦敦建筑联盟学院与皇家艺术学院教学并实践约20年，还不时作为访问教授前往美国大学授课，其中包括普林斯顿、耶鲁与弗吉尼亚大学。他激烈地批评城市功能分区以及现代主义对传统城市的尺度与规模的摒弃。他的名言之一是城市建筑应该限制在2~5层，然而并不限高——鉴于埃菲尔铁塔只有三层——可以有无限的差异，但是不能有超高密度。他于1977年发表了《城市中的城市》（“The City within the City”）一文，认为由近千年的文化形成并证实的和谐的“欧洲城市”传统，如今几已被现代主义破坏殆尽。他的观点与简·雅各布斯类似，只是以“城区”取代了“邻里社区”：

“大或小的城市只是由多或少的城区构成，可视为自治的城区的集合。每个城区具有自己的中心、外围与边界。每个城区必须是‘城市中的城市’。每个城区必须整合全部的城市生活日常功能（居住、工作、休闲），而城区的尺度基于步行者能够舒适到达的距离来确定，不超过80英亩（约32.4公顷）的面积与15 000名居民。一个人每日的步行距离决定城区的自然边界，在整个城市历史中，这都是城市或乡村社区的合理尺度。”[262]

“城市以及它的公共空间只能以街道、广场和街区的形式建造，带有熟悉的尺度与特征，依据地方传统而存在。”

与雅各布斯类似，克里尔对整个建筑行业加以谴责，以他的话说：“在过去的几十年中，多少罪恶以发展和效率为名加诸欧洲城市与景观之上，建筑与工程业界应该得到全民的鄙视。建筑的功能不该是也从来不是令人窒息的：它的存在是为了创造一个适合居住的、宜人、美丽、优雅与坚固的建成环境。”[263]

这些年来，克里尔不知疲倦地宣扬他的理念。在美国，他至少获得了两名重要的信徒：建筑师安德烈斯·杜安尼（Andres Duany）与他的妻子伊丽莎白·普雷特–泽波克（Elizabeth Plater–Zyberk）。这对夫妇从耶鲁毕业之后，共同成立了阿奎科特托尼卡事务所（Arquitectonica），本部位于迈阿密，并且迅速以其色彩明亮、图案丰富、线条流畅的现代主义作品而闻名，其中包括了高层住宅与办公楼。但他们依然对现代主义抱有怀疑，而莱昂·克里尔的观点对他们起到了触发的作用。杜安尼描述道：

“有一天我去听了莱昂·克里尔的讲座。那一次他发表了一场非常有力的关于传统城市生活的讲话。在经历了几个星期相当痛苦与焦虑的思索之后，我意识到我不能再设计这种时髦的高层建筑。它们看似迷人，然而并没有给城市带来益处，也不能给社会带来积极的影响。建造传统社区、使我们的规划真正能够令人们的日常生活变得更好，这种的构想令我非常激动。克里尔使我了解到首先应该关注于人本身，而设计具有改变社区生活的力量。因此在大约一年之后，我与妻子离开了公司，开始探索全新的方向。”[264]

在杜安尼与普雷特–泽波克的第一批业主中，有一位是开发商罗伯特·戴维斯（Robert Davis）。后者聘请他们的新公司DPZ在佛罗里达州一处偏远的80英亩（约32.4公顷）的狭长沿海地带设计一个居住社区，戴维斯的祖父在1946年购买了这块土地。杜安尼的灵感部分来自该区域传统的海边城镇，那里有木制的本土建筑、门廊与金属屋顶——与阿奎科特托尼卡事务所的后现代建筑实践截然不同。杜安尼与普雷特–泽波克决定为这个社区进行总体设计，并将之命名为“海滨镇”，为了达成建筑的多样性，单体建筑设计则交由其他人。不过这种多样性是在经仔细考虑后形成的整体框架中进行的。他们考察了许多传统的佛罗里达以及南部城镇，测量并观察建筑如何与街道发生关系，且人们如何在其中进行活动。他们关注的更多是城市而非城镇，基于两个基本原则：第一，避免居住、工作与购物的功能区分；第二，每个人可以通过五分钟的步行到达以上地点。相应地，他们设置了若干小街区以及街道转角区域，设计了步行道构成的网络，大部分步行道以沙做铺地，而在主要道路的尽端则设置了标志性建筑作为对景。

同一时期他们还在佛罗里达的博卡雷顿设计了查尔斯顿（Charleston Place），使用了若干类似的设计手法——停车场库隐藏在建筑背面、建筑贴近步行道或狭窄的林荫道建造——这是不符合当地分区法规的要求的。街道太窄而建筑离街道太近。杜安尼与普雷特－泽波克从现有的小尺度乡村城镇中获得了一些启发，不过在2000年与杰夫·史派克共同出版的《郊区化国度》（*Suburban Nation*）中，他们也曾抱怨"沿途的传统城镇有时候对美国来说是一种罪恶"。通常战后规划法规都会设定快速、宽阔的道路和最大数量的停车容量，以使其适应由车辆主导的城市蔓延。结果就是独特的小尺度城市区域如查尔斯顿、波士顿的灯塔山、南塔克特、圣达菲、卡梅尔或圣巴巴拉的"存在直接违反了当下的区划条例"，显然不能继续建造了。"即便是经典的美国式主街……对当下的绝大部分市区来说也是违法的。"他们写道。[265]

他们在博卡雷顿的查尔斯顿项目中的解决方式是将街道标注为停车场——条文对此没有严格的规定，然后将停车场标注为街道。这可不是个完美的对策。而在海滨镇，他们设法颁布了一个新的区划法规，允许步行主导的紧凑型城市，汽车仅处在辅助的地位。这种"解决办法"在他们看来"并不是将汽车移出城市"，而是通过好的城市设计对其加以"驯化"。[266]他们找到了自己的诀窍——从大量经过调研的城镇与小城市中寻找参照，整合设计新的邻里社区。这些小城镇以弗吉尼亚州的亚历山大为代表，该城市与格林威治村设计于同一时代，运用了类似的设计原则，即"遵循六个基本准则，使它们截然不同于当下的城市蔓延"。可以预料，这些指导原则与雅各布斯的观点很相似：第一，拥有"清晰的中心"，可容纳"商业、文化与政府职能"等"城市活动"；第二，所有"日常生活所需"都可以在离家五分钟的步行距离内获得，基本或完全排除驾车的必要；第三，拥有由小街区构成的街道体系——一个"连续的网络"方便步行；第四，拥有"狭窄的、功能丰富的"街道，有比较宽的步行道、街边平行停车场及活跃的沿街商铺，可供汽车缓慢行驶，并形成丰富的步行生活；第五，具有多种功能，然而并非"无所不能"的设计，建筑类型以及期望的功能都要求适合聚居的需求，不过决定聚居环境的是建筑形式而非其功能；第六，留出"建造特定建筑的特殊场地"，例如教堂与市政建筑，以“代表集体认同感和社区理想”。[267]最后，和雅各布斯一样，他们确信以上的规则是“建立积极的街道生活的关键……创造24小时的城市”——使城市相对于郊区更具有竞争力。[268]

在海滨镇，基于适合该地块的“亚历山大六规则”，杜安尼和普雷特－泽波克编制了一个城市规程。其中的挑战在于一系列规程条款，既要允许多样性又要排除他们所认为的不适合的建筑，例如建造在沿街停车场背后的廉价住宅，或郊区常见的、后退于街道的建筑。规程要在有限的范围内创造差异性与自发性。寻找建立自组织城市的规则，这句话看似自相矛盾，或者用雅各布斯的话来说，即是寻找“有序的复杂性”的规则。关键在于怎样限定。为此设计师们运用了“建筑类型”这一概念，它来自英国建筑师艾伦·科洪（Alan Colquhoun）与莱昂·克里尔，通过建筑高度、体量、层数以及与街道的关系等来进行特征分类，这些条件虽对建筑的使用方式有强大的影响，但并不规定建筑本身。通过塑造“持续的街景”，从而“兼容多种不同的功能”。[269]海滨镇的每个区域均需采用八种类型中的一种或几种，每种类型都以尽量简明的语言加以限定，更多是视觉上的而非数字或城镇法规中的典型术语。不过这种建筑类型指代的并不仅仅是与材料、装饰、比例和角度相关的风格。然而由于开发商戴维斯希望建造某种本土风格的建筑，杜安尼和普雷特－泽波克额外设置了一系列要求，具体规定了建筑构件（如木板、门、窗等），金属屋顶（一些相关形式，如坡屋顶），还有方形或垂直的窗，而不是水平窗——以使建筑风格统一，但不完全相同。另外还要求临近沙质小径的建筑必须设有白色木栏杆，并且不能与同一街区内其他建筑相同。规程还特别鼓励建造附属房屋，以便使单一地产具有功能灵活性——目的则是促进商业的多样性，类似于雅各布斯的“旧建筑”原则。

设计需要经过评审，不过任何一个方案如果被认为符合既定的设计原则，就可以继续做下去，不再有进一步的审查。杜安尼和普雷特－泽波克希望获得“和谐的城市性”，而海滨镇，以他们自己的标准来讲是成功的：社区内遍布各式混合风格，从维多利亚式到北佛罗里达州的渔村，从新古典主义到隐约的后现代式；

形式也多种多样，不同类型的瞭望塔构成了流行但始料未及的城市元素。“社区”所期望的品质在日常应用中被证实了：步行胜于车行，公共聚会场所得到了充分利用。沿岸住宅不允许设置通往海滩的私人步道，居民必须全部通过主路前往，令人感觉海滩是公共空间，结果是远离海滩的土地价格与沿岸相差不远，这在临海地带相当罕见。通常不平衡的地价会导致开发商们在沿岸建造数英里长的摩天楼或者板楼，对视线与到达方式造成严重的遮挡。

海滨镇的成功使他们获得了更多的项目委托，如马里兰州盖瑟斯堡的肯特兰镇（1988），这是一处位于华盛顿特区郊外占地352英亩（约142.4公顷）的开发区，采用殖民地风格的建筑及排屋；还有佛罗里达州温莎镇（1989），是一处占地416英亩（约168.3公顷）的独立度假区。在其他地区，建筑师与规划师也采用了类似的工作思路。在旧金山，城市设计师彼得·卡尔索普（Peter Calthorpe）与希姆·凡·德·莱恩（Sim van der Ryn）于1986年共同出版了《可持续城市》（*Sustainable Cities*）一书，提出了“步行口袋”（pedestrian pockets）的概念，即通过公共交通将适宜步行的混合功能邻里社区连接成一片较大的区域。在洛杉矶，史蒂芬诺·波利佐伊德斯（Stefanos Polyzoides），一位1973年移居洛杉矶并在南加州大学任教的希腊建筑师被当地1920年代和1930年代常见的围院式公寓群吸引了。这种建筑类型来自传统西班牙建筑，并于20世纪早期引入加州。那通常是沿着线性的景观或道路设置的单层出租别墅群，给高密度的城市地区提供了私密性与绿地景观。波利佐伊德斯仔细研究了现存案例，于1982年在洛杉矶出版了《院落式住宅》（*Courtyard Housing*）一书，成为单栋大面积住宅形式的最早案例。他与同事伊丽莎白·穆勒（Elizabeth Moule）相遇并结婚，于1990年在帕萨迪纳共同开业，致力于洛杉矶院落式与地中海传统风格相结合的建筑与城市实践。

美国各地的开发商们都发现市场正在倾向以这种方式替代传统的郊区蔓延，还有一些建筑师通过建造排屋以获得更高的住宅密度，大约每英亩18 ~ 24个单元（每公顷约44 ~ 59个单元）[270]，是标准单户住宅密度的5 ~ 10倍；或者采用双拼或三拼模式，每英亩可建造 8 个单元（每公顷约可建造 20 个单元），相比于外观类似的独户住宅来说密度提高了一倍。考虑到郊区蔓延对环境与公共健康的冲击，以及高昂的基础设施投入，《无处可达的地域》（*Geography of Nowhere*，1993）一书的作者詹姆斯·霍华德·昆斯勒（James Howard Kunstler）将这些项目实践纳入他的反郊区宣言，号召开展“一场拯救运动，将我们国家的自然、城市景观及公共生活从失败的驶入式乌托邦中解救出来”[271]。欧洲大陆与英国也发生了类似的运动。一股颇具争议的推动力来自威尔士亲王查尔斯，他非常公开地表达了对现代主义建筑与规划的反感。1984 年，他在英国皇家建筑师学会 50 周年庆典上发表讲话，谴责由彼得·阿伦德（Peter Ahrends）设计的国家美术馆加建的塔楼是“一位广受爱戴的优雅的朋友脸上怪异的脓包”。他于 1988 年出版了《不列颠的远景》（*A Vision of Britain*）一书，同时还在 BBC 的纪录片中更细致地表达了不满。亲王的质疑促成了 1980 年代晚期城市村庄团体的成立，后者对英国政府的住宅政策起到相当大的影响。同样在 1988 年，亲王聘请莱昂·克里尔为他在自己的地产上凭空建造一个传统社区——庞德伯里（Poundbury），位于英格兰西南部多塞特郡的多切斯特附近。这一项目于 1993 年破土动工，采用了传统的街道规划，遵循了与海滨镇类似的设计原则，并且由克里尔本人以传统的前现代欧洲风格设计了最早的几幢建筑。可以想象，这个项目引来了大量的批评，不仅从建筑学角度，还从政治角度被批评为保守的、逃避当代世界的中世纪幻想。另一个方向的批评则来自历史纯粹论者，他们认为这些设计没有遵循正统的多切斯特本土风格与材料，并非英国式建筑，更倾向于轻浮的维多利亚与爱德华时期的浪漫折中主义风格。还有一些指责称它为精英主义，仅在威尔士亲王位于康沃尔的领地上才能实现，尽管亲王曾明确要求要建造平价住宅。最多的批评则集中于它的“虚伪”——这种批评海滨镇与肯特兰也收到了很多，尽管庞德伯里与肯特兰是“真正的、全年使用的工作社区”，而不像海滨镇仅为度假住宅。考虑到居民的满意度调查以及该处地产价格是多塞特郡周边区域的两倍，这些批评并不是问题。反而是有些数据，如庞德伯里的汽车使用量也是周围地区的两倍，或许给它带来了一些负面的影响。

在庞德伯里初现雏形的同一年，杜安尼、普雷特－泽波克、波利佐伊德斯、穆勒与湾区城市规划师丹尼尔·所罗门（Daniel Solomon）共同成立了一个新组织，名为新城市主义协会（Congress for New Urbanism，CNU）。他们模仿了现代主义者于 1928 年成立的现代国际建筑协会（CIAM），也制定了基本原则宪章，如 CIAM 的《雅典宪章》——尽管 CNU 团体明白这一先例其实存在某些疑问。正如杜安尼所说，CIAM 在勒·柯布西耶取得了实际的控制权之后，对城市建筑的指导作用“既有功劳也有问题”，而 CNU 成立的主要目的是抗争。[272] 协会宣称他们的目的是抵抗郊区蔓延，倡导传统社区发展，依据雅各布斯以及克里尔和 CNU 成员所提出的若干原则，继续加以扩展与细化。在可步行性、混合商业功能、积极的街道生活以及高品质设计之外，他们还增加了“断面”概念：划一道虚拟的线，由给定的城市中心的高密度，向周边逐渐减弱，然后变成农田，继而是自然环境。总而言之，这些因素可以“提升生活的品质，使人们乐于居住于其中，并且创造丰富的、向上的、启迪人类灵魂的空间”[273]。最后一条原则更像是一个希望，与雅各布斯“为城市生活提供最好的机会”类似，然而走得更远。而《美国大城市的死与生》一书与《新城市主义宪章》（*Charter for New Urbanism*）共同强调的，则是功能混合的、活跃的街道是好的城市设计中最基本的元素。协会成员们积极推广他们的理念、讲座、著述以及设计作品，还通过“脑力震荡”——组织社区设计工作室来获得政府官员及邻里社区的认同。这使得该协会很快壮大起来，并吸引了媒体的关注，不仅关注于他们的理念，还有建成的实践项目例如海滨镇。安德烈斯·杜安尼是格外出众的一位，以他精心修饰的外表和清晰、令人信服的表述，在各种演讲厅与媒体上几乎无处不在。CNU 成为一个国际组织，有约 3 000 名成员，每年举行盛大的会议，并且对真正的政府策略产生影响，从国家指导方针到城镇法规：新城市主义的原则影响了美国住房与城市发展部的“希望六”计划（HOPE Ⅵ）工作指南，以及城市土地协会的开发商手册。

1994 年，即庞德伯里动工仅一年后，另一个新城市主义社区破土动工：位于佛罗里达州奥兰多城市之外的塞雷布里森（Celebration），业主是华特·迪士尼公司，就位于迪士尼乐园、迪士尼世界与艾波卡特乐园附近。通过对市场的广泛调查，迪士尼公司选择以新城市主义原则建造一座能容纳 2 万名居民的小镇，聘请前后现代主义者、后来的新－新古典建筑师罗伯特·A. M. 斯特恩（Robert A. M. Stern）进行总体规划。斯特恩基于混合功能、邻里中心、步行主义与“社区”价值进行城镇设计。提供了六种住宅风格：古典式（即战前南方城镇中的希腊复兴风格，类似于密西西比的纳齐兹）、维多利亚式、美国殖民复兴式、海岸式（类似海滨镇采用的渔村风格）、地中海式与法国式（更多指向新奥尔良风格，而不是真正的法国）。项目一期引起了巨大的轰动，吸引了大量市场与媒体的关注，很大程度是因为这是第一次有一间大公司以自己的名字命名一个规划社区，并带有如此强烈的乌托邦使命——只能这样说它，因为塞雷布里森不仅毫不低调，甚至被宣传为以设计解决一切问题的天堂。（值得注意的是，迪士尼公司最早为这个项目所取的名称是“梦想城市”[274]。）塞雷布里森迅速地被出售与出租——公寓就位于镇中心。一些问题开始出现：迪士尼的地产所在地距离当地主要工作区和购物区很远，需大量采用汽车交通，而高昂的价格加剧了另一个问题——塞雷布里森中等住宅售价是 1997 年大奥兰多地区通常售价的两倍[275]，这导致很多家庭要夫妻双方均参加工作以便还清贷款。这个显眼的小伊甸园与周边 192 号州际公路沿途的蓝领街区形成强烈的对比，后者所有的是公路商业街、低级酒馆及廉价的娱乐中心。而小镇设计师斯特恩脱口而出的一句 192 号公路是“有史以来最乌烟瘴气的公路”[276]，加剧了本已很明显的社会差距。

与它的姐妹社区一样，塞雷布里森被指责为是对已消失或根本不存在的美国神秘小城镇的怀旧，甚至更糟糕，它被指控为将历史元素用作商业策略。它是由迪士尼建造的，这一事实也于事无补，虽然该公司向来都以建设人工环境完全操纵人们的体验而闻名。塞雷布里森到底是个真实的地点还是只是个供成人居住于其中的昂贵的主题公园？随着 1988 年[1]电影《楚门的世界》的上映，这个问题变成了某种全国性的娱乐话题。在电影中，金·凯瑞饰演一个从儿时起就在不知情的情况下生活在一个虚假的小镇中的人，他身边的每个人都是演员，哄骗他相信

1 此处原文为 1988 年，或为 1998 年。

周围发生的事，而他的每一个动作包括睡觉都被隐藏摄影机拍摄下来，24 小时在全世界最受欢迎的电视真人秀中播放。电影在海滨镇拍摄，离这里不远，不过相较之下塞雷布里森更像一个舞台布景，而新城市主义也同它一道，仿佛一个可疑的幻象，而不是重返真实且更好的昔日。

很多建筑机构从业人员认为新城市主义是一种倒退的历史复兴行动。而支持者和实践者则回应说风格并不重要，重要的是组织模式。杜安尼曾经写道："我们准备好了在城市的祭坛上牺牲建筑——因为倘若好的城市设计缺席，建筑则毫无意义。"[277] 无论如何，他与其他人都否认新城市主义的典型建筑风格是历史主义的，更愿意被称为"新传统主义"，认为这是"无关意识形态的"，并非盲从于过去，而是有意识地在历史与当下选择需要的元素，如"马自达米亚塔，从外观、声音与操纵感上都像是英国跑车，然而返修记录却达到本田思域的水平"[278]。杜安尼与其他新城市主义者也辩解称，传统风格对市场来说是必要的："如果不抛弃平屋顶和金属波纹板，很难使郊区居民接受混合功能、混合收入的住宅以及公共交通。"[279] 因此，以约翰·达顿（John Dutton）的话说，新传统风格的用途是作为"颠覆性的高密度、差异性与复合功能的伪装"[280]。在一次采访中，莱昂·克里尔承认"如今的情况很严重，安德烈斯·杜安尼与我曾经讨论过设计一座现代主义城镇，只为了证明它会呈现什么样的结果。规划法规很容易将城镇规定为勒·柯布西耶在 1920 年代或 1950 年代的风格，但法规也能够创造富有内涵的城镇景观——同样亦可以建成为弗兰克·劳埃德·赖特式的，甚至可以采用扎哈·哈迪德（Zaha Hahid）或奥斯卡·尼迈耶的风格"[281]。

与此同时，新城市主义在商业市场中证明了自己的价值。开发商越来越倾向于类似做法，将其应用于各种项目，其中包括越来越多将失败的郊区商业街改造为多功能社区的案例。新城市主义及其分支与同盟共同组成中坚的力量，致力于重返中心城市运动，罗伯特·费舍曼将之称为"第五次迁徙"[282]，这是 21 世纪早期城市生活中最显著的现象。然而伴随着成功而来的则是鱼目混珠的危险：大量自称为新城市主义的廉价赝品案例实际上只是通常的郊区地块、商场或公寓，仅以传统形式或少量的变化加以包装。即便是合法的开发项目，绅士化的问题也一直悬于其上，尤其对于城市中的回流或改造项目。简・雅各布斯一直被广泛地批评为推动了绅士化的进程，当她向那些实际上受过良好教育的中产阶级听众介绍类似于格林威治村这样的老社区的时候。她在哈德逊街 555 号的前住宅、一座面积为 2 144 平方英尺（约 199.2 平方米）、位于美国最时髦的街区中心的房子在 2009 年以 330 万美元售出，这并不是个巧合。[283] 当这一运动用它的条例影响政策制定及建成环境时，用 1920 年代城市美化运动的规划师约翰・诺伦的话来说，这就意味着“反对异质性”[284]。它可能会变得僵化，抑制创造力与差异性的发展，抑或服务于新城市主义者推崇的高尚目的之外的其他企图。另外还有一种颇具讽刺意味的矛盾之处，即新城市主义者提升了开明的建筑师与规划师的形象，将之升格为通过“好的建筑”帮助人们摆脱坏的城市设计的人，而这恰好与弗兰克・劳埃德・赖特的县建筑师和勒・柯布西耶式的全权启蒙暴政相呼应。规划法规就像所有类型的权力，可以用得好也可以用得坏。须得记住，最早的规划法规在 20 世纪的前 20 年里完全改变了洛杉矶与纽约，促进了公共健康与效率，同时也无情地将一些人驱逐出这个繁荣且扭曲的市场——迎合权贵阶层利益的市场。编制“珊瑚”之城，即使这不是完全的矛盾体，也带来了维系规则与自由之间平衡的长期挑战——这是一场钢索表演，很正常，观众席上会发出质疑。最好的总结或警告也许是《楚门的世界》中由艾德・哈里斯扮演的真人秀导演对制作人克里斯托弗所说的话——他在捍卫自己制造出的、长时间保持良好的小世界时说：“这不是假的，只不过都在控制之下发生而已。”

名词解释：新城市主义

综合判定

- 规划法规限定的建筑：建筑群或整个社区共有一种或几种限制在某个范围的历史主义风格，很少会有截然不同的风格或现代建筑。建筑的高度或体量以及与特定街道或邻里的关系均受到限定。标识、街道家具、树木与景观都依据特定的规划原则设置。

- 多样性：在法规的限定之内，风格、色彩与材料的不同，以及建筑高度、体量、后退街道距离的不同。
- 邻里规划：基于传统的可步行邻里街区而形成的规划，并设有中央购物和服务街道。
- 尽可能密的街道网格；不被超级街区打断；步行道，若是可行，则使街道、停车场和建筑之间保持联系。
- 混合功能：有意混合居住、零售、商业、就业、学校与娱乐等功能。
- 多种形式的交通：步行友好；自行车友好；设置非主导性的窄路供汽车通行，设有路边及地块内停车场；理想的多种公共交通模式组合，例如巴士、有轨电车与轻轨。

案例

- 佛罗里达：滨海镇、塞雷布里森、博卡雷顿的查尔斯顿
- 马里兰州肯特兰
- 英格兰多切斯特的庞德伯里
- 瑞典雅克里伯格

其他变体

- 商业区改造：科罗拉多州雷克伍德的贝尔玛（原为意大利村商业街）、科罗拉多州伊格尔顿市中心。
- 伪新城市主义布局：模仿新城市主义的建筑外观，然而依赖于汽车交通，缺乏完整的街道网格或者被快速路与停车场包围。
- 叠合公共用地：第 1 章中的中国案例、第 6 章中混合了住宅的商业街。

佛罗里达州滨海镇（1980 年代）（一），规划者：DPZ

佛罗里达州滨海镇（1980 年代）（二），规划者：DPZ

佛罗里达州塞雷布里森（1996— ），规划者：库帕、罗伯森及合伙人公司（Cooper，Robertson & Partners）与罗伯特 · M. 斯特恩
（图片来自 Bobak Ha' Eri，2006.2.23）

庞德伯里的“吹笛女巫”(the Whistling Witch, 1993—)，英格兰多塞特，规划者：莱昂·克里尔

大埔私人排屋开发项目，比华利山别墅湖景道，中国香港

瑞典雅克里伯格（1990年代晚期—），一座新城市主义风格新镇，建筑师：罗宾·曼格（Robin Manger）与马库斯·阿克塞尔松（Marcus Axelsson）

6　购物中心 Malls
维克多·格伦、乔恩·捷得与购物城市

不是购物融于一切，而是一切融入购物之中。随着连续的、一波强过一波的扩张，购物正在有条不紊地侵占越来越广泛的领域，以至于事到如今，它已经成为公共生活中最典型的活动。

——梁思聪《哈佛设计学院购物指南》

（Sze Tsung Leong，*Harvard Design School Guide to Shopping*）

我没法想起第一次去大商场是什么情形了，它们似乎一直都是这样一种地方——一家人驾车过去，停下车到处转转，走进一些店铺看看，穿过百货商店，然后坐下来找点吃的。它似乎是完成某种差事必不可少的目的地，同时也是一个暧昧的场所，可以消耗时间并闲逛，无须太多思考与准备。然而我的确记得，我是从何时起开始意识到购物商场是重要的——从某些角度来说会引起争议的——我生活于其中的文化景观的一部分。那是我第一次在广播中听到弗兰克·扎帕（Frank Zappa）1982 年的歌曲《谷地富家女》（*Valley Girl*），歌中描述的是洛杉矶圣费尔南多山谷上流社会家庭未成年少女的生活，她迷失在新建的商场里——文图拉大街上的谢尔曼橡树购物街，于 1980 年盛大开幕。

扎帕与他 14 岁的女儿摩恩（Moon）合作这首歌，录下她模仿“谷地富家女们”的对话，以她们标志性的“谷地语言”，其中充满了“喜欢”“百分百”与“我的天哪！”，每个短语的尾音都向上挑着。他们意图讽刺甚至是严苛地批评南加州乡村青年文化的愚蠢和对消费主义的沉迷。然而就像是对讽刺者扎帕的完美报复，这首歌奇异地成为点播热门，最高在流行榜上排名第 32 位——这是扎帕唯一一首进入全美前 40 名榜单的歌。同一年西恩·潘（Sean Penn）在其中饰演了一名铁杆冲浪迷的喜剧电影《瑞奇蒙特中学的飞逝时光》（*Fast Times at Ridgemont High*），以及 1983 年的同名电影《谷地富家女》（*Valley Girl*）都曾在谢尔曼橡树购物街取景，使得这家购物中心越发红火，成为年轻人重要的社交场所。在这里可以找到最新、最酷的东西，最时尚的交谈与着装方式。这首歌及这两部电影都是讽刺性的，然而成功地使人们意识到购物亚文化的存在，进一步促进了商业、青年文化与建筑的崭新结合，并逐渐成为无可争议的国际性时尚与标准。据他们所言，购物虽然看似可笑，却令人无法抗拒，因为它所意味的不仅是新衣服与新鞋子，还有创造新的身份特质的可能性。

经过了若干年的发展以及在当地乃至全美范围内的宣传，洛杉矶地区的购物中心已经发生了巨大的变化，从标准的郊区围合式二层商场变成了某种全新的东西。1980 年，弗兰克·盖里（Frank Gehry）设计的圣莫尼卡购物中心落成。1982

年，比弗利购物中心建成，设有史上最大的 14 块屏幕的影院以及最初的硬石咖啡屋，1991 年伍迪·艾伦拍摄《爱情外一章》（*Scenes from a Mall*）曾在这里取景。这两座商场基本上还是标准的郊区商场模式，被引入到圣莫尼卡与比弗利山庄这样的郊区城市当中。然而慢慢地，它与城市的互动开始显现。1985 年和 1988 年，乔恩·捷得（Jon Jerde）分别改建了西区购物中心与新港海滩的时尚岛商业中心，原本内向的商场逐渐开始向天空与外部街道开放。1993 年，捷得的环球影业“城市漫步”（CityWalk）取得了巨大的成功。这是一条连接停车场与主题公园入口的步行街，其中充斥着沿街店铺、咖啡厅、跳跃的喷泉、明亮的色彩与夸张的广告招牌，以一种疯狂、荒谬的方式提炼了洛杉矶的城市景观。除了中央区域上方的巨大格架之外，整个区域没有屋顶——原本的室内商场如今朝向外部开放了，不过依然处在封闭的区域之内。在这之后，变化的速度陡然加剧了。很快，更多商场尝试以复古主题的建筑模拟“城市”景象，沿着“道路”设置有轨电车，以及大量不间断的音乐与表演等娱乐活动——以及真正的居民。由开发商瑞克·卡鲁索（Rick Caruso）建造的好莱坞格洛夫购物中心（2002）与格伦代尔阿美卡纳购物中心（2008）的购物街两侧建造了豪华的住宅，配有私人电梯、屋顶泳池和提供泊车服务的停车场。这里是完美的消费行星，毫无疑问受到了迪士尼乐园与拉斯维加斯的启发，不过这里不再是你仅仅想要到访，而是想要居住在其中的地方了。后来这里被证明只是小巫见大巫：在过去 15 年中，很多城市内大片完整的区域被塑造成提供全面服务、可居住于其中的购物中心——迪拜、新加坡、上海、首尔以及许许多多其他地方。如今，大量全新设计建造的城市将购物城市这一现象不断扩展到全球，从俄罗斯到印度尼西亚到中国再重回到南加利福尼亚。

如果整个世界正在变成一座商场，那么购物是否是塑造城市形态的原动力？在受过高等教育的群体中，这一假想使大家不寒而栗。购物是某种罪行，如西塞罗所坚称的：“所有的生意都意味着谎言与卑鄙。”建筑，一直以来积极地捍卫它作为高雅艺术的地位，不想与之发生任何联系。除了极少数的情况。路易斯·沙利文曾经设计过一座百货商店，弗兰克·劳埃德·赖特曾经设计过一家精品店，鲁道夫·辛德勒设计过一或两家商店，贝聿铭的第一个大型项目是一座商场。不过这些都很少被列为他们的“代表作”。然而如今可以这样说，购物作为交易的一种形式，孕育了城市，并且始终是城市中流动的血脉。从远古以来，购物设计就与城市设计密不可分，并且无可避免地影响到城市的未来。

最大的新石器时代的人类聚居地——土耳其的卡塔霍裕克建造于公元前 7000 年，它有可能就是一个贸易中心。底比斯城中央的市场可追溯至公元前 1500 年。古希腊的广场或“集会地”公认是西方文明与民主社会的起源地，最初的功能既是市场也是供辩论、社交与政治集会的市民中心。希腊文的“我购物”与“我发表公共演说”拥有相同的词根，而当代希腊语中广场“agora”一词仍然是市场的意思。古希腊广场后来演变为古罗马广场、中世纪集市与集镇、东方的巴扎和露天市场。购物是解决城市问题的方法吗？且看证据。物品交换意味着聚集，聚集意味着社交：聚会、交流信息、传播谣言、争论、妇女自由行动以及人类互相观看——剧场最初即交易者聚集之地。他们参与到持续的仪式与突发的戏剧性事件当中。如果运用正常，购物可以以最基本的城市生成方式来定义空间：购物空间是一处城市内部的独立空间，隔绝于其他分散的活动，以步行为主导，但同时也与外界联系着。购物催生了活动及密度：它将人们混合在一起并且互相产生关联，也连接起相隔很远或差别迥异的城市空间。从这种角度看，购物最大化也等同于城市最大化。

历史记载显示出购物形式发生过的持续变革，这也相应地改变了文化背后的社会动力。公元前 7 世纪，希腊的吕底亚出现了专门的零售商店。在古罗马，为购物提供场所被视为城市秩序的基础：公元前 45 年，尤利乌斯·恺撒最后的政策革新之一，即日出到日落间禁止马车行驶，人行道从此无处不在，成为罗马城的标志性特征之一。随着罗马帝国在公元 5 世纪的衰落，步行道也没落了，相应没落的还有购物活动。直到下一个千年，商业与零售交易再度兴起，引发了文艺复兴时期大规模的城市发展。罗马是室内市场的先驱，用屋顶遮蔽风雨，与外界隔离：约建于 110 年的图拉真市场中，两座对称的拱廊以石拱券建造，上部带有拱顶。1461 年，类似的概念重现于地中海东部伊斯坦布尔的大巴扎，然后是欧洲——著名的例子有 1566—1568 年建于伦敦的皇家交易中心，然后是 1606 年的伦敦新交易所、1608 年的阿姆斯特丹交易中心，以及 1667—1671 年建造的伦敦第二皇家交易所。

这些都是商业空间，然而并不是通常意义上对公众开放的空间。17 世纪时，巴黎发生了突破性的进展。一座巨大的、环绕着一座大花园的新古典主义建筑群——皇家宫殿建成，它隔着圣欧诺黑路和里沃利路与卢浮宫相对，靠近杜勒伊里宫花园以及巴黎的皇家与时尚中心。它最初是在 1634 年为枢机主教黎塞留（Cardinal Richelieu）建造的，路易十四将这座宫殿赐给了他的兄弟奥尔良公爵。很长一段时间内，这里是上流社会的集会地，不断更换着主人、客人，发生了许多著名事件。1784 年，彼时的公爵路易・腓力二世想增加收入，因此开放了翻修过的宫殿与室外场地作为购物与娱乐场所，设置了商店、沙龙、咖啡厅、画廊、剧院、书店、酒吧与妓院，还有院落、林荫道、喷泉与花园供人漫步。这是世界上第一座综合商场。剧场位于建筑两端——伟大的剧作家莫里哀曾于 17 世纪时在此演出他的作品，而法兰西剧院从 18 世纪起就常驻此地。如果还有其他爱好，那么妓女们正在廊下漫步，而二层设有赌场。公爵允许所有人进来，不考虑阶级，这也是属于所有人的：它同时是市场、社交场所与政治空间。然而它最大的受众群体是新兴并且蓬勃发展的中产阶级，或第三阶级。正在改变整个世界的消费资本主义催生了这一阶级，反过来它也推动了消费资本主义。法国大革命期间，公爵也染上了革命热情，他的身份从奥尔良公爵路易・腓力二世变成了“平等的腓力”，而这座“宫殿”依然如往常一样被人喜欢。这里是咖啡社交的场所，以其政治［萨德侯爵曾在《卧室里的哲学》（*Philosophy in the Bedroom*）中提到，在那里可以看到相当不错的连载小说或政治宣传手册］与阴谋（这里是共济会及其他政治观点的温床）闻名，同时还有一系列娱乐活动，从夜晚的女士们，到花园中由日晷控制的每日发射的加农炮。雅克・德利尔的一首诗描述了这种气氛：

“在这座花园里，目之所及的不是田野，不是草坪，也不是树林与鲜花。只需拨动一下钟表的指针，便不会觉得愧对自己的道德。”

1786年，公爵在花园三面建造了石头柱廊，由于其原址上是大片树林，因而命名为“森林长廊”（Galeries des Bois）。[285] 其中容纳了更多的店铺与咖啡馆，吸引了更多顾客前往这个扩建的空间。他创造了最早的商业街，这一发明可以同时实现多个目的：它在私人产权内提供了可达的、宜人的公共空间，人们可以在其中社交与购物，不必顾虑交通，也不会有危险，远离巴黎街道上的噪声、污物与异味；为奢侈品与服务提供了新的市场空间；[286] 为地产投资者们提供了一种新的模式，可应用于随着政府征用与驱逐贫民之后在城市中心空余出的房地产。作为一种建筑类型，它与许多城市中那种有顶的、两侧设有店铺的桥类似，如威尼斯的里亚托桥、佛罗伦萨的老桥、伦敦桥，以及巴黎塞纳河上的圣母桥、尚吉桥、玛丽桥与圣米迦勒桥。不过它很明显地从流行的园林中吸取了一些形式元素，人们可以在其中漫步、交流、欣赏美丽景致及精致的事物。最关键的是，它使女性获得了社交自由，而这是无论在家中抑或喧闹危险的街道上都无法获得的。

在下一步改建中，这座商业长廊从园林中学到了关键的技术：玻璃与铸铁结构。在整个欧洲的贵族宅邸和公共花园中，温室正在迅速发展。这种技术采光良好并能遮蔽风雨，业主能够以迅速且造价低廉的方式覆盖建筑之间的步行道，无须建造昂贵的基础。1791年，费多长廊（Passage Feydeau）的建造为这一形式确定了基本模式：一条穿越街区中央连接两条街道的步行通道，两侧设有对称的朝向通道的店面，由玻璃立面封闭两端，顶部设有天窗。[287] 这是一种新型的街道，为步行者们提供了一处受保护的、独立的、限制进入的交往空间，为业主提供了新的投资机会，为商人提供了新的销售方式。这一理念迅速传播。1799年，开罗长廊（Passage du Caire）建成——它的命名是为了纪念拿破仑通过战争打破了英国在地中海的贸易垄断，整座长廊以埃及主题进行装饰。1800年全景长廊（Passage des Panoramas）建成。接下来，一系列拱廊式商业街被建造：仅在1820—1840年间，巴黎就新建了15座商业街，它们使巴黎城中心变成了一座拱廊式城市，拱廊连接起来穿越大部分城市街区，形成连续的、两侧带有商店的、获利颇丰的中产阶级王国。一本1852年的图绘导游手册描述了这一发明：“这些拱廊商业街是新近的一项发明，代表了工业时代的奢侈。它们是带有玻璃屋顶与大理石墙面的步行街，从住宅街区中穿越，业主们对此共同投资。在步行通道的两侧是通过屋顶采光的精美的店铺，因此，一座拱廊街就是一座城市，甚至是一个微缩的世界。"[288]

1815—1819年，拱廊街跨越了英吉利海峡——伦敦皮卡迪利街一侧建成了伯灵顿拱廊街（Burlington Arcade）。此后又蔓延到其他因商业而变得富饶的城市，如波尔多、布鲁塞尔、格拉斯哥、纽卡斯尔，甚至到达了圣彼得堡，在那里，帕萨兹拱廊街（Passazh）于1848年建成。这些新建的拱廊商业街的高度、规模以及复杂程度日渐增加，直到1865—1867年建成的米兰艾曼纽二世拱廊（Galleria Vittorio Emanuele Ⅱ）到达了顶峰。它的两座拱廊覆盖了四层高的建筑，交叉处升高为一座玻璃穹顶。1890年，美国可以吹嘘自己拥有世界上最大的拱廊了——位于克利夫兰的300英尺（约91.4米）高的拱廊覆盖了5层高的商店与办公空间。[289]与此同时，一场街边人行道的战役正在打响，将拱廊商业街的成功延伸到了街道：1838—1870年间，巴黎铺设了自罗马帝国以来前所未有的人行道，在总长42万米的街道中，共设有18.1万米的街边人行道。

20世纪早期伟大的文学评论家与社会历史学家瓦尔特·本雅明（Walter Benjamin）将巴黎的拱廊商业街视为19世纪社会的关键考验，尤其在1852—1870年保守的第二帝国期间，工业生产、经济、消费资本主义以及压倒性的中产阶级社会秩序共同创造了现代性。他顺理成章地将服饰的展示视为这场奇观的主角，纺织品交易的发展与工业革命带来的钢铁与玻璃结合在一起，为这一切提供了内容与财富。本雅明引用小说家奥诺雷·德·巴尔扎克（Honoré de Balzac）的语言来描述这个商业拱廊的时代，称之为零售服饰的时代："橱窗构成的长诗咏唱着多彩的章节，从玛德琳教堂直到圣德尼门。"[290]他还记录下为了延长夜晚的购物时间，商业拱廊是"最早拥有煤气灯的场所"。这些新的类型空间与其中的活动促成一种新型人类的兴起——漫游者。他们在城市中漫步，浏览橱窗，并非为了购物而是为了观看新鲜事物、人群及社交活动，他们"悠闲地……在柏油路上收集着资料"，成为这个拱廊城市的"记录者与哲学家"。[291]这一切被小说家巴尔扎克（Balzac）和诗人波德莱尔（Baudelaire）记录下来，被本雅明称为最早的当代文学作品，记述了他在持续运动的城市空间中的挣扎——持续的购物活动。

本雅明在拱廊商业街中看到对时髦商品的崇拜促进了资本主义的传播，而马克思一针见血地将其称为“商品拜物教”，人与人的关系被物品所取代，物品被赋予近乎神奇的角色：“物取代人，其结果的重点在于社会关系进入到一个幻想的领域。幻想使得被迷恋的物品获得了与自身材质完全无关的价值。物品从此具有了独立的生命。”与此相似的是弗洛伊德，他在这个时髦商品的新世界中发现了恋物癖：人类的性欲对象同样可以被物品取代。对本雅明来说，这两种观点结合在一起，可以解释恋物-商品的运行机制，这种现象主要发生在拱廊商业街当中，像一种毒品，一种“占领了整个欧洲”的“持续的梦境”，一种神秘主义的回归，而现代主义者曾经宣称已经将其攻克。他很清楚地明白，如果没有拱廊商业街作为背景，这种转变不可能发生：钢铁与玻璃的“仙境”将资本主义与梦想的世界联系在了一起。[292]

一种新的购物建筑形式紧跟着拱廊商业街出现，其原型是传统的交易建筑或巴扎：商业大厅。拱廊商业街是一种连接了不同道路的街道，而商业大厅则是连接了不同建筑的、类似于广场的过渡空间，通过天井或中庭采光，两侧是商店，通常有几层高。商业大厅或巴扎通常是成组布置的，就像连续的庭院或房间——再次借鉴了典型的花园布局。1816—1840 年，多座商业大厅建成，尤其是伦敦，共建成了 15 座，同时间段内，巴黎有 4 座，曼彻斯特有 1 座。[293] 然后，商业大厅爆发了：1851 年，约瑟夫·帕克斯顿（Joseph Paxton）为在海德公园举办的伦敦大博览会建造了主体建筑，即水晶宫。这是一座巨大的玻璃房子，长 1 848 英尺（约 563.3 米），宽 408 英尺（约 124.4 米），高 108 英尺（约 32.9 米），用了 90 万平方英尺（约 8.4 万平方米）的玻璃。它其实是两列大厅，宽度 24 ~ 48 英尺（约 7.3 ~ 14.6 米），沿着 72 英尺（约 21.9 米）宽的中厅平行布置。它轻松地容纳了目前仍存在于公园中的六棵榆树，感觉就像一座景观花园。步行道在花坛、雕塑与喷泉间蜿蜒穿过，其中有一座 27 英尺（约 8.2 米）高、位于中央十字交叉处的水晶喷泉，强化了整体景观效果。建筑占地 19 英亩（约 7.7 公顷），是罗马圣彼得大教堂的四倍、伦敦圣保罗主教堂的六倍。室内精心排布了 10 万个颇具特色的产品、货物与机器，由近 14 000 名参展商提供。[294]

这是世界上第一座直接源于花园的超级购物中心。它的建造者帕克斯顿生于 1803 年，是贝德福郡一户农村家庭的第七个儿子。他在 15 岁的时候成为一名园丁，后来去了奇斯威克的园艺社团花园。其后他得到了德文郡公爵的赏识，任命他为壮观的查茨沃斯庄园的首席园丁，彼时他年方 20 岁。在那里，帕克斯顿尝试了建造喷泉、暖房与玻璃温室，其中最大的一座建于 1837 年，长 227 英尺（约 69.2 米），宽 123 英尺（约 37.5 米），屋顶是由放射形肋组成的连续三角屋架结构，以此承载玻璃板，并通过锅炉加热产生蒸汽，用铸铁管道供热。1849 年，帕克斯顿设法得到了珍贵的维多利亚女王睡莲，这是新近从亚马孙流域运回的，当时伦敦国立植物园的园丁们认为无法培植成功。看到巨型睡莲从过于狭小的 12 英尺（约 3.7 米）宽的水池中长出来，他留意到叶子的肋形与网状结构体系，这给了他建造异乎寻常的玻璃宫殿——水晶宫的灵感。1850 年 6 月，他绘制了室内的概念草图，而建筑则完成于次年五月。在六个月的展览期间，共有 600 万名来自世界各地的参观者到此参观。

评论家们勉为其难地表示出对水晶宫的赞赏："必须得承认，我们迷失在这一构筑物前所未有的室内效果中，无比仰慕……明亮的仙境般的空间，即便梦中都没有过这般灿烂。而且，最主要的是，结构的诚实与真实超越了一切赞美。然而我们依然确信，这不是建筑，它是最完美与最杰出的工程，然而不是建筑。"[295]

这座建筑的尺度令人震撼，明亮的采光以及对室内外空间界限的消解，造就了真正的奇迹。一位来访者写道：帕克斯顿将空气凝成了实体。一位德国作家盛赞道："这里的整体效果极为奇妙，我几乎沉醉于其中不能自拔。不断变换的形式与色彩、四周通透的墙面、四面八方回荡的话语声、喷泉中飞溅的水雾、旋转的机器与沉重且缓慢的敲击声，这一切构成了一个奇迹，仿佛新世界呈现在眼前。"[296]

这些在维多利亚全盛期出现的崭新的构筑物如此惊心动魄，仿若仙境，充满魔力，从此激发了大量的创新之作。空想家们构思出了乌托邦，如傅立叶的法伦斯泰尔，这个规模庞大的公共住宅群灵感直接来自巴黎皇家宫殿。紧随着帕克斯顿的成就而来的，则是将大尺度拱廊应用于城市交通系统的设想，如威廉·莫斯利（William Mosely）于 1855 年设计的水晶路，那是一条长 3.8 千米的地下铁路，上方的步行拱廊两侧排列了共 5.3 千米长的店铺，连接了伦敦西区与伦敦城。为了不被超越，就在同一年，帕克斯顿设计了大维多利亚路：16 千米长的连续拱廊连接了伦敦的每一座火车站，彻底摒弃街道交通。尽管这些乌托邦式的方案始终停留在纸上，更多实际的项目迅速地建造起来。其中的展览建筑有 1852—1853 年建造的都柏林水晶宫、1855 年巴黎的工业博览会，商业建筑如 1863 年的巴黎中央市场[297]，还有若干图书馆与监狱。然而将这种新形式运用最多、规模最大的无疑是那些了不起的维多利亚时期的火车站——通常是巨大的拱廊，连接了不同城市而非街道，设有超大尺度的空间以容纳通行及各类活动，包括购物。著名的案例有建于 1846—1850 年的纽卡斯尔中央车站、1852—1854 年的伦敦帕丁顿火车站、1850—1852 年的国王十字车站——庞大的、带有玻璃顶的站棚中容纳了所有的奇迹，就像两代人之前的巴黎皇家宫殿（在火车站之后则是机场）。

商业拱廊及大厅的发展并没有忽略零售业。从 18 世纪晚期即在法国开始酝酿成形的百货大楼从水晶宫的设计中获得了巨大的动力，从而诞生的新型宫殿 - 市场 - 奇观使大量顾客流连忘返。建于 1849 年的哈罗德百货公司位于海德公园南侧骑士桥地区的布朗普顿路上，它借助即将开幕的大博览会，迅速整合了新学到的经验，即宏大的室内空间、独特的布展、采光及景观。1854 年扩建的巴黎彭马歇百货公司也是如此，其后是 1858 年纽约梅西百货，以及 1872 年的布鲁明代尔百货公司。不久之后，每座大城市都至少有了一座百货公司。玻璃实现了巨大的中庭空间，并且通常被比拟为大教堂空间。埃米尔·左拉在他 1883 年的小说《妇女乐园》（*Au Bonheur des Dames*）中，将百货公司称为“现代商业的主教堂，轻盈但是坚固，专为女性消费者的礼拜而设计”[298]。建筑的创新配合着不断增加的选择而出现，以及低廉的价格、免费送货或退货等服务、餐饮及娱乐——如表演、音乐会和艺术展已成为标配。百货公司已经不再只是购物场所，而是将其自身变成了游览目的地。连社会主义者们都热爱百货公司：埃比尼泽・霍华德在他的田园城市中设计了一座名为水晶宫的超大型商场，无论是空间抑或象征意义上均位于乌托邦的中心。

在美国，这种类型理所应当地在世纪之交得到了迅速的发展。在芝加哥，在丹尼尔・伯纳姆的笔下，采用了与他的摩天楼相同的钢结构、电梯与玻璃，为他的企业家客户设计了更大、更壮观的商店。伯纳姆已经运用过铸铁与玻璃的温室式顶棚建造充满光线的宏大空间，还曾采用精致复杂的铸铁楼梯连接地面层公共空间与楼座，如建于 1885—1888 年的芝加哥铁路交易大厦和鲁克里大厦、1894—1896 年建造的水牛城埃利科特广场大厦。当这些元素在他的百货大楼中被加强之后，几乎立刻就成了地标性建筑。如 1902—1907 年建造的芝加哥马歇尔・菲尔德百货大楼，以南中庭内世界最大的蒂芙尼蓝玻璃马赛克天花板和 13 层高的北中庭而闻名。它在一段时间内是世界上最大的百货大楼，然后被伯纳姆自己设计的、建于 1909 年的费城约翰・沃纳梅克百货大楼超越，后者总面积达 180 万平方英尺（约 16.7 万平方米），占据了长 480 英尺（约 146.3 米）、宽 250 英尺（约 76.2 米）的整个街区。伯纳姆曾自我吹嘘道："这是世界上迄今为止已建成的最为不朽的商业建筑物。建筑总造价超过了一千万美元。"[299] 总统威廉・霍华德・塔夫特为开幕典礼致辞，他带领了一个军乐队上场，后面是正装来访的将军与上将。伯纳姆的公司乘胜追击，又建造了纽约的沃纳梅克百货大楼、波士顿的斐林百货、纽约与密尔沃基的吉贝尔百货、克利夫兰的茂宜百货以及伦敦牛津街的塞尔福里奇百货。后者的业主是戈登・塞尔福里奇（Gordon Selfridge），他曾在芝加哥的马歇尔・菲尔德百货公司工作，而这座新的百货公司是英国第一座主要采用钢结构框架的建筑。在伯纳姆的整个职业生涯中，一直以摩天楼和城市规划闻名，然而他建造了约 1 470 万平方英尺（约 136.6 万平方米）的商业建筑，几近他毕生所建的建筑的三分之一。

创新越走越远，而且越来越快。出于对西化的渴望，日本也在世纪之交时开始积极建造铁路建筑，然后，很自然地发展到百货大楼。最早的一座是 1900 年建造的三井和服商店。就像巴黎的彭马歇或沃纳梅克百货大楼，日本的百货商店最晚在 1910 年也开始设置了音乐厅与艺术馆。大部分百货商店由铁路公司建造在沿线站点附近，将铁路与城市地铁系统连接起来，将商店直接整合于城市交通与基础设施之中。这种模式延续至今，即大型零售建筑群围绕交通枢纽建造，形成城市区域的中心。在东京，涉谷、新宿与银座——它们构成了这座城市的经纬线——都是以火车站为中心的商业街区。

持续不断的变化成为常态：电力提供了室内照明，从而不再需要窗子；除电梯外还加入了自动扶梯，连接大面积中庭四周的各层地面，平面布局更加自由；冷却管道以及后来的空调系统改善室温；此外还有来自其他娱乐形式的挑战，尤其是电影院，后者本身就为零售商业带来了许多新的建筑手法。然而最大的变革就发生在百货商店到达规模、复杂性与市场主导权的顶点的时候——由有轨电车与通勤火车所致且被汽车快速强化的城市去中心化，在此时发生了。不断壮大的中产阶级被低价土地、扩张的区域道路网络以及廉价的汽车所吸引，逐步搬到城市外围。尽管他们还会前往市中心购物，然而一直困扰着中心城市的拥挤及停车位短缺常常使他们失望。企业家们对此的应对方式是在城市周边地区建造服务性建筑并发展零售业。随着加油站的陆续建造，市中心的统治地位从 1910 年代开始走向漫长的衰落。慢慢地，加油站老板逐渐开始提供相关商品及服务，变成了超级加油站。这很快又演变成为驶入式商店，即带有停车场的杂货店。最早的驶入式商店出现在洛杉矶地区，很快变得无处不在。1928—1929 年，查普曼市场为高端邻里购物中心设定了标准：玛雅复兴式风格、商店与餐馆的综合体、独立停车场。现代主义建筑师理查德·纽特拉（Richard Neutra）将这种概念放大，衍生出 1929 年迪克西驶入式商店的方案，那是一座面向大停车场的超级市场，而这种形式的巨大潜力开始呈现出来。到了 1930 年代早期，驶入式超级市场在洛杉矶地区已经标准化了，成为 1940 年代全美范围内此类市场的蓝本。建筑外观开始变得不重要，能够容纳更多驾车顾客的停车场和交通流线则越来越重要，占据越来越大的空间。建筑变得扁平化，只有一层。商店内部不再有等级区分，被划成很多完全一样的通道，以适应自助式购物。顾客们自行决定浏览节奏与方向，几乎不与店员交流，仅在出口处设置一个收银台。

随着新的购物形式的出现与演化，原有的购物形式，即使曾被认为极具现代先锋性的，也轮到它们被淘汰了。在 1920 年代，巴黎的拱廊商业街随着百货公司的兴起而衰落了，变成艺术家如杰曼·克鲁尔（Germaine Krull）与尤金·阿杰特（Eugene Atget）镜头下的现成艺术品。在他们的照片中，破旧的甚至掉了头的橱窗模特与人体模型被超现实主义者们大加赞赏，因为它们具有一种奇异的触动心灵的力量。

零售业的未来在 1922 年就已经清晰可见了。在密苏里州堪萨斯城中心以南 4 英里（约 6.4 千米）的地方，有一处零星点缀着猪圈的乡村土地，很不协调地被装扮成西班牙巴洛克式的建筑风格。开发商 J. C. 尼科尔斯（J. C. Nichols）在此规划了一处名为乡村俱乐部区的高端住宅开发项目，一系列历史主题的住宅沿着精心规划的服务设施进行布置。服务区中央为沃德大道，这是一条宽阔的景观道路，往来市中心的车辆绕过雕塑与喷泉通行，周边是同名的高尔夫俱乐部，以及一座名为乡村俱乐部广场的购物中心，其中聚集着商店、餐馆及服务设施和足够的停车场，建筑为西班牙殖民复兴风格。一位作家将这座购物广场称为“地中海的堪萨斯”——因为用地的一部分位于更讨人喜欢的堪萨斯州的堪萨斯城附近。尼科尔斯试图将购物中心变成镇中心，作为传统的由多个业主拥有产权的物业以及公共空间，而不是他一个人的商业冒险。就像大城市的百货公司老板一样，他组织了一系列活动：艺术展、音乐会、舞会、节日焰火，甚至包括宠物巡游。这个购物广场成为一时热点，也是真正意义上的第一座郊区购物中心。

大萧条与二战打断了乡村开发进程，然而，战争的结束标志了美国白人向郊区移居的开始。私家车、公路建造、政府按揭与税收政策、婴儿潮、经济发展、创新型产品及房地产市场的兴旺均加速了这场大规模的人口迁移。J. C. 尼科尔斯将提供全套服务的购物中心设置于新建郊区住宅区中心的做法促进了住宅销售，打消了购买者对与城市隔离的顾虑，因而形成一种标准配置。商业开发者们更进了一步。他们意识到若将区域购物中心设置在高速公路交叉口处，方便汽车到达与停泊，将会如磁石般吸引大量的顾客。在1945年，大约有几百座不同规模的购物中心建成，通常与乡村俱乐部广场类似，不过逐渐偏离了浪漫主义的历史风格与乡村聚落风格，开始偏向现代主义，且建筑的数量更少、体量更大。1950年，建筑师约翰·格拉厄姆（John Graham）在西雅图城外的诺斯盖特中心项目中实现了一个飞跃。那是两排平行的店铺，由一家百货公司长租——百货公司作为市中心的坚定拥护者，被说服在郊区开店以吸引偏远的客户。第二年，购物者世界在马萨诸塞州的弗明罕城外开业，这是一座类似的被停车场环绕的带形步行商业街。这种尝试代价高昂且十分冒险，因为很难选择足够恰当的店址，地价要足够便宜还不能太偏远，要能够吸引足够的店家入驻以实现营利。购物者世界在几年后宣告失败。然而这种概念的潜力如此巨大，很难将其忽略。

1954年，建筑师维克多·格伦（Victor Gruen）设计了底特律郊区的诺斯兰中心（Northland Center），这是个独特的、现代的聚落式平面，其中包括了80英亩（约32.4公顷）的绿化景观、可容纳1 000辆车的停车场以及中央供热与空调系统。[300]格伦是一位奥地利犹太人，本姓格伦鲍姆，他在维也纳一方面以奢华的店面设计而闻名，同时还在社会主义戏剧中参与编剧和表演。1938年，在他35岁的时候，他逃离了被纳粹占领的奥地利来到纽约。[301]他通过朋友找到工作，包括为纽约世界博览会进行未来世界展的展览设计。没过多久，他便重返店面设计领域，并且积极地写作与发表讲座，宣传通过建筑营造零售环境的理论。当与第二任妻子及合伙人埃尔西·克鲁梅克（Elsie Krummeck）定居在加利福尼亚比弗利山庄时，他的实践已经在全美闻名了。[302]1943年，《建筑论坛》杂志以“彻底的战后城市改造”为主题，刊登了该杂志之前委托多位著名建筑师所做的纽约州锡拉丘兹（雪城）改建规划，作为战后美国城市中心改造的示范案例。编辑们提供了一版“总体规划”，将城市分为三个独立功能区域——居住、商业与工业，以典型的柯布西耶模式在高速公路及公园两侧排列了超级住宅街区。密斯·凡·德·罗被选中设计艺术博物馆，逃亡来的维也纳现代主义者奥斯卡·斯托罗诺夫（Oscar

Stonorov）以及他的门生路易·康设计旅馆，加利福尼亚现代主义建筑师查尔斯·伊姆斯（Charles Eames）设计市政厅，威廉·莱斯卡兹（William Lescaze）设计一座多功能加油站，其中包括一间俯瞰高速公路的带有玻璃墙面的餐馆。编辑们选择格伦与克鲁梅克设计一座购物中心，以“服务邻里”。然而这对合伙人建议建造一座独立的、巨大的建筑，以服务整座 7 万人口的城市。它选址于两条高速公路的交叉口，商店和其他功能以同心圆的形式布置，内部的建筑是玻璃的，“购物者可以从一座商店走到下一个，无须离开建筑室内”——它向完全封闭的购物中心迈出了巨大的一步。这座购物中心中有 28 座商业建筑，其中包括一个百货商店，一座剧场，若干市场、咖啡店、零售店，以及一座加油站。它还包含了一系列与“商店”没有直接关系的功能，格伦从另一个角度称之为“公共内容”，包括邮局、图书馆、幼儿园、骑马场、礼堂、公共俱乐部、展览厅以及信息亭。[303]

随着诺斯兰中心的成功，接下来的 1956 年格伦设计了明尼苏达州埃迪纳郊区的索斯戴尔中心（Southdale Center）。在这个项目中，他尝试以新的方式来解决购物中心开发者们面临的两个最大的问题。为了应对明尼苏达州夏季的酷暑和冬季的严寒，格伦将购物中心完全封闭起来，通过温度调节系统将室内气温全年保持在 72 ℉（约 22.2℃）。为了避免购物中心本身体量过大导致一端到另一端距离太远，他将建筑分为两层，在中央庭院中设置开放的电梯作为连接。庭院中精心布置了热带植物与喷泉，并且命名为“永恒的春季花园庭院”。由此建造了完全内向的空间，人们在其中完全意识不到外界的存在。最终，实现了他与克鲁梅克在 13 年前为锡拉丘兹提供的构想。[304]

格伦积极地推广他的发明，其中当然包括全封闭的购物中心：“通过建筑师与工程师的专业技能，无论何时都能保证春天般的气候。购物中心有意识地为购物者提供最舒适的服务，他们将回报以更频繁地、从更远处前来这里，停留更长的时间，因此也会相应提高销售额。”[305] 为了说服开发商进行额外的投资，他制作了人们“在不同环境中愿意步行”的时间与距离统计表格，以证明在空调系统上的投入“预计”可以得到足够的回报。在他的统计中，封闭的、带有温度控制系统的购物中心要胜过无遮蔽的城市街道十倍以上。

格伦的见解不算独一无二——在全美大肆建造郊区购物中心的浪潮中，封闭式购物中心是一种普遍的倾向。1956 年，巴尔的摩附近的蒙道敏中心（Mondawmin Center）开业，业主是由规划师转为开发商的詹姆斯·劳斯（James Rouse），而漂亮的现代式景观由丹·凯利（Dan Kiley）设计。格伦在 1957 年建成第二座位于底特律郊区的购物中心，即伊斯兰特区域购物中心（Eastland Regional Shopping Center）。1958 年，全美共有 2 900 座购物中心。还有数千座即将建造，其中有不少维克多·格伦的作品。他确信自己偶然间找到了完美的策略来建造“理想的购物中心”[306]：

“选择面积 100 英亩（约 40.5 公顷）左右且形状适宜的平整场地，周边居住约 50 万名消费者，且没有任何其他购物设施。整理好场地，在中央位置建造占地 100 万平方英尺（约 9.3 万平方米）左右的建筑。引入高级商家，以诱人的低廉价格销售高级货品。在外围设置一万个停车位，并且确保人们可以从各个方向通过一流的、畅通的高速公路到达此地。最后装饰以盆栽植物、种类丰富的花池、少量雕塑以及良好的供暖设施。”

当然也会有各种形态的变体：总体布局可以是哑铃形状的，在一条设置小型店铺的步行道或拱廊两端布置一至两座甚至是三座百货大型商店；或者是聚落式的独立建筑群，或风车形的平面。不过娱乐方面的内容始终是至关重要的：格伦费了很大的力气来模仿城市广场的氛围，如长凳、路灯、水景、绿化景观以及类似于尼科尔斯乡村俱乐部广场中采用的元素，吸引人们到达、游览与观赏。他吹嘘他的设计可以同时吸引老人、儿童及他们的父母，人们在此逗留，从而增加每平方米的营业额。格伦是否影响了沃尔特·迪士尼以及 1955 年开业的迪士尼乐园的设计？这很有可能，因为他的购物中心在美国被大量刊载，而迪士尼在城市设计方面非常热衷于学习各种创新。同样，迪士尼也很可能影响了格伦，因为他们是同一个设计运动的参与者，即在郊区建设城市化的奇观。这类奇观中带着些怀旧的氛围，又有些未来主义，采用了巴黎购物拱廊全部的花招，再通过背景音乐、微妙的灯光和镜面反射的墙体对环境加以升级，以吸引 20 世纪的城市漫游者们。事实上，购物中心的观察者们采用了一个类似于心理分析的词汇来描述格伦的策略：“格伦转化”（the Gruen Transfer），即通过各种活动与奇观将顾客有预谋地拉入购物中心，并将针对特定物品的目的式购物者变成冲动式购物者。[307]

最重要的是，成功的购物中心必须迎合机动车主，正如格伦仔细地说明的：“确保人们可以从各个方向通过一流的、畅通的高速公路到达此地。”其他联邦政策也在暗中支持郊区住宅与零售业，令传统城市的状况更加艰难。税金增额融资即是此类补贴政策的一种，即地方政府将未来的财产税用于当下公共基础设施投资，以鼓励私人开发。返还营业税则是另外一项举措。[308] 联邦财政条例规定了一座建筑中用于经营的空间的面积上限——仅为 15% ~ 20%，这使得银行不愿意贷款给低层混合功能建筑，而正是此类建筑构成了传统的城市街道。[309]

如果格伦或者其他人的策略被恰当地执行，那么用开发商爱德华·德巴特罗（Edward DeBartolo）的话说，区域性的购物中心是人类已知的最好的投资。[310] 据说德巴特罗曾一度拥有全美十分之一的商业空间。[311]1950—1970 年间，只有不到 1% 的区域购物中心经营不善。

维克多·格伦的购物中心很抢手。[312] 仅在 1961 年就有三座他设计的购物中心开业，其中之一是新泽西州卡姆登郊外的樱桃山购物中心（Cherry Hill Shopping Center），业主是詹姆斯·劳斯。次年又有三座新的购物中心开张。截止到 1963 年，全美共有 7 100 座购物中心，处在美国白人向郊区迁移浪潮的最前沿。毫无疑问，购物中心也促进了这场迁移。即便如此，格伦却越来越激烈地反对同一化的乡村景观。在他的演讲与著述，如 1964 年出版的《我们的城市之心——城市危机：诊断与治疗》（*The Heart of Our Cities: The Urban Crisis: Diagnosis and Cure*）中，他谴责郊区本身是一个“乏味的、无组织的、‘反城市’的聚合体”，一片“拥塞的杂乱无章”，不断“扩张、蔓延与分散”，如“癌细胞般生长”。[313] 他分析了郊区的种族隔离、人与人之间缺乏直接联系等趋势，并以机敏的、描述性的词汇加以分类，如“交通景观”“郊区景观”与“副城市景观”。

有趣的是，他接下来所论证的治愈郊区病的方法正是区域性购物中心本身——假如购物中心的设计能够加入各类他在锡拉丘兹规划中提议的“公共”功能：“购物中心具有城市有机体的特征，服务于人们大量的需求与活动”[314]，并将其喻为“古希腊剧场、中世纪集市与过去的城镇广场中的公共生活”[315]。他所设想的是一种小型多功能城市，以这种城市形式重塑郊区，减弱郊区与城市的对抗。购物中心应该是“目前无序蔓延的郊区的社会、文化与娱乐的结晶点……一个新的中心区域。医务室、综合办公、酒店、剧场、讲堂、会议室、儿童游乐区域、餐厅、展览厅都加入原本仅提供零售服务的环境之中”[316]。

格伦理想的购物中心是对美国社会的直接批判：通过将“公共”与“商店”结合在一起，将人们在放弃城市的同时一并放弃的公共生活还给郊区居民。“良好的城市必须在愉悦舒适的私人生活和只有公共活动能够提供的价值之间取得平衡。在美国，我们为了私人生活的便利而打破了这种平衡。”[317] 他赞美简·雅各布斯的《死与生》一书，并且以自己的分类来回应雅各布斯提出的四种情况。他的“构成城市的三种品质或特征”是：“1. 密度；2. 公共活动的强度；3. 小尺度的城市肌理，使人们的各类活动可以紧密相连。”[318] 他的写作中带有一种对欧洲传统城市形式的怀念，与他为美国城市提供的现代主义规划颇为格格不入。在《我们的城市之心》一书中，他甚至引用了1833年巴尔扎克的小说《行会头子费拉居斯》（*Ferragus: Chief of the Devorants*）中一段浪漫主义的引文[319]：

“然而啊，巴黎！一个人，如果不曾在天光闪现之前、在幽深寂静的小径中、在阴暗的走廊内充满仰慕地驻留，如果不曾在午夜与凌晨两点之间倾听你的低语，就无法了解你真正的诗意、你无所不在的奇特的对比与韵律。”

1956年，一家电力机构邀请格伦重新规划得克萨斯州沃斯堡市中心，而他提供的再开发蓝图是一幅如此景象：由高层塔楼组成的城市中心区被整个孤立起来，四周是高速公路、坡道与停车场。中心区内部的交通由步行系统主宰，部分道路禁止汽车驶入，另一部分则设置了高架步行桥与广场。它几乎与标准的城市更新方案如出一辙，除了巨大的尺度。方案主要的关注点在于功能的深度整合，以及近乎粗暴地将汽车排除在适宜步行的中心区域之外。这已经足够获得简·雅各布斯的赞赏了，她的评论被格伦在《我们的城市之心》的结尾处加以引用：

“维克多·格伦事务所为沃斯堡所做的规划……被广泛地宣传，主要是因为它的总体布局提供了大量周边停车场地，从而将市中心变成步行的岛屿；然而它的主要目的是通过丰富的变化与细节使街道更具活力……这一切都是为了使街道比从前更引人入胜、更充实、更具有多样性、更加繁忙——而不是适得其反。”[320]

沃斯堡的规划没有实现——它似乎要比以往城市更新运动中任何一个实际项目都要昂贵。然而，政府为城市更新项目提供的财政支持依然刺激着城市尤其是规模较小的城市为城镇中心“复兴”项目，它们为此积极申请资金，那些小城镇已日渐衰落，无法与郊区（以及格伦式的购物中心）媲美。始终对各种机会保持高度警觉的格伦在这种类型中又占据了先机。1957 年，他受聘于密歇根州的城市卡拉马祖以进行市中心改造计划。他提出封闭街道以塑造纯步行的商业街，通过重新规划区域内的车行道来使机动车交通最小化，又加入了景观设施，如彩色铺装地面、喷泉、树木、长凳、路灯、售货亭，等等。卡拉马祖市中心于 1959 年开业，迎来了一片赞美声。接下来，一长串城市前来邀请格伦进行研究，同时他还在夏威夷的火奴鲁鲁建造了福特大街步行购物中心，在加利福尼亚州规划了弗雷斯诺市中心。他很清楚单纯地通过封闭街道并安装“街道家具”这种“廉价”做法所具有的缺点，然而低廉的造价使得一切障碍不复存在。截至 70 年代后期，超过 200 个美加城市中心都建造了类似的步行购物中心。不过除了极少数的例外，这些购物街都无法与规模更大的郊区购物中心相抗衡，后者以多种购物选择、优势价格、安全的心理感受以及（颇为矛盾的）更高密度的购物者吸引了人们。1954 年，郊区购物中心首次在零售营业额上超过了城市中心商业。1970 年，美国有大约 13 000 座购物中心。到了 1976 年，各大百货公司郊区分部的营业额占据了这些百货公司全部营业额的 78%。[321]

1968 年，维克多 · 格伦退休了，对于没能在故乡维也纳实现他的崇高理想而耿耿于怀。[322] 他的公司——格伦联合设计事务所总计在美国建造了 45 座购物中心，还有 16 座未建成，另外还有 14 座不包括在购物中心之内的百货大楼——总计约 44 500 万平方英尺（约 4 134.2 万平方米）商业面积。[323] 他常被媒体称为“购物中心之父”，而这是个令他愤懑并且拒绝接受的称号。在 1978 年于伦敦的一场讲座中［后以《关于购物中心的悲伤故事》（“The Sad Story of Shopping Centers”）[324] 为题被发表］，他指责美国开发商们篡改了他的“自然与人文理念”，仅仅保留了“已被证明能够赚钱的元素”，一边大量复制类似的开发项目，一边“将质量降低到悲惨的程度”。“我拒绝为那些杂种开发项目提供养料”，他气愤地说。然而，维克多 · 格伦留下的影响不能否认。

他将购物中心带回城市的愿望也没有实现，尤其在直面郊区持续地扩张而城市越发空心化的现状的时候。许多人受到他的启发，其中包括詹姆斯 · 劳斯。后者曾是马里兰州哥伦比亚镇的一名开发商，后来转行成为规划师。他也是格伦在新泽西的樱桃山购物中心的业主。劳斯被沃斯堡的规划迷住了，称之为“我所见过的最神奇的规划，是对美国城市规模最大、最大胆与最完整的应对……它为理想的城市提供了一幅绝妙的图景”[325]。当哈佛大学设计研究生院前院长、格罗皮乌斯曾经的合伙人、建筑师本 · 汤普森（Ben Thompsen）推荐他介入马萨诸塞州波士顿市老城区改造，他终于得到了自己参与城市项目的机会。[326] 那是一块 6 英亩（约 2.4 公顷）的基地，毗邻著名的殖民式市场建筑法纳尔大厅。基地位于金融区边缘、新市政厅东侧，后者是一座令人震撼的混凝土粗野主义建筑，外观明显地在向勒 · 柯布西耶致敬，由卡尔曼、麦金尼尔与诺尔斯建筑师事务所（Kallman, McKinnel & Knowles）设计，于 1968 年建成。基地中有三座废弃的仓库，其中一座是 535 英尺（163.1 米）长的昆西市场。这是一座建于 19 世纪的集市建筑，外观庄严，然而相当破败，地下室被水淹没，结构腐坏，铜制穹顶锈迹斑斑。两侧的两座五层高的建筑也是差不多的状态。第一眼望去，它们没有修复的希望了，然而劳斯看到了其中的潜力：附近有数千人在此工作，每天更有数千人沿着波士顿历史街区的自由之路[1]步行穿越这个基地。受到格伦以及吉拉德里广场[2]的成功的影响，劳斯构思了一座历史风格的市场大厅，在其中出售本地小商贩的手工艺品与食物。他发现在这一地区，旅行者已经是最大的市场消费群体，因此计划将娱乐作为服务的核心。

问题在于没有银行愿意为这个项目提供贷款。在波士顿，近 20 年来都没有新开发的零售业商场了，全国的商人都普遍认为郊区购物中心才是唯一可行的道路。一度拥有全美近 10% 商业空间的购物中心巨头爱德华·德巴特罗曾在 1973 年这样说："我不会在市中心投一分钱。那里很糟糕。看吧，人们来这儿干吗？他们不会想找这些麻烦与危险……没有哪个个人或组织能在这些问题上帮得到忙。那么你在做什么？在做我正在做的事——待在乡下，这里是新的市中心。"[327]然而劳斯相信情势已经到了该变革的时候，中心城市的复兴就在眼前："数百万年轻人的美国梦不再是四分之一英亩的土地与木桩围栏。他们梦想在中心城市修复一座住宅，或者购买一座被修复的住宅，宅子的主人通常是有全职工作的夫妻……这种家庭只能在城市而不是郊区获得最好的生活，借助城市的便利与活力。"[328]

通过频繁游说公民领袖并借助他们的影响力，劳斯得以融资——只有该计划的一半资金，并且是由 11 家不同的银行拼凑起来的。法纳尔大厅集市一期工程于 1976 年开张，这是一座室内与室外空间结合、由店铺与摊位构成的建筑群，通过手推车、售货亭、表演者与明亮的色彩令空间充满活力。劳斯从他最喜欢的开发商沃尔特·迪士尼以及他的美国大街小镇中学到了经验，将零售、娱乐与旅行无缝衔接。"购物是一种不断发展的娱乐活动，也是其他娱乐选择的竞争者之一，"他写道，"在轻松愉悦的气氛中，它满足了人们的需求，类似于去纽约旅行或在

---

1 自由之路（Freedom Trail），位于波士顿下城的一条长约 4 千米的道路，从华盛顿广场到邦克山纪念碑，途径 16 处在美国历史上颇具重要性的地点。

2 吉拉德里广场（Ghirardelli Square），一座位于旧金山滨水区的室外购物中心，原址为废弃的巧克力工厂，建于 1964 年。

沙滩上度过周末。”[329] 与美国大街一样，法纳尔大厅（Faneuil Hall）小心地在历史风貌保护与现代商业技巧之间取得平衡。它是一种“怀旧景观”，介于弗吉尼亚州的威廉斯堡殖民地“活的历史博物馆”与迪士尼乐园之间。前者是原初的历史肌理与声势浩大的零售业的杂糅，后者则将乡愁与粗俗的商业主义直白地结合在一起。批评家指责它是个历史赝品，城市化的外观只是为了赚钱。劳斯反击称“真正”的城市与商业绝不是排他的，事实上商业可以拯救城市：“利润能使梦想成为焦点。”[330]

法纳尔大厅瞬间获得了成功，一种新的购物类型由此得到命名：节日市场。劳斯的公司接下来在 1980 年建成了巴尔的摩港口中心——另一个广受关注的意外的成功。这位开发商于 1981 年 8 月 24 日登上了《时代》杂志的封面，配以大标题“城市如此有趣！规划大师詹姆斯·劳斯”。接下来依次建成的是 1983—1985 年的纽约南街港口、1988 年的华盛顿联合车站——将伯纳姆巨大的新古典空间进行改造，以及 1983 年弗吉尼亚州诺福克的水岸中心。它们均有助于所处的城中心的复兴，同时也都相当艰难，因为在城市中重建除旅游业之外的中产阶级栖居地是个恒久的难题。劳斯的公司还在俄亥俄州的托莱多、密歇根的弗林特与巴特尔克里克、弗吉尼亚州的里士满建造了节日市场，这些最终都倒闭了。节日市场在海外更为成功，以建于 1988 年的澳大利亚悉尼港口区和建于 1992 年的日本大阪天保山市场为起点。而在美国，市中心的复兴时代还没有完全到来。

1990 年，美国共有 36 515 座购物中心。成功的巅峰也是市场饱和点，购物中心的危机时代开始了。新的竞争者以奥特莱斯或仓储式大卖场的形式出现。前者完全建于城市之外的廉价土地上，靠近新建的高速公路，出售大幅折扣的商品。后者如沃尔玛与家得宝，要么独立建造在一大片停车场前面，要么集中于某处“能量中心”——这是 1930 年代位于停车场后方的单层带状购物中心的大规模逆袭。与此同时，家庭电视购物以及互联网扩张带来的大量线上购物方式使得前往购物中心不再是必需的，而这通常又是最耗时的。与朋友外出晚餐、看电影、度假、去健身房或健康中心，或者待在家里看电视，在各种新设备上看电影——录像、

DVD、蓝光机或数字电影，这一切都在分走一杯羹。购物者花费在购物中心上的时间从 1980—1990 年下降了一半。[331] 据 1995 年统计，相较于之前的几年，美国妇女多花了 40% 的时间用于度假，多花了 21% 的时间用于外出就餐。购物中心的空置率增加了：1995 年，芝加哥地区空置的卖场空间高达 1 200 万平方英尺（约 111.5 万平方米）。在美国，数以百计的购物中心陆续倒闭了。此时回看费尔南多山谷，谢尔曼橡树购物街在 1999 年关闭之前已经缩减到只剩下几家商店，业主们则在苦苦寻找翻身的新办法。它的破产或许意味着封闭式乡村购物中心是一个世纪以来商业建筑发展进程的终点。幸运的是，人们又找到了一种突破性的新范式，就发生在洛杉矶以南几个小时的车行距离内、五号州际公路一旁。

1977 年，资深郊区购物中心开发商欧内斯特·哈恩（Ernest Hahn）发现自己面临着一个意想不到的关于市中心的麻烦。他在快速扩张的圣迭戈区域瞄准了一些颇诱人的地块，其中包括筹集了数亿美元正准备建设新的高速公路的米申山谷，以及欣欣向荣的北部郊区城镇埃斯康迪多。圣迭戈市长皮特·威尔逊（Pete Wilson，共和党人，后来在 1991—1999 年担任加利福尼亚州州长）能够决定哈恩拿到哪块土地，然而他希望哈恩可以帮他解决市中心的问题——首先是建造一座购物中心。用地位于凋敝的城市中心区域，覆盖了六个废弃的街区，是一处典型的混合功能的“衰败”区域。基地西侧是老的滨水区；东侧是城市更新计划带来的新建的由混凝土与玻璃塔楼构成的金融区；隶属美国海军基地的杂乱无章的码头则位于基地南侧。在北侧的山丘上，是位于巴博雅公园中的伯特伦·古德休的梦想城市，他设计建造的带有屋面瓦的尖顶刺穿了尤加利树构成的天际线。很大可能是由于海军的存在，这一区域有大量的典当行以及限制级音像店。当哈恩这位令人敬畏的企业家带着蒙哥马利·沃德百货公司的总裁来这里视察市场机会的时候，一个流浪汉将小便淋在了他的鞋子上。显然，标准的郊区购物中心在这里是行不通的。

哈恩致电给建筑师乔恩·捷得（Jon Jerde），后者亦是查尔斯·科贝尔联合设计公司（Charles Kober & Associates）的长期管理者，之前他们曾在好几个项目中共同合作。捷得在科贝尔公司以及它的前身已经工作了 13 年，主要设计传统的加利福尼亚购物中心。他的第一个项目完成于 1968 年，1971 年北岭及洛杉矶的喜瑞都购物中心使他获得了业界的认可，然后是 1976 年的格伦代尔商业广场与 1977 年的霍索恩广场，都是典型的哑铃式封闭平面。他在就读南加州大学建筑系之前，曾经学习美术与工程学。进入科贝尔公司之后，逐步做到设计总监与执行副总裁，然而他始终对自己的职业生涯感到挫败。“零售商场对于有野心的建筑师来说是最垫底的项目类型，”他在一次采访中说，“因此我在当时非常沮丧。”[332]1977 年上半年，他辞职离开科贝尔公司，去探索下一步职业生涯。当哈恩告诉捷德自己想在圣迭戈造个与众不同的东西，而且希望由他来设计的时候，他立刻答应了，并且与王松筠（Eddie Wang）共同成立了捷得建筑师事务所。后者出生于一个中国家庭，毕业于伊利诺伊大学建筑研究生院。他们准备创造“一个精心制作的城市剧本，有意识地再造一座人类城市”[333]，以此来重塑购物中心——换而言之，通过描摹城市场景，将购物中心带回中心城市。

捷得的构想包含许多内容，不过最终都根植于他的童年。捷得于 1940 年生于伊利诺伊州奥尔顿，他将他的家庭描述为“油田垃圾”，跟随从事石油销售的父亲不断从一地迁往另一地。[334] 他在 12 岁时随母亲移居加利福尼亚州长滩市，这是一座位于洛杉矶南部海岸的纯粹的工人阶级城市，以多处油田、一个大型港口、一个海军航空兵基地以及一个建于二战期间的麦道飞机建造厂为城市支柱。年轻的乔恩·捷德喜欢独来独往，在很早时候就对建筑与城市设计颇具兴趣，常常在城市的背街小巷中游荡，寻找各种小古董，用来在他的出租房车库中建造“梦幻城市”。他的闲暇时光多是在派克乐园中度过的，这是一处位于海滨的老派娱乐场，到处是过山车等游乐设施、射击场、酒吧、夜总会与文身店。他对这些色彩、声音、廉价的娱乐活动、拥挤的人群以及各种新发现颇为着迷，若干年后曾经这样描述：“在这不知名的人群中，有一种奇迹般的温暖与归属感。”[335] 他将其称为“公共性”。在他作为建筑师的职业生涯中，始终对当代购物中心毫无特色的空洞感到沮丧，并且希望在即将建造的圣迭戈霍顿广场（Horton Plaza）中再次捕捉到这种“公共性”。

1963 年，他作为南加州大学的学生，获得了为期一年的游学资助。[336] 他在欧洲四处漫游探访传统城市，尤其被意大利的山城所吸引。那些狭窄的、曲折的街道上充满活力，形形色色的人穿越其中，或工作，或购物，或只是经过，同时也在交谈、观望并乐在其中。这些山城的街道就像是派克乐园，与战后美国郊区的街道完全不同，是一处同时可供社会交往与商业活动的空间。空间的形态比建筑更加重要，可以存在极大的差异，然而常常源于某一种普遍的文脉、历史与传统。作为一名建筑师，捷得痴迷于如何“再造公共性体验”，用他的话说，这种在现代主义的、由汽车统领的城市中已经消失的体验可以通过“体验性的场所塑造”来获得。[337]

在南加州，他知道有些早期的类似的步行尺度“村庄”案例[338]——这一地区最早是围绕若干小型的、分散的中心建立并发展起来的，并没有一个主要的中心城区。他也知道在一些特别的区域，地中海建筑传统成功地与购物相结合，例如圣巴巴拉市中心，那是一处部分源于历史、部分为“怀旧景观”的购物与餐饮街区，公共步道、两侧设有店铺与餐厅的步行道及商业拱廊如同“项链”穿越各个街道。它们提供了一种方法，即“策划城市剧本……创造城市剧场，为一系列邂逅提供背景，当你穿过一座城市，一系列相互联系的场所就像一连串指引小鸟穿过城市的面包屑，事件就在此间发生”[339]。尽管对零售建筑深感失望，他却相信购物是创造公共性的绝佳机会。“购物中心是非常合适的营造共情的场所，以此形成广泛的公共属性，而这也是促进美国发展的原动力，是我们目前能获得的一切。”他如此写道。他带着一种歉意，同时也是一种自信的宣言：“消费嗜好可以吸引人们走出家庭，聚在一起。”[340]

他与他的团队为霍顿广场提出的方案是塑造一个“骨架”——一条三层高的步行道，顶部开敞，朝向外部城市街道设置出入口，整个步行街斜穿六个街区的中心。街道两侧排列着一系列建筑，容纳了通常的购物中心中所有的内容：一座旅店、一座剧院、若干商店、餐厅、办公建筑、电影院以及大型百货商店——不是两三座，而是四座；还有一系列为鼓励公关活动而设计的空间：一处楼座、一处露台以及开敞的庭院。这些全部加诸一个拉长了的、多层的节日市场空间内。这一骨架从平面上看由两个较长的浅弧线构成，在中部反转了方向，引导人们从一端走向另一端，就像河流在行进中水流从一侧转向另一侧水岸。彼时建筑界占统领地位的风格是后现代主义，自由地采用历史元素与手法，借鉴庸俗的商业设计中的平民文化。捷得的团队也跟上了这场风潮，从当地建筑中寻找案例进行整合。“在霍顿广场 40 英亩（约 16.2 公顷）的基地中，我们试图提取了构成圣迭戈城市面貌的全部元素，”捷得写道，“从西班牙复兴式教堂到现代装饰艺术风格，再到当代非常糟糕的购物中心建筑，一切都包含于其中。”[341] 他相信这种技巧不只是简单的拼贴，而是一种从场所中提取“人性或个性”的方式，提取在其中居住的人们所怀有的“集体幻想”——“一种重要的感知方式，使人们将其与对家的感觉联系在一起”。如果运用恰当，“这些特质将被放大，就像剧场所具有的放大作用，人们在其中能获得比在日常生活中更多的感受。你将更强烈地体验到这一空间，而它以你所期待的最完美的方式呈现出来”[342]。

在设计过程中，捷得在圣迭戈地方建筑主题中加入了若干游学意大利期间的速写本上描绘过的元素：在步行街的弧线交接处插入的三角形建筑、横跨整个空间的拱门、矩形广场、高高的墙面上开设的一系列三角形窗、位于头顶上方的一排拱券。这些细节给原本一片混乱的建筑风格带来一种明显的地中海式，甚至是古典式的调子。这些元素堆积在一起，相互形成错落的夹角，带有露台与阳台、自动扶梯、楼梯、步行桥、凹角以及后现代主义的标志性特征——“修辞式的”柱廊，神秘地延伸到空间中去，上部没有承托任何建筑。除此之外，还大量应用了格伦 - 劳斯式的零售场景装置：喷泉、艺术品与雕塑、招牌、旗帜与横幅。到处都是色彩，泼溅在建筑的灰泥表面——三角形建筑的表面是黑、白、红色的棋盘格，就像佛罗伦萨大教堂的大理石立面；彩色的灯光投射在墙上，到处悬挂着织物。捷得的公司近来曾为 1984 年洛杉矶第二十三届奥运会设计统一的主题，这对他们提升此类装饰技巧大有帮助。他们与一家平面设计公司合作，提出了一种“成套装配”式的方法，应用于遍布整个城市的 75 处场馆：条幅、柱子、围栏、亭子、帐篷、塔、大门；采用织物、纸筒、金属管与脚手架建造；均为组装式的；

带有丰富热烈的色彩，同时价格十分低廉，以应对运动会紧张的预算。这是“南加州上空漂浮的建造便宜建筑的精神”[343]的重要组成部分，对捷得来说，即是“以平庸的材料如铁丝网与临时结构进行建造”。这自然而然会令人联想到弗兰克·盖里同时期的作品。

霍顿广场于1985年向公众开放，吸引了大量媒体关注与各种震惊和溢美之词，此外还有蜂拥而来的人群——仅在第一年就迎来了2 500万名顾客。[344]它成功地催化了整个地区的再开发，改名为煤气灯区（Gas Lamp Quarter），吸引了大量投资用以建设一条穿过墨西哥边境的轻轨线，通往传统中心城市蒂华纳，还新建了一座棒球运动场。对于捷得建筑事务所来说，它令人满意地证明了通过城市化的零售体验来复兴中心城市的方法是可行的。于是另一种购物类型诞生了：“体验式购物中心”。

随着霍顿广场的开业，捷得建筑事务所发展得很快，而他们的新设计任务大多是改造传统的封闭式购物中心。在1985年洛杉矶西区购物中心改造中，他们通过走廊、沿街店面与大胆的标识将建筑向城市街道开放；而在1989年纽波特海滩时尚岛商业中心的改造中，将原本古板的建筑伪装成山地城镇，模拟了走廊与拱廊，变成由停车场的海洋环抱着的圣巴巴拉——反转了霍顿广场的策略，用捷得的话说，“在郊区中心运用城市价值为建筑群赋予活力”[345]。它还充分地显示出这种魔力如何能够打包放进传统的郊区蔓延的购物中心中去，全然依靠本身的力量将其变成娱乐终点站。在明尼苏达州的布卢明顿，位于明尼阿波利斯－圣保罗双子城郊区两条主要高速公路交叉口处，有一片面积96英亩（38.8公顷）的土地，捷得建筑事务所在此建造了美国商城。这是世界上最大的哑铃式购物中心，50万平方英尺（4.6万平方米）的零售面积分布在四层高的建筑中，拥有超过500家店铺，此外还有电影院、旅馆、地下水族馆以及位于中心区域的类型成熟的室外主题公园。美国商城的大老板梅尔文·西蒙（Melvin Simon）在建造过程中不断地表示“来到这里就像是来到了迪士尼”[346]。捷得后来曾这样提到他的作品：“业主想要的是四个购物中心头尾相连，那么它将会是一坨屎。[然而]当我在开业当天来到这里，待了一分钟，发现它并没有那么糟糕。不是说设计——它的设计很普通。只不过它不再是一座购物中心了，而是另一种东西，一种奇异的新事物。如果你知道如何正确处理它，它将会变得超凡脱俗。我的意思是，真他妈太棒了。”[347] 自 1992 年开业以来，官方宣布的每年 4 000 万客流量证明了他的说法。[348] 美国商城持续地吸引更多的人来到这里，超过迪士尼世界、优雅园与大峡谷国家公园的总和。捷得在此遵守并证实了莱利的零售引力法则，其中提到“所有其他条件都类似的时候，购物者会光顾他们最方便到达的最大的购物中心”[349]——并且在过程中证明了捷得的策略并不局限于城市，它创造的是一种城市化与公共环境的感觉——实现了维克多·格伦以购物中心为中心的城市化郊区的构想。捷得曾写道，无论基地选址如何，“公共性体验是一种可以设计出来的事件”[350]。

1989 年，捷得建筑师事务所为不规则延伸的北好莱坞环球影城提出一个总体规划，尝试将现有的三个主要公共空间联系起来：洛杉矶客流量第二大的主题公园、圆形音乐厅与一座 18 屏电影院。这个规划将全部建筑群连成一个环形的、带有穹顶的山地城镇，由九个独立街区构成，每个街区依据主要功能设置了主题：运河街模拟了新奥尔良成年人的夜生活；主街是温和版本的霍顿广场；都市村是一个新城市主义的办公与零售街区，外观类似于西班牙大台阶；等等。

环球影城的业主们没有采纳这个总体设想，不过要求捷得将原概念进行精简，即通过一个零售开发项目将三个主要建筑与停车场相连。最后的解决方案就是 1993 年开业的“城市漫步”——一条 1 500 英尺（约 457.2 米）长的“街道”，分为两部分，以一个带有钢结构开放顶棚的空间为中心。空间中设置了设计师们通常称之为“可激发活力的”或“舞蹈着的”可进入式喷泉，以吸引儿童和陪伴儿童的家长，借此形成大量的人流聚集。“城市漫步”将霍顿广场中的建筑杂烩风格提升到了新的高度。一排各不相同的建筑立面（鼓励各家零售店主自行设计与更改各自的沿街店面）与街道形成参差不齐的角度与进退关系。它们就像是画廊中的画，在中央街道或主干道一侧悬挂着：各式混杂的表皮、细节与色彩，还有各种霓虹灯招牌与沃尔特·迪士尼口中所说的“小东西”——吸引眼球的装置，如悬挂在头顶上的巨大的金刚剪影、全尺寸的玻璃纤维恐龙、从墙内冲出来的汽车、两层楼高的电吉他等。音乐、灯光、街头艺人、拥挤的人潮给这一空间带来一种超现实电影街景中才有的激动人心的氛围，如同《银翼杀手》（*Blade Runner*）对洛杉矶的反乌托邦－乌托邦特征进行的经典刻画。毫无疑问这是一场视觉骚乱，然而它的目的并不仅仅为了俘获体验——其关键正如捷得所说：“我们并不是在做视觉化的效果。这一切发自本心。”[351]

大部分评论家都痛恨“城市漫步”。在霍顿广场建成8年之后，建筑界的主导语境变了，不再沉迷于后现代主义所倡导的愚蠢花哨的流行语言，转而鄙视它明显的廉价与缺乏严谨。《哈佛设计学院购物指南》的撰稿人之一、以脾气暴戾著称的丹尼尔·赫尔曼（Daniel Herman）如此批评捷得：“他将大量的建筑手法泼向购物者们：无数的曲折与反转、天花板下的各种坡度、重重的门洞，彻底剥夺了观众对空间的常识性认知，不断地派发‘惊异’（keyed-up）”——捷得曾经以这个词汇来描述建筑给观众带来的刺激——“无所不用其极地将人们引入不断的消费”[352]。尽管谴责捷得，他依然承认他巨大的影响力，甚至以其命名这种现象——“捷得转化”（the Jerde Transfer）：“格伦转化通过引入一种抽象的、极少主义的背景，为购物开启了新的黎明；而它的继任模式——捷得转化使购物到达一种环境高潮，通过全然无视建筑的规则，将其变为一场闹剧。”最后一句话明白地阐释了批评家们最严重的指控——捷得抛弃了现代主义必需的抽象的极少主义，以一种轻浮的历史主义取代了建筑的正确性。这些负面评价重申了建筑界的价值取向，即“零售建筑位于垃圾桶的底层”[353]，而捷得早已明了这一点。

除了对拼凑的建筑风格与品质的担忧，还有一种更严肃的批评，即捷得的“人工世界”仅仅是伪造的城市环境。然而“城市漫步”的设计并不是为了建造一个理想城市，而是作为娱乐、购物与餐饮的商业主题，而且直至2014年，它始终保持着巨大的成功，人满为患，对本地人及游客均是如此。它是介乎主题公园与剧场之间的某种事物，仅凭一己之力成为当地景点之一。捷得在娱乐建筑中的领军地位已被证实，同样也是恰逢其时：他的事务所的作品使得拉斯维加斯的业主们开始向购物中心学习，后者正在想办法将“罪恶之城”转变为家庭休闲场所。1990年代早期，拉斯维加斯赌场的经营者们面临着与郊区购物中心同样的问题，而经济衰退和人口结构变化使得问题加剧，因为他们的目标客户即年轻的赌徒们开始生儿育女，步入稳定生活。赌场主人史蒂夫·韦恩（Steve Wynn）在计划建造新的针对家庭的主题地产“金银岛”的时候，找到了捷得。据王松筠回忆，当韦恩发现乔恩·捷得是个海盗爱好者的时候，他说：“为什么不是由你来告诉我该怎么做呢？”捷得提出每小时上演一场海盗船与不列颠护卫舰之间的海战秀，位置选在海盗湾。这是一处人工潟湖，岸边是一系列欢快的仿古的迪士尼式的海盗主题商店，依傍着标准的L形板式酒店（光灿灿的船舷令人想起2个世纪前巴黎王宫正午的加农炮响）。接下来，韦恩与其他赌场的主人又对捷得提出了新的设计要求。他们的赌场大多老旧，位于拉斯维加斯市中心，那里的建筑以低多层为主，由于有诸多霓虹灯招牌而被称为“金沟银壑”（Glitter Gulch）。他们希望找到一些方法，与周边地带不断发展起来的大型度假村竞争。捷得提交的方案是弗雷蒙特大街，于1995年建成。街道禁止汽车通行，上部带有顶棚，长1 400英尺（约426.7米），宽与高各为100英尺（约30.5米），采用经典的巴黎式钢与玻璃结构拱廊，内部配以电脑控制的声光系统，将夜空变为由图案和虚拟焰火构成的灿烂苍穹。它被认为促成了中心城区的复兴。捷得事务所接下来创造了大批新一代标志性带形娱乐建筑群，其中包括1998年的米拉吉酒店的舞蹈喷泉、韦恩度假村与夸张的贝拉吉奥酒店，后者在一座占地11英亩（约4.5公顷）的大湖湖畔重建了一座意大利村庄，其中有奢华的购物街、咖啡厅、艺术博物馆、帕克斯顿拱顶温室以及带有50英尺（约15.2米）高的玻璃穹顶的零售步行街。在它刚开业的16个小时内，就有8万名顾客前来欣赏这一奇观。[354]

新型零售商业模式正在渗入全球的城市肌理，拉斯维加斯从赌博圣地向购物与娱乐中心转变只是其中一个最明显的标志。围绕着主题娱乐而建造的商店在很多情况下就像小型百货公司——如硬石咖啡馆、耐克城、ESPN地带、查克芝士、美国女孩广场等，设置在由捷得建筑师事务所及其他机灵的模仿者们建造的第三代购物中心当中。连迪士尼都从自己的主题公园中搬出来了，由捷得这样的设计师们将它的空间经营模式加以采用、提炼和重构：第一家迪士尼商店于 1987 年在捷得的格伦代尔商业广场中开业，十年后另一家开设在纽约时代广场，被改造为一个娱乐式购物区域。迪士尼最终在 11 个国家内拥有了 535 家商店，在这个新兴的由消费主导的世界经济中，成为品牌空间全球化的典范。为了证明文化与商业之间的界限已彻底消解，评论家们指出艺术馆实际上已经被附属商店控制了：到 20 世纪末，博物馆内部商店的收益已经占据了博物馆收入的最大份额，约 20%，普遍毛利润为 48%，远超过常规百货公司 10% 的利润率。捷得模式——如果不是捷得转化的话，已经无法避免了。

对于捷得本人来说，他丝毫不感到困扰与愧疚。在他看来，良好的娱乐式商业设计的目的并不是购物而是一种心灵治愈："我们所塑造的是空间、个性与激发美学情感的能力，"他如此解释，"我们真正的业主是大众。我们为人们提供广受喜爱的公共环境，他们将真正愉快地生活于其中。"[355] 他给维克多·格伦悲天悯人的城市改造理想增添了使大量人口获得精神健康这一功能。"我们就像精神分析学家，发现我们的业主的梦想并且帮助他们加以实现。"[356]

在 1980 年代晚期到 1990 年代早期美国经济衰退期间，王松筠将捷得建筑师事务所带到了亚洲，在日本、中国、新加坡与印度尼西亚找到新的业主，在诸多项目中热切地推行公司的设想，而这些项目的规模比捷得在美国建造的那些要大得多。突破性的起点是博多运河城，这是一个巨大的、霍顿广场式的购物中心，于 1996 年开业，位于日本福冈。购物中心中有一条平行于水流的步行道，两侧壁立着重叠的阳台构成的建筑体量。据捷得所说，这是受到新墨西哥的德谢利峡谷高耸的砂岩山壁的启发。它也像霍顿广场一样即刻取得了成功，并且被公认为促进了城市没落区域的复兴。虽然身为当时日本最大的私人开发项目，运河城很快被捷得事务所在亚洲的其他项目比下去了。那些项目中有很多远远不只是购物中心，而是完整的城市设计，其中包括了办公、住宅、旅店、交通枢纽、公园与娱乐场地，都紧密地融入该事务所最擅长且引领整个行业的室外步行商业环境中。

在 1985 年卫星新城的设计中，此种类型的完美范本诞生了。这是一个位于巴黎郊外的欧洲迪士尼式的开发项目，被设计为占地 6 000 英亩（约 2 428.1 公顷）的乌托邦郊区，外观是一座巨大的穹顶，又像是一座山城，在以步行为主导的交通网络中，综合了零售、娱乐、旅馆、温泉疗养院及会议中心等功能。这个规划明显地受到了保罗·索莱里的影响，后者是一位来自亚利桑那的空想生态乌托邦建筑师。尽管未能建成，这一规划使得捷得获得了一系列庞大的多功能微型城市的规划委托，其中包括临空镇、幕张城市中心、六甲岛、六本木 6–6、汐留区电通株式会社总部和难波项目，均位于日本。其他地区的委托数量也在增加，包括波斯湾的迪拜节日城和若干位于东欧的项目。

这些开发项目并不是购物中心，而是另一种——用捷得的话所说的“神奇的新生物”[357]，一种将购物与生活的其他内容相融合的整体，将“商店”与“公共空间”、与人们的生活、工作、购物相结合，创造了一个内向的、独立的、经过明确规划的实体。这是否就是造城？一种判断方法是看它们是否满足了简·雅各布斯提出的创造“城市街道与市区的丰富的多样性”的四个条件——在大部分案例中，它们都能够做到，至少在营业的时间段中。

它们证明了商业建筑可以轻而易举地激发现有城市的活力，就像大力发展郊区能够轻而易举地掏空城市。理论家们认识到“购物为城市带来持续活力的效用是如此强大，以至于成为一种不可或缺的媒介，城市中的各种活动在此得以发生。购物中心不只是城市中的基本建筑街区，而是一种获得城市连接度、可达性与凝聚力的最好的手段之一。”[358] 购物中心不一定只是购物中心。

捷得曾在 2000 年宣称“每年有超过十亿人到访我们的项目”[359]。这些项目的影响还在持续扩大，如一石激起千层浪。2002 年，他与妻子将公司股份出售给事务所的其他合伙人。事务所还在继续运行，依旧以捷得为名，并在全世界范围内继续承接了超过 100 个项目。三年之后又有一部分捷得事务所的合伙人分裂出去，成立了五加设计事务所（5+ Design），总部位于好莱坞，如今已建成大量超大型项目，其中包括私人业主的迷你城市、商业开发项目、甚至包括了新一代的游艇设计。他们与其他发展中国家尤其是中国的建筑师和企业家们一起忙于设计和建造各类项目，服务于成百上千万顾客。

这样已经足够了吗？我们希望购物设计的变革能够朝向更包容、更融合的方向。无论如何，只要它能够获利，它就将持续成为我们生存环境的重要部分，就像过去若干个世纪甚至更久的时间内所发生的一样。时间将会证明一切。在一篇讲述电影的影响的论文中，洛杉矶建筑师与评论家克雷格·霍杰茨（Craig Hodgetts）曾这样询问：“带着时间的伤痕与光彩……捷得的人造世界是否会在某一天在真实世界中得到尊重？”[360] 然而，时间与熟悉感并不能使某个场所真正成为城市，不过可以将它整合入周边的城市肌理。那么接下来的问题是，捷得的空间是否将会如历史上的商业建筑类型一样——无论是公共抑或私人空间——成为城市的生命力中不可或缺的一部分？

名词解释：购物世界

综合判定

- 围绕着步行街式的环境集合建造起来的零售商店、餐厅及其他形式的商铺。它可能非常逼真地模仿了一条“真实”的街道，或是极大胆的戏剧化的主题环境。

案例

美国

- 圣迭戈霍顿广场
- 明尼苏达州布卢明顿的美国商城
- 洛杉矶环球影城城市漫步

日本

• 福冈博多运河城

其他变体

赌场度假酒店：

• 拉斯维加斯金银岛酒店、贝拉吉奥酒店、棕榈树酒店

机场及火车站：

• 伦敦：希思罗机场、国王十字火车站、圣潘克拉斯火车站

• 香港：赤鱲角国际机场

（以上两图来自 Coolcaesar，en.wikipedia）

（上图来自 Phil Konstantin）
霍顿广场（1985），加利福尼亚圣迭戈，建筑师：捷得国际建筑事务所（Jerde Partnership International）

美国商城（1992），明尼苏达州布卢明顿，建筑师：捷得国际建筑事务所

博多运河城（1996），日本福冈，建筑师：捷得国际建筑事务所

贝拉吉奥酒店中的商店（1998），内华达州拉斯维加斯，建筑师：捷得国际建筑事务所

金银岛酒店及赌场（1993），内华达州拉斯维加斯，建筑师：捷得国际建筑事务所

中山公园龙之梦（2006），中国上海，建筑师：ARQ

阿联酋购物中心（2005），阿拉伯联合酋长国迪拜，建筑师：F+A 建筑师事务所（F+A Architects）

7　居住“舱”体 Habitats
丹下健三、诺曼·福斯特与技术－生态城市

运动是什么？某种形式的共谋？鱼群根据信号而集体转向？空中飞人表演？一种不稳定的人类金字塔结构？或者只是在天才群体中爆发的危机，使得以过去的方式继续前进变得无法想象？

——雷姆·库哈斯（Rem Koolhaas）与汉斯·乌尔里希·奥布里斯特（Hans Ulrich Obrist），《日本计划：新陈代谢访谈录》（*Project Japan: Metabolism Talks*）

1960 年，巴克敏斯特·富勒（Buckminster Fuller）[1] 与庄司贞夫（Shoji Sadao）设计了“曼哈顿巨型穹顶”，这座两英里（约 3.2 千米）宽的透明晶状穹顶，从伊斯特河到哈德逊河，从二十一街到六十四街，笼罩了市中心区。它会阻挡恶劣的天气并且保持恒温，以节约单幢建筑的供热与制冷费用。它还会减少空气污染，尽管不清楚是怎样做到的。彼时，这位自学成才的工程师与发明家“巴基”·富勒已经凭借那些看似未来派的晶状穹顶而颇为知名。穹顶以三角形的金属结构为支撑，彼此相互连接，成为多面体形状。它们覆盖着轻质表皮，比当下任何结构都能够在最小的表面积下覆盖最大的空间体量，而且质量轻、强度高，易于拼装及拆卸。尽管这种晶状穹隆是 1920 年代德国人发明的，40 年代晚期富勒计算出了它的荷载公式，并且于 1954 年在美国申请了专利。同一年他开始与庄司合作，后者是一位来自日本的年轻建筑师，就读于康奈尔大学。从那以后，全世界范围内开始建造了数千个此类穹顶，其中许多是为美国海军陆战队建造的，他们需要一种供士兵使用的可通过直升机运输的野外建筑结构。

这两位合伙人并不确定用什么材料来建造巨大的纽约穹顶，不过他们坚信建成后所节约的费用可以覆盖掉穹顶本身的造价。富勒曾写道：“纽约城十年的清除积雪的费用即可以用来建造穹顶。”

这是一个令人震惊的想法——不过并不是因为它假设了一种不能被证实的拯救纽约的技术手段。事实上，1960 年是技术乐观主义的巅峰，对新材料的热情不断高涨，并且自信人类有能力控制环境。人造卫星已于 1957 年发射升空，而在下一年，即 1961 年，总统约翰·F. 肯尼迪宣布了美国的登月计划，同时英法协和飞机的生产将很快使超声速客机成为现实。令这座巨型穹顶显得与众不同的，是它与当下的城市话题毫无关联：那里并非衰败区，无须用更高效的高层塔楼和高速公路取代建筑，也无须面临冲突和抵抗——针对曼哈顿下城高速路（Lower Manhattan Expressway）计划，反对者们正在街道或会议室里为保护城市的生存而

---

1 巴克敏斯特·富勒（1895—1983），美国哲学家、建筑师、发明家。

进行激烈的抗争。它从严酷的自然环境的角度来重新思考城市——这里的严寒与酷暑恶名昭著——并且提出以先进的、太空时代的设计与技术对气候加以控制。方案的表现图是这样的——曼哈顿中央上空覆盖着闪亮的、轻纱一般的半球，捕捉到那个时代技术带来的乌托邦式的乐观主义。它真正地将视点从街道引向天空，就像富勒与庄司在同一年提出的另一个方案“浮云结构计划（云端）”［Project for Floating Cloud Structures（Cloud Nine）］[361]。不过“曼哈顿巨型穹顶”也流露出一丝恐惧：在各类危险中，最主要的是与苏联太空竞赛过程中弥漫全美的自我怀疑气氛，以及十年紧张的冷战中纽约作为美国第一城市，其上空始终笼罩着对核毁灭的恐惧。如果说城市更新运动是建筑及工程领域的话题，构想出了全然不同的城市形式，那么富勒与庄司则是另一种，即对科技解决复杂社会问题的盲目信任。这座巨型穹隆所呈现出的，既是复杂几何体与结构荷载计算的具体化，又是轻纱般的虚无缥缈。它是结构体还是只是个隐喻？也许都是。

富勒与庄司的合作是他一生中组建的第二个美日合作团队。富勒曾在1929年于格林威治村（彼时他正居住在那里）遇到野口勇（Isamu Noguchi），一位出生于美国、有一半日本血统的雕塑家。那时野口刚从巴黎雕塑家布朗库西处学徒归来，在韦弗利宫街的吉卜赛玛丽咖啡厅中，他被介绍给年龄稍长的富勒。这是一家著名的波希米亚酒馆，富勒在其中偶尔进行非正式的讲座，还曾经用银色铝漆装饰了酒馆的墙面。野口为富勒雕刻了半身像，还共同合作了几个项目，其中包括为这位发明家的流线型汽车制作模型。他们的友谊持续了一生。

1959年，另一个探索城市形态可能性的美日合作团队正在不远处工作，即坎布里奇的麻省理工学院。从波士顿到那里只需跨过查尔斯河，日本建筑师丹下健三（Kenzo Tange）[1]正在展开为时一学期的教学。教学期间，丹下去了美国许多其他城市旅行，其中包括纽约、芝加哥与旧金山。他看到巨大的城市基础设施项目正在建造，尤其是从拥挤的城市中心升起的高架公路，令他非常着迷。后来他在

1 丹下健三（1913—2005），日本建筑师，1987年普利茨克奖获得者。

日本从业过程中曾经回想起这段经历，并且称之为“从日常事务中的解脱”。他有时间思考“发展与变革”，以及“将交流空间与建筑整合”——他的交流空间指的是交通走廊，如铁路与高速公路，后来还包括海港。他给他第五学年的学生团队布置的教学任务是在波士顿海港设计能容纳 25 000 人的住宅。设计成果是一组狭长的、线性的 A 形框架建筑，从海滨向外曲折延伸到一系列人工岛屿。居住平台在 A 形框架模块单元的斜边上层叠布置，高速公路从当中中空的位置穿过。

波士顿规划似乎与周边正在开展的城市更新运动相处融洽——昔日的港区邻里如西区正在被清除干净，取而代之的是快速道路与板式住宅街区——自从 1930 年代以来，勒·柯布西耶对现代主义建筑有着决定性的影响，这影响范围也波及战前的日本。这一规划就像是柯布西耶的光辉城市的水上版本。然而在表面的相似性之下，丹下的规划其实与波士顿无关，更像是为他的故乡东京设计的。仔细观察的话，会发现它已经跳出了柯布西耶的教条，进入另一种思考模式。它主要是在探索通过技术控制或者调节自然环境的可能性，这将会（但不是必然会）逐渐促成对全球建筑实践的重新定义。

丹下健三的童年是在中国上海度过的，生活在租界内。回到日本后，他最初了解到柯布西耶是在 1930 年就读于广岛高中的时候。他偶然在杂志上看到这位瑞士建筑师为苏维埃宫所做的方案，这促使他放弃原本关于文学与科学的学习领域，转而学习建筑学。他后来回想到：“在建筑中，我感到我可以尽情倾泻所有的梦想、感知与强烈的热情。”[362]（当然，在 1931 年，当柯布西耶为他的入口设计这个戏剧化的、新结构主义的拱券与曲线形式的时候，斯大林已经选定了糅杂了巴洛克风格的新古典主义为苏联的官方风格。）1935 年，丹下在东京帝国大学继续建筑学的学习，于 1938 年毕业后前往当时日本建筑界的领军人物之一前川国男（Kunio Maekawa）的事务所工作。他们的项目大部分位于海外：自 1930 年代中期以来，日本通过入侵中国、蒙古、泰国、越南、老挝、缅甸、菲律宾与印度尼西亚来拓展他们所声称的大东亚共荣圈，使得日本的建筑师与工程师们忙于规划大量新占领的其他国家的城市，这些城市的规模与他们自己家乡的景观完全不是一个数量级上的。1938 年起，丹下开始设计中国及其他地区的项目，他为曼谷设计的日本－泰国文化中心还获得了奖项表彰。[363] 值得注意的是，他的设计倾向于混合日本与西方、传统和当代的元素，而这种混合风格并不被帝国官方所鼓励。1942 年，亚洲地区战争的情势导致建筑预算缩减，丹下回到了东京的学校里。在那里他的兴趣被吸引到对城市规划的研究中去，尤其是西方古典案例如古希腊会场与市场。以至于当这个国家被轰炸之后，政府要求他考虑如何在创伤之后重新规划日本的城市。

日本投降时丹下 31 岁。他与同时代的建筑师和规划师们曾经在看似无限大的亚洲城市画布上展开他们的职业生涯，如今战争结束了，他们转而面对自己国家中沦为灰烬的城市。炸弹摧毁了半个东京，另有其他 17 座城市被毁掉 60% ~ 88% 不等，而富山市则只剩下 1% 的完好区域。1945 年 8 月 6 日，广岛被炸成一片冒烟的瓦砾，三天之后轮到了长崎。丹下被任命加入政府重建机构，负责广岛的测绘团队。他为这座被夷平的城市制定了一份规划方案，方案明显受到了柯布西耶功能分区理念的影响。然而当下最迫切的是解决幸存人口所面临的问题，这意味着对原有城市肌理进行大规模调整是不可能的。1949 年，丹下的重建规划得到了日本国会的认可，重建工作由和平公园及广场开始，而原子弹纪念馆，这座狭长的、底层架空的混凝土板式建筑位于公园一侧。野口勇在丹下的领导下工作，设计了雕塑似的混凝土栏杆与和平桥的细节。[364]

丹下在广岛的作品广泛见诸报端，还被邀请陪同前导师前川国男参加 1951 年于英国霍兹登举行的第八届现代国际建筑大会。在这里，他遇到了偶像柯布西耶、沃尔特·格罗皮乌斯以及其他现代主义巨匠。[365] 接下来他在欧洲旅行了两个月，前往罗马拜访米开朗琪罗的圣彼得大教堂以及其他经典建筑，还去马赛参观了柯布西耶建造中的马赛公寓。回到日本后，丹下的职业生涯日益蓬勃发展，完成了广岛和平中心（1956）、田川县政府办公楼（1955—1958）以及若干工业建筑与市政厅，其中的巅峰之作是东京市政厅（1952—1957）。这些建筑都带有柯布西耶的影响，而当这位瑞士建筑师在东京上野的国立西洋美术馆（1957—1959）建造时，这种相似性应该被很多人察觉了。其中一座较为独特的建筑是丹下在四国北端岛屿上的松山市建造的多功能厅，有一个直径 55 米的较浅的倾斜的穹顶，其下覆盖着开放式空间，经过专门的抗震设计。在当时，丹下的同胞中很少有人能够得到美国官方许可前往海外旅行，而他在 1956 年去了中国、埃及和印度。他在印度见到了柯布西耶设计的艾哈迈达巴德博物馆，一座粗野主义的多层混凝土建筑，建造在底层架空柱上。他还在 1957 年去了巴西，彼时卢西奥·科斯塔（Lucio Costa）与奥斯卡·尼迈耶（Oscar Niemeyer）刚刚规划了一个十分大胆的新首都——巴西利亚，这将成为建成规模最庞大的柯布西耶式城市规划项目。这是最坚实的证据，证明了新的战后世界的诞生，一个历史性的时刻，见证着欧洲与北美之外的国家的兴起，它们正在向整个世界展示自己的身份与宣言——其中一种很重要的方式就是建造城市。对丹下而言，这种情势一定曾令他感到既沉迷又警醒。

战后的日本依然面临着严峻的住宅问题，数百万因战争无家可归的人等待安置，还有数百万人随着日本加入国际市场、劳动密集型农业的现代化转变以及乡村传统式微，第一时间涌进了城市。战后最初的 15 年由于美国的占领，很少有资金投入到公共事业之外的建设。直到 1950 年，随着朝鲜战争爆发与美国加强军力建设，私人建筑开始发展。新的战争于 1953 年达到顶峰，将日本从战败的侵略者转变为美国的盟友，这促使了巨大的经济繁荣——相应地，日本在战后世界中的角色也引发了激烈的争论，讨论的内容还包括日本传统文化在现代世界中该如何传承。在国家面貌重建的过程中，城市的重建是不可或缺的一部分。乌托邦式的展望也是无可避免的，因为这个国家几乎已是一张白纸，人们带着新的技术以及高涨的对技术的信心，试图建造一个崭新的世界。对未来无尽的可能性的期待之下，则是潜藏的警惕的声音，来自反乌托邦或灾变论：僵持不下的冷战中，日本占据了前线的位置，这使它面临着新的核冲突的威胁；除此之外，这个岛国长久以来的自然灾害如地震、海啸与台风使它的城市显得如此脆弱甚至备受质疑。再有便是对建设用地不足的焦虑。在多山的群岛，建设用地本就稀缺，而保护耕地的需求和大规模无序的城市开发共同将土地价值推向天际。到 1950 年代末期，日本的城市尤其是东京正陷入三个主要的危机：人口压力、用地紧张与交通拥挤。

城市化的速度依然令人震惊：东京人口数从 1945 年的 350 万增长到 1960 年的 950 万，而整个都市圈的人口数从 1955 年的 1 328 万增长到 1964 年的 1 886 万，成为世界上人口数量最多的城市区域。仅仅用了不到一代的时间，日本城市已经达到了极限，并且威胁到为它提供支持的领域：农场、果园与渔业。

在这种情况下，需要一个规划方案来指导东京的重建。通常的概念是采用西方的同心圆布局，如 1956 年的东京规划，它参考了艾伯克隆比与福肖的大伦敦规划。规划假设了一个中央核心区，周边地区呈同心圆式的辐射生长。问题在于东京已经是个密度高得难以置信的环状布局了，围绕着空荡荡的中心——东京湾，东京湾面积为 922 平方公里，东京的面积则是 622 平方公里——再没有多余的空地可以发展了，延伸下去都是山脉与海。不过丹下工作室以及他的环形方案是一种新的思路，该方案在 1959 年于荷兰奥特罗举办的第十届现代国际建筑大会上向全世界公布。作为公认的日本现代主义建筑领军人物，丹下介绍了一些他自己的建筑，还有两个他的年轻同事菊竹清训（Kiyonori Kikutake）的作品，则更为激进。一个是菊竹的自宅“天空之宅”（Skyhouse），基于生物细胞的工作方式而设计。它是个开放式的方形房间，由柱墩承重，悬浮在地面上，带有一套可扩建的整合系统：建筑以名为“移动网格”的模数进行设计，楼板下方可以依据网格插入浴室、储藏室与儿童室，水电等设备线路由已建好的隔间或管道提供。它看似未来主义，同时又非常传统，带有适应能力很强的开放平面和传统日本建筑的坡屋顶。第二个是菊竹的“东京城重组概念方案”（Ideas for the Reorganization of Tokyo City），这个规划方案于 1958 年完成，是一座由 300 米高的圆柱形混凝土塔组成的森林，每一座塔都是一个核心筒，菊竹称它为“垂直地面”，居住单元插在塔楼上面——这种组织方式也是受到细胞的启发。在第一版方案中，这些坐落在海滨的塔楼由海上工业岛屿所环绕。第二版方案则整体迁到东京湾，即 1958 年的“海上城市”，由埋入海底以保持稳定的塔楼组成环形，“可移动、自给自足且带有完全温控系统”。在 1959 年绘制的一系列图纸中，菊竹研究了若干水上生物作为海上建筑的灵感来源，如水母、莲花与海洋植物，同时还研究了浮标、球体、悬浮的圆柱体、电缆塔及六角形的柱子。它们可以对抗潮汐、增强稳定性，还能够提供生产食物的空间。他阐释为："不断延伸的、交替以混凝土球体与圆柱体构成的长链，就像海洋植物一样，仅是漂浮在海上就能收获食物。"[366]

菊竹奇特的海洋世界试图以自然界的动态过程来整合建筑与城市结构。它与柯布西耶的功能分区理论完全相反，不再着眼于对19世纪旧城市杂乱无章的状态进行纠正，而是试图应对更多变也可能更危险的20世纪环境，甚至尝试以混凝土模拟自然界，将城市变成一个巨大的生物体。当丹下在第十届现代国际建筑大会上介绍东京湾规划的时候，他如此解释："东京正在扩大，然而没有更多的土地了，因此我们必须延伸至海上……这些结构体就像一棵树——一个持久存在的构件，而住宅单元是树叶——一种临时的构件，依据需要脱落或更新。在这个结构中，建筑可以生长、死亡、再度生长，而结构始终如一。"[367]这种思路与之前于1956年在杜布罗夫尼克召开的第九届现代国际建筑大会上兴起的一些思考颇为一致（丹下没有参加那次大会）。当时一派年轻建筑师反对占据权威地位的《雅典宪章》的含糊其词，因而提出了一系列此类想法。这个团体将自己称为"十次小组"（Team X）[368]，其中包括英国的艾莉森·史密森与彼得·史密森（Alison and Peter Smithson）、荷兰的阿尔多·凡·艾克（Aldo van Eyck）与雅各布·贝克玛（Jacob Bakema），提出了"流动性""聚集""生长/变化""城市化与栖居"等讨论议题，然而并没有取得一致结论。1959年，奥特罗会议上日本人的思考比任何其他现代主义运动能给出的答案都走得更远。

丹下在九月离开了大会，前往麻省理工学院开始他作为客座教授的教学。这个职位似乎是由格罗皮乌斯提供的，当时他是该校系主任。这个时候离开故乡其实很不合时宜，因为日本第一次大规模的国际盛会——1960年在东京举办的世界设计大会正在如火如荼地准备中。作为行业的资深前辈，以及著名的东京大学赋予他的额外权威——他在该校领导了一个精英设计工作室。丹下是大会指导委员会成员之一，其他成员也均为各个领域的重要人物，其中包括建筑评论家滨口隆一（Ryuichi Hamaguchi）、画家冈本太郎（Taro Okamoto）、建筑师清家清（Kiyosi Seike）、坂仓准三（Junzo Sakakura）与浅田孝（Takashi Asada）。由于丹下的缺席，他将指令留给大会秘书浅田，要求召集一群年轻的同事与学生组成小组，提出将现代主义与日本元素相结合的概念，从而将日本划入世界建筑地图。另一位参与者原广司（Hiroshi Hara）在当时是丹下的学生，他回忆起丹下“走进来，说他将通过吸收传统来创造一个新的日本的现代主义”。在丹下健三平静的指引下，日本城市的未来将从它的昔日中诞生。

除了菊竹清训之外，浅田和建筑评论家川添登（Noboru Kawazoe）还招募了黑川纪章（Kisho Kurokawa）与矶崎新（Arata Isozaki），他们都曾是丹下的学生，如今在他的事务所中工作。此外还有工业设计师荣久庵宪司（Kenji Ekuan）、平面设计师粟津洁（Kiyoshi Awazu）、建筑师大高正人（Masato Otaka）与槙文彦（Fumihiko Maki）等。槙文彦毕业于东京大学，之后前往美国，在匡溪艺术学院及哈佛大学获得硕士学位，然后任教于圣路易斯的华盛顿大学，直至 1960 年回到日本。这个团队，用雷姆·库哈斯的话来说，是“日本精神的万花筒”[369]，各位成员的性格、禀赋及职业经历各不相同。他们都很年轻——其中的黑川刚刚过 26 岁——并且充满自信，穿着紧身西装，打着领带，唇边叼着香烟，聚集在浅田位于东京的公寓或是咖啡馆中，讨论着马克思主义、相关的科学话题以及他们自己的想法。和菊竹一样，1959 年时的黑川也在为一个激进的城市规划方案工作。他绘制出名为“墙城”（Wall City）的方案，一道蜿蜒的墙穿越大地，居住空间位于一侧，工作空间位于墙的另一侧，以尽可能缩短通勤时间。此外，当年台风袭击了伊势湾，造成了巨大的损失，作为对此的回应，他还设计了一座“农业城市”（Agricultural City）。这是一个巨大的网格状结构，从地面升起，坐落在柱墩上。精巧的“蘑菇住宅”（“mushroom houses”）在这个结构中生长，从而将土地留给作物，并且整合了乡村与城市，不必为一方牺牲另一方。

在聚会当中，一系列原则逐渐达成共识：城市需要向新的区域延伸，包括海洋、天空与人造陆地；应该有持续的城市更新，使城市结构适应现代化的需求及自然变化（或灾难）；应该有“集合形态”或自发的建筑群落，依据社区进行组织，而不是由设计师控制。黑川不是唯一一个表达出某种神秘主义的人：“一直以来与大地密不可分的建筑，如今正在摆脱土地并向宇宙延伸。”[370] 许多项目受到了微生物的启发，模拟后者不断自我复制、扩张的细胞结构，并且用生物学名词如“蜕变”（metamorphosis）来描述所设计的城市功能与结构随着时间的改变。他们采用了日本词语“新陈代谢”（*shinchintaisha*），意味着以新的事物取代旧的——这与神道教中对于死亡与新生的看法相一致，过程中贯穿着一种生机论似的生命力；同时也与日本某些古建筑中呈现出的瞬时性传统一致，最著名的例子是伊势神宫，从公元 690 年开始，每隔 20 年进行替造。丹下与川添曾在 1953 年受邀观看替造过程，并于 1961 年出版了《伊势：日本建筑的原型》（*Ise: Prototype of Japanese Architecture*）一书，赞美它的简洁、模块化与预制方法的应用。菊竹设计的“高塔之城”（Tower City）中周期性更替的胶囊式单元以及“海上城市”（Marine City）中潮汐的功能也是如此。黑川捕捉到了其中的精华，证实了日本建筑师新的思考距离现代国际建筑大会那些僵化的分类已经走出了多远：他们试图“掌握从机械时代到生物动力时代的转变”[371]。这是个关键的转变——从 19 世纪对工业城市及其问题的看法到 20 世纪对复杂的、流动性的城市的理解，永远处在不稳定中，永远在适应。

世界设计大会于 1960 年 5 月 11 至 16 日在东京召开，有 227 名建筑师、商业艺术家和设计师参展，其中 84 位来自海外。[372] 这些建筑师包括英国的史密森夫妇、荷兰的雅各布·贝克玛、法国的让·普鲁维（Jean Prouvé）、印度的巴克里希纳·多西（BV Doshi）、美国的拉尔夫·厄斯金（Ralph Erskine）、路易·康、保罗·鲁道夫（Paul Rudolph）、拉斐尔·索里亚诺（Raphael Soriano）与山崎实（雅马萨奇）。丹下的团队出版了一本关于此次事件的书，是一本带有插图的宣言——《新陈代谢 1960：新城市主义方案》（*Metabolism 1960: Proposals for a New Urbanism*）。每位成员都有作品收录，还有四篇论文。篇幅最长的文章占了 87 页里的 35 页，是菊竹的《海洋城市》（“Ocean City”），由他的“高塔之城”“海上城市”以及一个综合了两者的“海洋城市”项目组成。黑川的文章名为《太空城市》（“Space City”），包括了他的“墙城”与带有蘑菇住宅的“农业城市”。大高正人与槙文彦共同撰写了《朝向集合形式》，他们放弃了现代主义对“总体建筑”（total architecture）的探索，转而提出一种聚集式的结构框架，人们可以在其中自行创造他们的住宅，没有等级差异或控制，允许“一种直观的、视觉化的表达，关于我们城市中数百万居民的力量与汗水、生命的呼吸与生活的诗意”。评论家与前编辑川添登的文章名为《材料与人》（“Material and Man”），这是一篇神秘的赞歌，他在其中预言了一场导向新纪元的核灾难以及劫后重生，在“人与自然的统一中重建，人类社会进化成为平和的统一体，就像一个独立的生物……我们的建设性的时代……将是高代谢的时代。秩序在混乱中诞生，秩序中也诞生出混乱。灭绝即是创造……我们希望创造一种事物，即便在毁灭中也将引向新的创造。这种事物必须在我们即将建造的城市形式中存在——不断地经历着新陈代谢过程的城市”。

在日本，这场大会被视为巨大的成功，就像一只新生的蝴蝶扇动了翅膀。在这场大会展示出的宏大的、令人震惊的设想中绽放出 1960 年代的曙光，同时还彰显出背后蕴含的自信与个性。建筑杂志群起而报道这种现象。丹下本人在 1961 年新年当天出现在电视上，介绍他的 1960 年东京规划——派生于他的波士顿规划项目，不过由于设计大会而耽搁了。规划方案以一个精心制作的大尺度模型来呈现，这是一座新建的横跨海湾的城市，以柱墩为支撑，设有巨大的三车道高速公路和一条地铁，径直跨过水面，连接东京和与之相邻的千叶和神奈川。500 万人生活在海上，还有 250 万人在包括了政府建筑、旅馆、娱乐设施、办公空间与交通站点的中央轴线上工作。这个模型就像一棵树，树干是笔直的高速公路，带有较为不规则的侧向分支，树叶则是沿着分支自由散落与聚集的建筑。

在丹下的节目之后，团队其他成员也纷纷占据了媒体封面，包括菊竹与黑川为东京湾所做的大胆的竞赛方案。黑川像激进的民族主义作家三岛由纪夫一样，成为媒体新的宠儿，宣扬精心裁剪的英式西装与香烟代表着西方的堕落，而和服与武士刀则代表了日本阳刚之气的复兴。那些巨构式幻想都没有被采纳，然而项目委托还是如期降临，其中一些是由一位如今在政府工作的同事提供的——这些项目都相当低调，并且融入了现有的城市环境。丹下完成了户塚乡村俱乐部

（1960—1961）、日南文化中心（1960—1962）及东京奥林匹克运动综合体（1961—1964）。激进的幻想家菊竹建造了极为现实的出云大社行政与财务办公楼（1963）和位于鸟取夏日度假区的东光园酒店（1964）。

在早期概念形成的过程中，那些最具创造力的年代里，新陈代谢主义者们发展出一系列类型，或可罗列如下：漂浮或半淹没的城市；承载新的基础设施与居住区的人工土地；垂直分层结构，其中包括最极端的以梁柱构成的“巨型森林”（megaforests）将城市托举到空中（矶崎新1960年的空中城市方案是最好的例子，他采用菊竹清训的圆形核心筒和巨大的方形梁组成多层的三维体系，当中安置胶囊式房屋）；允许持续变化与更新的自然生长体系，如胶囊被插入空间框架或柱子；以及鼓励自发性与独立性的土地模式。它们共有的关键词是庞大的、集中式的基础设施与交通网络。它们都预定一种假设，即通过设计某种可变、可再生与自组织的体系来应对环境，通常采用“插入式”的预制胶囊或模块作为“树叶”。其整体是一种文化抵抗，目的是应对若隐若现的威胁，同时增强民族个性。

在这些异想天开的巨构之上存在着若干悖论。首先，若希望城市与自然统合，同时又不打破原有的庞大的人工形态，使之化为与自然界相适应的小尺度，这种想法之前已经有很多改良主义者通过绿带邻里社区或田园城市等形式尝试过了，然而随着人工干预与尺度不断增加，它们越发远离而不是贴近大地。为了塑造更为有机的特质，新陈代谢主义者们转而采用更坚实的结构。尽管如今看来这种逻辑相当怪异，但是对于1950年代晚期到1960年代早期的日本，这种选择似乎是无法避免，甚至是自然而然的。对于想保持文化领航者地位的建筑师来说，除了越做越大之外似乎别无出路。

其次则是将自发的、自然生长的元素引入巨大的、决定性的结构，以形成有生命力与适应性的组织。在这种观点的背后，意大利山地城镇的形象若隐若现，它在微小差异与整体一致性之间保持一种逐渐形成的、无法描述的完美平衡。在现代建筑师大会上，“十次小组”也曾试图捕捉“形式”（总体外貌）与“设计”（独特的细节）之间的差异。对于新陈代谢主义者所构想的尺度来说，如果这不是个矛盾，就是个白日梦。有趣的是，“巨构”一词首次出现在槙文彦于 1964 年写作的论文《集合形式研究》（“Investigations in Collective Form”）中，他提出将小尺度融入大的城市设计中，这是一种彻底的对立。然而这正是新陈代谢主义所追求的：将大与小、城市与自然、坚实如混凝土的材料与动态变化相结合。

日本的新陈代谢主义在西方得到了与本国同样程度的媒体关注。在西方，它有着清晰的先例，以勒·柯布西耶的建筑为起点——后者在 50 年代转向了“有机”或“粗野主义”，如朗香教堂（1950—1954）、印度昌迪加尔议会大楼（1955）与拉图雷特修道院（1957—1960）。新粗野主义跨过若干距离指向了日本的变体，当中经历了史密森夫妇在英国的作品（比如利兹大学，1953）、路易·康的宾夕法尼亚大学理查兹医学研究实验室（1957—1960，康曾经在东京大会上展示该作品）、伯特兰·戈德堡（Bertrand Goldberg）的芝加哥玛丽娜城（1959—1964）。在法国，尤纳·弗莱德曼（Yona Friedman）于 1958 年提出了“天空城”（Ville spatiale）方案，这是一座在城市上空延伸的巨大的帐篷。适逢其时，新陈代谢主义对正统现代主义的挑战很快被人们接受了，其中最引人注目的是英国概念团体阿基格拉姆（Archigram），他们在 1961 年出版了第一本配有彩色的、异想天开的插图的小册子，将城市描绘成充满乐趣与变化的地方，以轻质结构材料建造，明显地受到了日本人概念的影响。1963 年，伦敦当代艺术馆为阿基格拉姆举办了“有生命的城市”（Living Cities）展览，1964 年，这一团体又出版了名为《插接城市》（*Plug-in City*）的小册子，描绘了一座由巨构塔楼、交叉式框架、胶囊式居住单元与起重机构成的彩色的、奇幻的“装配式城市”，以三维插画的形式呈现出来。在这之后还有一套“巨构模型套件”[373]，是一套纸做的结构构件，包括了通信管路、生活舱、平台等，用以构成可自行组装且无限延伸的玩具模型城市。阿基格拉姆版的新陈代谢主义中讽刺意味影响更加深远。在欧洲与北美的建筑出版物中，更多“有趣的”构筑物不断出现[374]，如塞德里克·普莱斯（Cedric Price）的欢乐宫（1960—1965）；而未来主义的巨构建筑迅速渗入流行领域，为诸如罗杰·瓦迪姆（Roger Vadim）的情色电影《芭芭丽娜》（1968）中罪恶的索格城提供了灵感。除此之外，人们还以相当严肃的态度来对待新陈代谢主义的影响，尤其是在英国，它与新粗野主义结合在一起，成为各所大学新建教学楼以及左翼城镇委员会建造社会住宅的首选形式。

巴克敏斯特·富勒与庄司贞夫在 1967 年发表了“特里同城”（Triton Cit）。据富勒所说，这个方案最初是为“一位日本客户”设计的，完成于 1963—1966 年，是另一个版本的东京湾上的漂浮城市。他写道：“我们的地球上四分之三的面积被水淹没，其中大部分可以建造漂浮的有机城市。漂浮城市无须支付地租。它们坐落在水上，通过许多有效且无污染的方式对海水加以淡化和循环利用。”[375]这一概念引起了很多人的注意，美国住房与城市发展部、美国海军和巴尔的摩市政府都曾经加以研究，探索以这种方式开发低造价住宅的可能性。然而随着民主党总统林登·约翰逊的卸任，在富勒看来，政府对此的兴趣也消退了。无论如何，在他诸如半球形“云端”项目等各类发明中，他看到一个新的、具有环境可持续性的未来城市已然近在咫尺：“此类漂浮的云可能就在今后几年中被建造出来，可以预见通过这些漂浮的多面体城市、空投的摩天大楼、潜艇岛屿、穹隆笼罩的城市、飞行居住机器，以及自主居住的出租黑盒子，我们可以集中利用地球资源，同时不会造成环境资源枯竭。”[376]

1967 年是爆发性的一年，更多规模较小的此类建筑案例成功落成。丹下健三位于新桥的静冈新闻与广播中心建成，甲府市的山梨文化会馆正在建造。在苏格兰，从 1962 年开始建造的杰弗里·考普卡特（Geoffrey Copcutt）的坎波诺尔德新城中心一期工程完工了，这是一座巨构式建筑，其中包括商店、旅馆、停车场、各类住宅，顶部设有阁楼，以建筑师的话说，还采用了“可拆卸式围护结构”以便扩建。它看起来像是一个十字，连接一座未来主义的机场和一所监狱。不过最具影响力的是 1967 年在蒙特利尔召开的世界博览会。它的场址选择非常另类，位于圣劳伦斯河中央，由一个自然岛屿、一个人工岛屿以及一片扩大的沙洲组成——十分类似新陈代谢主义者们梦想的人工土地——岛屿间通过火车及地下铁连接。蒙特利尔市中心也是如此，建造了大范围的地下通道系统，由 8 千米长的购物街、步行隧道、停车场及地铁站组成——这完全是一座与世隔绝的地下城市，在它上部，摩天楼向着天空生长。巨大的混凝土筒仓伫立在遥远的河对岸，俯瞰着整个世博会场地。这一情景被很多评论员注意到了，并且作为理由之一来证明蒙特利尔比世界上任何一个地方都更像一座建成的新陈代谢巨构城市。世博会场地就像一个全真尺度的巨构装配模型，由来自世界各地的建筑师建造，采用了新陈代谢主义工具箱中绝大部分最吸引眼球的结构元素。工程师们对这些结构已经很熟悉了，然而从未能如此奢侈地运用在公共建筑中：“创造者”主题馆由四面体构成，“探索者”馆是由四面体、桁架、空间框架及几何网格构成的钢结构体量。钢结构外表面有意地没有刷漆以形成锈蚀，看上去就像后工业时代的废墟，雷纳·班汉姆（Reyner Banham）戏谑道：“如果将它称作倒塌并锈蚀的埃菲尔铁塔，会被认为是赞美。”[377] 其他的场馆形式有金字塔形（其中一个是上下颠倒的）、怪异的四面体、帐篷形状等，采用流行的混凝土、钢材、铝管及纤维材质表面，与传统建筑大相径庭。美国馆填补了这套装配模型的空白：一座 5/8 的球体穹隆，200 英尺（约 61.0 米）高、直径 250 英尺（约 76.2 米），由富勒与庄司设计，以表面包裹丙烯酸材料的钢结构框架建造，内部为 7 层，建有一座当时世上最长的 150 英尺（约 45.7 米）的自动扶梯，还有一条小型单轨铁路。[378] 除了地下铁之外，还有一整套未来主义的交通方式以供参观者选择：自动扶梯、单轨铁路、有轨电车、气垫船与直升机。[379] 会场中到处是缤纷的色彩、新的电器发明、交通工具、艺术馆、音乐表演——其中包括至上女声组合（The Supremes）与佩屈拉·克拉克（Petula Clark），她们做客艾德·苏利文秀，在现场进行播报。在英国馆内，时时有人们震惊于女招待们的超短裙，这种裙子由国王路的风头人物玛丽·昆特（Mary Quant）设计。这些最时新的年轻趣味和未来主义的技术与设计似乎是直接从阿基格拉姆的小册子中跳出来的，而且恰好捕捉到了 1967 年在泛文化领域中已然盛行的乐观主义。1967 年世博会是 20 世纪中最成功的世界博览会，吸引了五千万名观众，而当时的加拿大总人口仅有两千万。

在精彩的建筑作为主角的博览会上，当仁不让的明星是“栖居 67”（Habitat 67）。这是一处立在沙洲上的模块化住宅集群，设计者是年轻的建筑师摩西·萨夫迪（Moshe Safdie）。萨夫迪来自以色列，项目开始于1960年，当时他在蒙特利尔的麦吉尔大学就读第六学年，正在撰写论文。他将这一项目命名为“三维模块化建筑体系”。萨夫迪于1959年获得建筑系本科学位，在那之后他与其他学生一起前往北美进行为期8周的游学，并且被截然相反的两种事物深深打动了。首先是“郊区化的强大力量——向城市之外扩张的渴望以及无处不在的每个人拥有自己的住宅与花园的梦想”；同时他也被旧金山的老街区、华盛顿的乔治城以及费城的利顿豪斯广场迷住了，它们的共同特点是小尺度、高密度、富有活力与差异性，正如简·雅各布斯两年后在《美国大城市的死与生》一书中的描述。“对我来说，似乎城市化最黑暗的时光正降临在我们头上：富有的人们逃离到郊区，贫穷与破产开始笼罩大部分城市中心区。”[380] 他意识到“当代城市的矛盾”在于两方面的冲突而且似乎无法和解。一方面是人们需要私人空间与自然环境，另一方面则是城市社会性的需求。为此，他给自己设定了“一个建筑学挑战——发明一种建筑类型，既能够保持拥有独立住宅与花园的生活方式，又有足够的密度以便能够在城市中心建造，以此获得两全其美”[381]。他将他的方案命名为“每人拥有一座花园”，并且以堆积木的方式将这个专题设计具体化。1963年，他在路易·康位于费城的公司工作了一年，参与了一个社区设计方案，社区以预制混凝土盒子式的居住单元组成，堆叠成互锁的A形框架，看起来就像是交错的亚述庙塔，彼此间以桥梁连接。这个设计的模型和图纸引起了1967年世博会规划师们的注意，而这位年轻建筑师的乌托邦方案便很离奇地得到了实现的机会——尽管原本的设计是22层，如今改为11层，体量大大缩小了。无论如何，当最后一个构件被吊装到位，这个由354个预制件组成的不同面积与平面布局的158间公寓建成了，每间公寓至少有一座作为私人花园的屋顶平台。栖居67建在圣劳伦斯河中的岛上，看起来就像科幻小说中的玛雅金字塔，又像未来主义者们重建的神秘的意大利山地城镇。雷纳·班汉姆狡猾地将这种堆叠的形式与私人花园形容为“优美的无序”[382]，暗中将它与另一类试图将城市与花园相融合的乌托邦探索——浪漫主义城市郊区相比较。栖居67从很多角度看都像是复制并且堆在一起的弗兰克·劳埃德·赖特的美国式住宅——一种试图将独栋家庭住宅与公寓、城市与自然、大与小相融合的混合产物。然而尽管看起来是模数化与预制的，它与赖特的美国住宅一样，实际上太过个性化、有太多细节，使得它相当昂贵，没法真正大规模复制并建成为工人阶级的天堂。最初萨夫迪的概念是所有的盒子都是一样的，然而为了适应户型不同所造成的承重不均衡以及防火规范，最终每个盒子重达 70 ~ 90 吨，造价高达 2 000 万美元——在当时是相当一笔巨款。

栖居 67 震惊了所有前去博览会的人，之后便出售给私人业主，至今仍是个著名的地标。许多人或许会问，它的成功是否得益于人们当时的普遍兴趣，即通过技术与设计为城市与环境之间建立一种更具可持续性的关联；又或者它是否能够被看作是一个未来主义的、半垂直的花园城市。当萨夫迪回忆起令他得到这一项目的旅学经历时曾说：“回想起来，在我开始这段旅行的时候是带着先入为主的观念的，即郊区是不好的——毕竟我来自地中海城市。不过我得到的结论是全新的。我感觉到我们必须找到一种新的住宅形式，能够在高密度的环境中重建住宅与村庄之间的关系以及种种生活便利。”[383] 班汉姆怀疑萨夫迪的话有所保留，这一切不能“简单地归结为他的生平经历与地中海人的偏见，栖居 67 的成功背后另有原因……”[384] 然而即便这是真的，即便栖居 67 并非惊世骇俗，而只是迎合了大众的渴望，这种渴望其实也存在于新陈代谢理论当中，后者同样试图以技术来满足这一点。人们也许会说，在这两者的实践中，当代城市长久以来存在的问题依然存在：如何与自然以及传统的渴望保持和谐，与此同时兼顾技术的进步与超级庞大的城市人口？如何能够在每隔几年就增加数百万人的大都市里通过设计让“每个人拥有一座花园”？三十年后，萨夫迪写道：“规模的问题真实存在：它是人类状态的根本改变所造成的必然后果。”[385]

蒙特利尔 67 年世博会之后，新陈代谢主义以及类似的巨构理念似乎变得无处不在——至少在前卫的纸上方案中。随手罗列如下：弗雷・奥托（Frei Otto）高层建筑项目里涌出阳台的花园、沃尔特・乔纳斯（Walter Jonas）的因特拉姆城市、保罗・索莱里（Paolo Soleri）的生态建筑与阿科桑迪项目、曼弗雷迪・诺克莱迪（Manfredi Nocoletti）的“再现纽约”、J. C. 伯纳德（JC Bernard）的整体城市、斯坦利・泰格曼（Stanley Tigerman）的即时城市、克劳德・帕朗（Claude Parent）

的涡轮城市、居伊·罗基埃（Guy Rottier）的生态城市、富勒与庄司的四面体城市。不过实际建造的巨构建筑都是经过调整缩小尺度以适合建筑市场的：居住“舱”体（habitats），就像汽车一样可以应用于任何地方——完美适用于乐观的、普遍的未来。丹下的甲府市广播中心与矶崎新的大分县图书馆都完成于1968年。1969年黑川建成了小田急驶入式餐厅，即一间位于箱根度假村山坡上的美式餐厅，只能开车到达。它尝试以巨型格构+装配舱体的模式建造，但这种构想从未被实现过。然而，它反倒刚好预见了美国式的、由汽车主导的郊区的到来，这种模式的环境成本对整个地球而言都是不可持续的。

下一届世界博览会于1970年在大阪举行，位于一处改造过的乡村。日本自从举办了1964年东京奥林匹克运动会之后变得更为自信了，同时由于出色的工业生产能力与组织能力，它在1960年代一跃成为世界第二大经济体，世博会的举办从某种角度上是一种在全世界关注下的名誉重塑。1970年世博会的主题恰如其分地定为“人类的进步与和谐”，总规划师是丹下健三。在矶崎新以及一个工程师团队的协助下，丹下设计了一座“巨型屋顶”，高30米，笼罩在庆典广场之上。其他新陈代谢主义者也都接到了重要任务的委托：菊竹设计了世博塔、荣久庵设计了街道家具与交通工具、大高设计了交通中心、川添设计了空中展示系统。黑川设计了两座公司展馆：东芝馆是一座由模块化的四面体构成的仿生雕塑般的形体，看起来像一只巨大的变形虫；而宝酒造展馆则是预制的空间框架，安装了作为展厅的胶囊式立方体，建造与安装一共用了6天。[386] 整个展场是日本杰出的工业成就与风格的集大成之作，一个小型乌托邦，当中满是消费类电子产品与娱乐产品，其中包括机器人、世界上最早的视频电话和巨幕影院，还有一个飞行模拟装置。企业馆与主题馆同样令人震惊，其中最受欢迎的是一座充气展馆、一座看似漂浮的展馆和一座飞碟形状的展馆——乌托邦脱离集体正在变得私人化。这场展览的总造价为29亿美元，在超过6个月的展示期间，吸引了6 400万观众到访。[387]

大阪世博会的成功证明了公众对新陈代谢美学的热情，至少对部分参展的消费品表现为如此（如果尚不能完全接纳新陈代谢规划的话）。新陈代谢主义者们沉浸在这种光辉之下。1972 年，黑川建成了自己的胶囊式夏季度假屋，位于长野县的山坡上，俯瞰着轻井泽的海。该度假屋名为住宅 K，一度占据了许多杂志的封面。他还建成了新陈代谢主义最早并且唯一的公寓建筑，中银舱体塔楼，位于东京市中心。他的名声日益增长，1974 年 2 月的日版《花花公子》上刊登了他的专访。在日本以外，新陈代谢作品在 1971 年的建筑业界如日中天，彼时理查德·罗杰斯（Richard Rogers）、伦佐·皮阿诺（Renzo Piano）与吉安弗兰科·弗兰切尼（Gianfranco Franchini）组成的团队刚刚取得了巴黎市中心蓬皮杜中心竞赛的胜利。这个令人惊叹又充满争议的设计直接来自阿基格拉姆的绘画——内外反转的交叉钢框架建筑、室外自动扶梯、暴露在外并以颜色标识的设备系统、悬挂的室内楼板以及纯粹的透明墙面。尽管很多评论者对此惊愕不已，但这座建筑，以及它前面的波布广场上生动的街头生活，是一种纯粹的巴黎式奇观。它鲜艳的色彩被班汉姆称为“巨构的制度化”[388]。在整个 1970 年代，随着大量单调的混凝土建筑的兴起，巨构建筑也借得东风之力，主要建造于各个大学，从美国、加拿大、英国、德国直至无处不在。

在大阪 1970 年世博会与蓬皮杜中心的成功之间，从某个点上，人们开始偏向另一个方向。随着建筑界前卫思潮而诞生的虚构项目已经到达了某种荒谬的顶点，以英国的一对搭档麦克·米切尔（Mike Mitchell）与戴夫·鲍特维尔（Dave Boutwell）在 1969 年所做的方案为代表。[389] 它出版在《DOMUS》杂志上，名为“综合城市”（Comprehensive City）：一座从旧金山到纽约沿着直线延伸的建筑，包含了一切城市功能，而美国北部的其他州则清除一切人类痕迹。正当主流机构都已经接受了巨构的概念的时候，似乎仅在一瞬间，激进主义的道路就走到了终点。曾经做过大量纪念性项目、包括一座悬浮在洛杉矶山峰顶端的建筑的西萨·佩里（Cesar Pelli），开始对巨构嗤之以鼻：“巨构存在的唯一原因是建筑师的野心。”[390] 战后年代对科技的信仰逐渐遭到越来越多的批评，同时人们开始怀疑已经持续了数十年的政府与商业的合作形式。个体在社会中的位置能够在巨大的、集中设计的项目中得到保护，这一观点不再具有说服力——人们并不能从属于自己的胶囊式单元中得到满足。庞大的规模已经过时了，技术乐观主义已经被技术怀疑主义取代。曾经与新陈代谢主义者们一起工作但从未公开加入他们的矶崎新评价他的同事“太过乐观，他们真心信仰技术在大规模生产方面的能力，他们相信体系化的城市基础设施及其发展。新陈代谢主义者们不带丝毫怀疑地走向他们的乌托邦”[391]。环境问题似乎也随着规模的增长而恶化了，批评的报告与书籍如雨点般出现，题目诸如《寂静的春天》（*The Silent Spring*，1962）、《人口爆炸》（*The Population Bomb*，1968）、《增长的极限》（*The Limits to Growth*，1972）与《小即是美》（*Small is Beautiful*，1973）。民权及独立运动、学生抗议，以及要求社会与经济深层改革的团体在他们的批评中并没有忽略建筑方面的内容。班汉姆曾罗列了憎恶巨构的人群，揭示了这种文化转向的广泛维度：

“对于‘花童’嬉皮士、前荒漠公社成员、都市游击队、社区活动家、政治游民、黑豹党成员、中产阶级顺民及历史保护者、马尔库塞的支持者、艺术学校的前卫人士以及法国‘五月风暴’的街头民主斗士们来说，巨构基本上是自由资本主义压迫的完美象征。它在得以发生之前就已经遭到了诅咒。”[392]

1970年代的经济危机和1973—1974年的石油危机宣告了乐观主义的结束。对日本来说，石油禁运仿佛当头一棒：日本的经济奇迹高度依赖中东的石油血脉——这是与海啸、地震或原子弹同样恐怖的威胁。在日本以及其他地方，技术-生态城市计划集体销声匿迹了。然而在对巨构的反主流排斥中，有两个引人注目的例外。首先是出生于意大利的保罗·索莱里，他曾经在弗兰克·劳埃德·赖特的西塔里埃森做过短暂的学徒，之后在亚利桑那的沙漠中开始建造他颇具纪念性的“生态建筑”（Arcology），这些垂直的混凝土超级城市就像柯布西耶的功能主义披上了科幻故事中宇宙殖民地的外衣。然而索莱里很令人意外地成为回归土地运动的宗师，部分因为他热衷于向空中建造以减少人类的城市足迹，还有一部分是因为他建造真正的乌托邦——亚利桑那沙漠里的阿科桑迪——的尝试失败了。他的失败如此惨烈，以至于他和他的门生被迫出售翻砂陶瓷铃铛以维生。另一个例外是巴克敏斯特·富勒，他的资源限制性地球太空船的概念变成了反传统的哲学试金石，而他的多面体穹隆在全球有数以万计的追随与实践者。

直到最后，新陈代谢的规划论点在日本也没有留下多少可见的痕迹，日本仍在沿着它碎片式的、充满偶然性的方向行进，在旧有的土地权所形成的街区模式以及不断攀升的地价的限制之下，仍旧以传统的战后方式发展。在少数得以建成并可称之为新陈代谢主义的建筑中，这种理论的缺陷很快暴露了出来——混凝土并非持久的材料。其中最具讽刺意味的是黑川的中银舱体大厦，依然伫立在东京市中心，吸引着无数的建筑旅行者，而库哈斯和奥布里斯特曾经称之为“一名孤独的时空旅行者，来自一个失意的未来”[393]。在建成超过 40 年之后，一对葡萄牙建筑师搬进去住了一段时间，并且曝光了住在新陈代谢的梦想中的情形：“无论如何，我们觉得仿佛是住在某个介乎于旅馆与科学实验室之间的空间内部。”[394]

然而若说巨构时代已经结束了，则是言过其实。这种朴素的美学以及运用混凝土与钢材的建筑艺术在矶崎新、槙文彦和菊竹清训的作品中已经发展到了极为精致的水准，还有其他同属于 1960 年代团体的建筑师，以及更为年轻一代如安藤忠雄和菊竹的前同事伊东丰雄与长谷川逸子。后三位中有两位获得了令人艳羡的普利茨克奖。相当讽刺的是，1973 年之后，新陈代谢主义者中最杰出的一群纷纷去往发展中国家，尤其是曾暴露了日本资源短缺的、正在现代化进程中的石油国家，还有新近独立的非洲与亚洲伊斯兰国家，他们在那里设计或建造了体育馆、飞机场、大学、国家议会大厦、宫殿、大使馆、旅馆、度假区以及城市规划。从其设计的野心、规模、技术复杂度、对于环境控制系统的突破性运用等方面来讲，这些项目中有很多远远超出了他们在日本国内建成的作品。

事实上，巨构建筑在 1970 年代仍在大规模建造，尤其是离岸石油钻井平台，直白地实现了新陈代谢主义最狂野的梦想：在人工岛屿或在海面上竖起巨大的由混凝土与钢材建造的城市，实现能源、电力与海水淡化的自给自足，建筑大部分为预制结构，具有良好的适应性与可变性——就像菊竹 1958 年的海上城市所描述的那种“可移动的、自主的、气候可控的”城市。1973 年，世界上第一座混凝土离岸钻井设备在挪威附近北海上的艾克菲斯克油田预制并装配完成，业主为菲利普斯石油公司，工程设计为奥雅纳工程顾问公司，这家公司也是蓬皮杜中心的结构设计者。菊竹于70年代早期在夏威夷大学领导了一队研究人员，他们的研究成果即后来的“水上城市”（Aquapolis），一座漂浮的城市，看起来与石油钻井平台非常相似。1975年，该项目在广岛建造，通过拖船拖曳了1 000千米到达冲绳，作为1975年世博会的日本馆。该世博会的召开是为了纪念美国将冲绳归还予日本。整个建筑通过一座码头与岛屿相连，长宽均为100米，当中包括一间宴会厅、若干办公室、展览空间、一间邮局和可容纳40人的住宅。尽管本土不产石油，日本的设计与建造却走在了世界前列，促进了石油工业向海上扩张，并且提供了着手这项工作所需的一些愿景。

在水下，新的居住舱体也在迅速发展：大陆架1号（Conshelf I）由雅克－伊夫·库斯托（Jacques-Yves Cousteau）团队在1962年建造，由法国石油工业出资，建在马赛港下方十米深的水底。紧接着，大陆架1号的同系列其他型号、海上实验室、水下实验室等依次建成。1968年，德国建造了黑尔戈兰加压舱，而由通用电气公司与美国国家航空航天局共同设计的太空实验室计划中的一个分支——塔克提克舱体于1969年建成。第一座出于研究目的从哥斯达黎加下潜的水下舱体拉卡卢帕（La Chalupa）后来被移往佛罗里达的基拉哥，改造成一座旅馆，在30多年中接待了约1万人次。穹顶与空间网架也是如此，数量激增，从业主自建的胶合木多面体住宅到工业设施与机场高耸的顶棚——也许是最完美的自给自足、持续变化的结构——再到“生物圈二号”（Biosphere II），这座地表空间研究室建于1987—1991年，坐落在亚利桑那沙漠中，8位科学家封闭在其中与世隔绝地生活了两年。

贯穿整个20世纪70、80、90年代，居住舱体见证了60年代新陈代谢主义者的理念跨过海洋、深达海底，直到南极冰原与地球轨道。尽管这些实验室建筑与丹下健三以及他的同僚们的梦想之间的联系十分单薄，他们早期通过技术塑造环境可持续城市建筑的探索实践对21世纪当代建筑有着直接的影响。英国建筑师诺曼·福斯特（Norman Foster）的职业生涯可作为佐证之一。福斯特出生于工人阶级家庭，1950年代晚期就读于曼彻斯特大学建筑系。1961—1962年，他在康涅狄格州的耶鲁大学获得了硕士课程奖学金，他在绘制透视图方面的出色技巧对此功不可没。在耶鲁，福斯特受教于现代国际建筑大会的中坚人物保罗・鲁道夫（Paul Rudolph）、历史学家文森特・斯库利（Vincent Scully）、曾在伦敦与埃里克・门德尔松（Erick Mendelsohn）合作的东欧流亡者塞吉・谢苗耶夫（Serge Chermayeff）、加利福尼亚现代主义建筑师克雷格・埃尔伍德（Craig Ellwood）与查尔斯・伊姆斯（Charles Eames），后者以他们设计的近乎预制式的“案例研究住宅”[1]而闻名。在这些年中，他参观了若干弗兰克・劳埃德・赖特与路易・康的建筑，并且前往西海岸旅行，到访了许多概念新颖的建筑，还在加利福尼亚大学圣克鲁兹新校区工作了一段时间，与几位优秀的西海岸建筑师合作，其中包括威廉・沃斯特（William Wurster）。他在耶鲁的学习中遇到了另外一位英国人——理查德・罗杰斯，还有罗杰斯的妻子苏（Su），他们同样对美国开放且乐观的建筑文化感到兴奋。回到英国后，他们在伦敦开始执业，共同合作直到 1967 年分开。1971 年对于他们两个来说都是很重要的一年：罗杰斯与他的合伙人取得了蓬皮杜中心设计竞赛的胜利，而福斯特遇到了巴克敏斯特・富勒，并在他身上找到了很多共同点，其中包括福斯特所回忆的两人都“对通常做事情的方式感到不耐烦和气恼”[395]。福斯特开始了与富勒和庄司公司的长期合作。他们的第一个合作项目是为剑桥大学设计的一座颇具创造性的地下剧院，接下来则是为牛津大学设计的穹顶办公楼，他们称之为“气候办公室”（Climatroffice），这是一个充溢着丰富的室内景观的多层空间，类似于 1967 年世博会美国馆的再版。这两个项目都没有建成，不过气候办公室的概念后来被用在了福斯特与其合伙人另外一座自由平面的办公楼中，业主是威利斯・费伯与杜马斯公司（Willis Faber & Dumas），位于英格兰伊普斯威奇。由于技术太过复杂，福斯特未能如期将概念完全实现，不过在这座 1975 年建成的建筑中采用了许多零星的想法，如曲线形玻璃幕墙与室内花园。一条新的道路正在徐徐展开。

1　案例研究住宅（Case Study house）：1945—1966 年，为了应对二战后的住宅短缺，《艺术与建筑》（*Arts & Architecture*）杂志赞助主持了一系列美国住宅研究项目，邀请当时著名的建筑师如理查德・纽特拉、拉斐尔・索瑞阿诺、克雷格・埃尔伍德、伊姆斯夫妇、埃罗・沙里宁等设计与建造廉价的研究型住宅。

福斯特的职业生涯经历了从绘图铅笔与掌上计算器向计算机辅助设计转变的过程。他在21世纪初曾写道："许多我们在早期项目中探索的'绿色'概念直到现在才在新技术的支持下变成了现实。"[396]福斯特以及他迅速发展的公司在近半个世纪的工作中设计了类型极为广泛的作品，比如工厂、办公楼、博物馆、音乐厅、体育馆、火车站、机场、私人住宅等，采用了大量巨构建造的材料与技术，如混凝土、玻璃与钢材——它们能够在计算机参数化建模的辅助下塑造流畅的曲线、斜撑、钢桁架、空间网架、暴露的基础设备、拉杆、张拉体系、预制系统与模数化单元。其中绝大部分项目有意地采用了被动与主动式结合的节能措施、自然采光与通风、雨水收集、高密度城市与交通网络——几乎运用了包罗万象的"可持续"一词中所有的元素。福斯特经常提到"一体化"："对我来说，最佳的设计方案是综合社会、技术、美学、经济与环境等方面的考量。"[397]他回应新陈代谢主义者们所坚信的适应性建筑时写道："他们设计背后的思想是否预见了那些尚未被定义的需求？只有时间能够给出答案。而我们需要设计灵活的建筑以适应未来的变化。"[398]的确，一项对福斯特公司大量作品的调查显示，福斯特一直在探索并努力实现上一代梦想家们在1960年代早期所假设的种种建筑类型。穹顶经常被采用，如柏林新议会大厦与大英博物馆大中庭，此外在建造工业建筑与机场时也常常采用这类大屋顶的形式。该公司的作品中包括大量交通枢纽项目，从伦敦的斯坦斯特德机场、国王十字火车站、圣潘克拉斯火车站、金丝雀码头地铁站（带有一个玻璃穹顶）、千禧桥到北京与香港体量宏大的机场。后者应该会令丹下健三很喜欢，它建在一块"新的土地"上——一座100米高的岛屿，长宽则是高度的四倍。涡轮式风力发电机、综合电力系统与电缆塔进一步完善了基础设施。新陈代谢主义者关于"有机"城市的设想在福斯特一系列带有中庭与花园的摩天楼中现出回响，其中最著名的是德国法兰克福的德国商业银行总部，它设有四层高的中庭，层间带有空中花园。花园是经过特殊设计的，在他的大部分建筑中都有局部采用，不过在威尔士国家植物园巨大的穹顶和德国商业银行的空中中庭中则呈现出格外壮观的具象，暴露了当代设计对于空中园林的迷恋。将自然生长的、由高科技围护结构保护起来的空中园林置于建筑当中，仿佛给建筑增添了一层迷彩色，同时通过给建筑包裹一层模拟自然的绿色表皮也像是对城市做出某种意义的补偿。

在福斯特建筑事务所的作品中，也许没有哪座建筑比伦敦圣玛丽斧街的瑞士再保险公司总部大楼更出名、更能代表该公司在先进技术与建筑可持续性方面的卓越名声了。基地上原为波罗的海交易所，毁于爱尔兰共和军的炸弹。当这座新建筑在 1997 年公布方案时，设计师称它为“伦敦第一座高层生态建筑”[399]，设有双层玻璃幕墙与电脑控制的可开启窗扇以提供自然通风。方案公布后不久即得到了“小黄瓜”的绰号。作为业主的再保险业巨头瑞士再保险公司彼时正在承接自然灾害类的保险业务，因此其经济状况与气候变化密切相关。他们需要一座标志性的建筑来表达能源应用的先进理念，其中一位工作人员曾说：“对于我们来说，可持续性意味着完美的商业触觉。”[400] 从某种程度来讲，这个设计以一座建筑所能达到的最极致的程度实现了新陈代谢主义的承诺，将技术运用于建造一种新型的人类居住空间——具有适应性、可持续性的令人振奋的空间。这个建筑的设计与富勒一脉相承：早期的方案与“气候办公室”非常类似，而最终的结构采用了多面体框架和全玻璃幕墙，火箭般的外形其实就是个由电脑拉长了的多面体穹顶。

然而直到现在，它所提出的问题与它解决的问题一样多。一座经由“可持续”技术设计的建筑能否真正减少气候变化的威胁？建筑能否在不改变背后的经济体系的前提下真正帮助我们逐渐适应各种变化？又或者它只是为完全不可持续的经济发展模式背书与正名，完全建立于不负责任的冒险行为之上？“小黄瓜”的可控制开启窗致使综合空调系统必须被关闭，或只能偶尔打开，削弱了它原本承诺的效率，或许也致使它的玻璃结构较之常规效率更低。不过无论如何，当这家保险公司在 2007 年出售这座建筑时，其售价为 12 亿美元，获利 4 亿美元。[401]

毫无疑问，“小黄瓜”和其他福斯特的作品以极其壮观的方式呈现出科技现代化所追求的“与自然和谐”的外观与渴望，使福斯特成为丹下健三的继承者。他也适时地得到了建筑贵族的荣誉：1990 年获封终生爵位——泰晤士河畔的福斯特男爵（Baron Foster of Thames Bank），1999年获得普利茨克奖，这样显赫的职业生涯又持续了如此之久，几乎无人能够匹敌。21世纪的伦敦以及它闪亮的玻璃建筑，标志着高雅文化与国际经济，这令整座城市事实上成了福斯特建筑事务所技术造诣、创造性理念、美学、哲学与商业成功的丰碑。他成就的最高点、当仁不让的巨构的化身将是为加利福尼亚库比蒂诺苹果电脑园区建造的两英里直径的玻璃圆环，在本书写作时正在建设中。无论如何，这个为世界上最大的消费电子公司所做的设计实现了大阪1970年世博会时的梦想，当时的私人企业便在设想着取得根植于集体主义乌托邦的城市设计的主导权。巨构逐渐被证明了是自由资本主义的完美象征。福斯特的作品追随着富勒、庄司与新陈代谢主义者们的脚步，完善了一整套关于结构、体系与抱负的建筑语法，而这一套语法，无疑是当下的世界所期待的建造方式。

名词解释："绿色"建筑

综合判定

- 未来主义风格：以钢材、混凝土与玻璃建造，通常采用实验性的创新结构技术，包括多面体穹隆以及其他空间框架、核心筒体系或钢筋混凝土结构。常常会整合模数化、胶囊式单元以及可扩展的设计手段。
- 功能整合：大型结构可以整合多种用途，无论是单一建筑还是建筑群，其中一些可以达到城市街区甚至整座城市的规模。
- 环境取向：采用"可持续性"衡量标准如温湿度控制、节水、循环利用、食物与能源生产。

案例

日本

- 东京：中银舱体大厦（黑川纪章，1972），新桥静冈新闻与广播中心（丹下健三，1967），螺旋大厦（1985）

- 甲府：山梨传播中心（丹下健三，1968）
- 大阪：梅田天空城市

美国

- 亚利桑那州：阿科桑迪［保罗·索莱里（Paolo Soleri），持续建设中］
- 佛罗里达州奥兰多：迪士尼明日世界地球号太空船
- 圣路易斯：密苏里植物园人工气候室（穹顶温室，1960）

加拿大

- 蒙特利尔：栖居 67、蒙特利尔生物圈（原 1967 年世博会美国馆）

英国

- 伦敦：泰晤士米德住宅区［《发条橙》（*A Clockwork Orange*）取景地］，亚历山大路住宅、贝德福德街斯潘大厦［丹尼斯·拉斯顿（Denys Lasdun），1975］，巴比肯屋村、劳埃德大厦（理查德·罗杰斯，1983）、圣玛丽斧街 30 号（“小黄瓜”）
- 诺里奇：东安格里亚大学（University of East Anglia），规划者：丹尼斯·拉斯顿（Denys Lasdun，1966）

法国

- 巴黎：乔治·蓬皮杜中心（理查德·罗杰斯、伦佐·皮阿诺、吉安弗兰科·弗兰切尼，1971—）

新加坡

- 共和理工学院校园（2007）

澳大利亚

- 悉尼中央花园［让·努维尔（Jean Nouvel）、派特里克·布兰克（Patrick Blanc），2014］

各种变体

- 穹顶体育场
- 多面体穹隆
- 露营帐篷

“绿色”高层建筑（建筑内部或屋顶种植植物）

- 德国法兰克福：德国商业银行总部（1991—1997）
- 纽约：赫斯特大厦
- 米兰：垂直森林
- 悉尼：中央花园（2014）

绿化墙

- 由法国设计师派特里克·布兰克（Patrick Blanc）率先采用的带有“垂直花园”的墙体

生态城市

- 中国天津生态城
- 阿布扎比穆达尔城
- 韩国松岛新城

蒙特利尔生态圈（1967），原1967年世博会美国馆，加拿大蒙特利尔，建筑师：巴克敏斯特·富勒与庄司贞夫
（图片来自 Cédric THÉVENET）

栖居 67（1967），加拿大蒙特利尔，建筑师：摩西·萨夫迪

中银舱体大厦，日本东京，建筑师：黑川纪章

新桥静冈新闻及广播中心（1967），日本东京，建筑师：丹下健三

圣玛丽斧街30号（“小黄瓜”，2003），英国伦敦，
建筑师：福斯特建筑事务所（Foster Partners）

新国会大厦（1999），德国柏林，建筑师：福斯特建筑事务所

德国商业银行总部大楼（1997），德国法兰克福，建筑师：福斯特建筑事务所

乔治·蓬皮杜中心（1971— ），法国巴黎，建筑师：理查德·罗杰斯、伦佐·皮阿诺、吉安弗兰科·弗兰切尼

中央花园(One Central Park，2014)，澳大利亚悉尼，建筑师：让·努维尔；派特里克·布兰克设计了垂直花园，可由回收污水灌溉，悬挑的反光板可以将日光反射到阴影部位的空间

致谢

我想感谢一些人——如果没有他们的帮助，本书是不可能完成的。他们每一位的独到观点与视野均使我受益匪浅：我的编辑、哈珀·柯林斯出版社的 Jennifer Barth，提供了出色协助的 Erin Wicks、Leah Carlson-Stanisic、Leslie Cohen 与 Gregg Kulick，库恩公司（Kuhn Projects）的 David Kuhn 与 Nicole Tourtelot，以及 Charles Donelan、Ann Ehringer、Otis Graham、Rowan Pelling 与 Eddie Wang。我还想特别感谢一家致力于书籍发展事业的机构——本书就是在其中逐步成形的——洛杉矶公共图书馆。这既指代了由砖和灰泥建造的建筑，也包括它的网站系统，以及将建筑空间与网页空间融合于一体的人们。它的中央图书馆位于洛杉矶市中心，是伯特伦·格罗夫纳·古德休最伟大的成就之一，如今看来，依然是城市景观中活生生的、令人精神为之一振的杰作。

注释

引言

[i] “the doctrine of salvation”: Quoted in Jane Jacobs, *The Death and Life of Great American Citie* (New York: Vintage Books, 1992), 113.

[ii] “In the end, I promise”: Lewis Mumford, *The Story of Utopias* (New York: Viking Press, 1962), 26.

1 城堡

[1] “drawing dream cities”: Charles Harris Whitaker, *Bertram Grosvenor Goodhue: Architect and Master of Many Arts* (New York: Press of the American Institute of Architects, 1925), 12–13.

[2] So in 1884, at 15 years: Ibid., 16; also Richard Oliver, *Bertram Grosvenor Goodhue* (New York: Architectural History Foundation; Cambridge, MA: MIT Press, 1983), 5–6.

[3] Setting aside his austere: Whitaker, *Bertram Grosvenor Goodhue*, 13.

[4] “His pen and ink renderings”: Romy Wyllie, *Bertram Goodhue: His Life and Residential Architecture* (New York: W.W. Norton & Co., 2007), 27.

[5] The first portfolio, done in 1896: Oliver. *Bertram Grosvenor Goodhue*, 32.

[6] “Below me in the now windless”: Ibid., 38

[7] The decade of the 1890s was the period: Ibid., 26.

[8] Prodigious also was his vitality: Whitaker. *Bertram Grosvenor Goodhue*, 30

[9] “perched on a table, smoking”: Ibid., 31

[10] “morality of architecture”: John Ruskin. *The Stones of Venice*. New York: J. Wiley, 1877.

[11] “the new society...has no prototype”: Stanley Schultz. *Constructing Urban Culture: American cities and city planning, 1800–1920* (Philadelphia: Temple University Press, 1989), 9.

[12] “We are all a little wild here”: Ibid., 9.

[13] Many were utopian in intent: Ibid., 9

[14] Some put faith in formal innovations: John Reps. *The Making of Urban America: A History of City Planning in the United States* (Princeton, NJ: Princeton University Press, 1965), 487–495.

[15] “like so many paper soldiers”: —Schultz, *Constructing Urban Culture*; cf. Reps, *The Making of Urban America*, 13

[16] Romanticism, as the German sociologist Georg Simmel noted: Chris Petit, “Bombing,” in *Restless Cities*, ed. Mathew Beaumont and Gregory Dary(London: Verso, 2010), 29.

[17] “despite their continuing mutual reinforcement”：Kasia Boddy. “Potting” in Ibid., 214.

[18] “smokestacks versus geraniums”：Ibid., 218.

[19] “a dry man”：*The Project Gutenberg EBook of Great Expectations, by Charles Dickens*, www.gutenberg.org.

[20] “The office is one thing”：Ibid.

[21] “By degrees, Wemmick got dryer”：Ibid.

[22] “They are wrapt, in this short passage”：Quoted in Rachel Bowlby, “Commuting,” in Beaumont and Dary, *Restless Cities*, 53.

[23] “widely perceived to have never”：Lerer, Seth. *Children' s Literature: A Reader' s History, from Aesop to Harry Potter* (Chicago: University of Chicago Press, 2008), 257.

[24] After fruitless meetings: Oliver. *Bertram Grosvenor Goodhue*, 22.

[25] “So far, Mexico has not sunk” and other quotes: Bertram Grosvenor Goodhue, *Mexican Memories: The Record of a Slight Sojourn Below the Yellow Rio Grande*. (New York: 1892), 9.

[26] “Rapidly growing larger and larger”：Ibid., 16.

[27] “sombrero, zarape, a cool loose shirt”：Ibid., 133.

[28] “But you must make haste”：Ibid., 135.

[29] In late September 1894: Oliver. *Bertram Grosvenor Goodhue*, 25.

[30] “it would be a mistake to try and define it”：Quoted in Whitaker, *Bertram Grosvenor Goodhue*, 19.

[31] “In France the cathedral stood”：Ibid., 21.

[32] Cram and Wentworth was busy: Ibid.

[33] In 1897, partner Charles: Ibid., 12.

[34] In December, 1898, he returned: Ibid., 31.

[35] “rather as a glamour than a memory”：Whitaker. *Bertram Grosvenor Goodhue*, 42.

[36] The first filmmakers came to the area: Kevin Starr, *Inventing the Dream: California Through the Progressive Era* (New York: Oxford University Press, 1985), 285.

[37] “This superb creation”：Whitaker. *Bertram Grosvenor Goodhue*, 45.

[38] Hunt would go on: Kevin Starr, *Material Dreams: Southern California Through the 1920s*. (New York: Oxford University Press, 1990), 195.

[39] supervised by Carleton Winslow: Ibid., 282.

[40] sets loomed over busy streets: Starr, *Inventing the Dream*, 338.

[41] “The residential people of Los Angeles”：Starr, *Material Dreams*, 210.

[42] The Los Angeles regional growth machine: Peter Hall, *Cities of Tomorrow: An Intellectual History of Urban Planning and Design in the 20th Century*, 3rd ed. (Oxford: Blackwell Publishing, 1988), 283.

2 纪念物

[43] “one of the foremost architects of the world”：Thomas S. Hines. *Burnham of Chicago: Architect and Planner* (New York: Oxford University Press, 1974), xxiii.

[44] His influence was matched by his size: Ibid., 234–236.

[45] He was born in 1846: Ibid., 3.

[46] "rarely studied and was always censured" : Ibid., 9.

[47] "I shall try to become the greatest architect" : Ibid., 9–12.

[48] "There is a family tendency" : Ibid., 13–14.

[49] in Wight' s office he met the partner he needed: Ibid., 17.

[50] the two opened their own practice: Ibid., 18.

[51] "his powerful personality was supreme." : Ibid., xxiii.

[52] "a dreamer, a man of fixed determination and strong will" : Ibid., xxiv–xxv.

[53] Burnham has often been compared: Ibid., 22.

[54] Root acknowledged when he joked: Oliver Larkin. *Art and Life in America* (New York: Holt, Rinehart, and Winston, 1960 [1949]), 285.

[55] In 1870, the country' s population: Hines, *Burnham of Chicago*, 44–45.

[56] As business and population grew: Ibid., 47.

[57] To Sullivan, he embodied the spirit: Ibid. .24–25.

[58] "An amazing cliff of brickwork" : Ibid., 69.

[59] It was to be a stupendous undertaking: Ibid., .73, 76, 78.

[60] "abandon the conservatory aspect" : Ibid., 78.

[61] More and more Americans, made wealthy: Larkin, *Art and Life in America*, 293.

[62] Saint–Gaudens expressed their self–consciousness: Hines, *Burnham of Chicago*, 90.

[63] Using steel frames covered in wood: Ibid., 71, 89, 92, 112.

[64] In the fair' s six–month run: Ibid., 117.

[65] "Chicago was the first expression" : Ibid., 73.

[66] journalist Henry Demarest Lloyd thought: Robert Fogelson. *Downtown: Its Rise and Fall, 1880–1950* (New Haven: Yale University Press, 2001), 324.

[67] Louis Sullivan later griped: Hines, *Burnham of Chicago*, xxvi, 120, 123.

[68] "People are no longer ignorant" : Ibid., 125.

[69] He reaped much of the very public accolades: Ibid.

[70] In 1896, he and his wife Margaret: Ibid., 137.

[71] "it was a perfect evening" : Ibid.

[72] "What had triumphed in 1896" : Lears, Jackson. *No Place of Grace: Anti–modernism and the Transformation of American Culture, 1880–1920*. New York: Pantheon, 1981, 189.

[73] At Burnham' s death in 1912: Hines, *Burnham of Chicago*, 271.

[74] "My own belief is that instead" : Ibid., 143.

[75] "How else can we refresh our minds" : Ibid., 145.

[76] The problem of the railroad was solved: Ibid. .153–154.

[77] His 1907 master plan for Los Angeles: Jeremiah B.C. Axelrod. *Inventing Autopia: Dreams and Visions of the Modern Metropolis in Jazz Age Los Angeles* (Berkeley: University of California Press, 2009), 22.

[78] His far more modest plan for Santa Barbara: Starr, *Material Dreams*, 263.

[79] Robinson gave "the dream city" of the Chicago World's Fair: Charles Mulford Robinson, "Improvement in City Life: Aesthetic Progress," *Atlantic Monthly* 83 (June 1899). Online at: http://urbanplanning.library.cornell.edu/DOCS/robin_01.htm.

[80] "the evil of the World's Fair triumph" : Lewis Mumford. *Sticks and Stones: A Study of American Architecture and Civilization*. New York: Dover Publications, 1955, 130.

[81] "At my feet lay a great city" : Hines, *Burnham of Chicago*, 174.

[82] "Municipal advance on aesthetic lines" : Charles Mulford Robinson. "Improvement in City Life: Aesthetic Progress" Atlantic Monthly 83 (June 1899): 771–185.

[83] "a more agreeable city in which to live." : Gray Brechin. *Imperial San Francisco: Urban Power, Earthly Ruin*. Berkeley: University of California Press, 1999, 178.

[84] to "render the citizens cheerful, content, yielding, self-sacrificing..." : Ibid., 145.

[85] where it was moved in 1925 from its original location: http://www.artandarchitecture-sf.com/california-volunteers.html.

[86] "Manila may rightly hope to became an adequate" : Hines, *Burnham of Chicago*, 210.

[87] In 1901, Sir Aston Webb was commissioned: Thomas R. Metcalf. *An Imperial Vision: Indian Architecture and Britain's Raj*. Berkeley: University of California Press, 1989, 176.

[88] He even talked, like Daniel Burnham did: Le Corbusier. *The City of Tomorrow and its Planning* (*Urbanisme, 1929*) New York: Dover, 1987, 240–41.

3 板楼

[89] "one unified watchmaking industry." : J.K. Birksted. *Le Corbusier and the Occult* (Cambridge, MA: MIT Press, 2009), jacket copy.

[90] Charles-Édouard was exposed early: Ibid., 120, 231.

[91] the 1912 Villa Jeanneret-Perret influenced by John Ruskin: Ibid., 121.

[92] To expand his education, Charles-Édouard set off on a trip: Charles Jencks. *Le Corbusier and the Tragic View of Architecture* (Cambridge, MA: Harvard University Press, 1973), 32.

[93] "He is unloading ballast. That is how you rise" : Birksted, *Le Corbusier and the Occult*, 10.

[94] "LC is a pseudonym. LC creates architecture" : Ibid, 10.

[95] Charrles Jencks, wrote of him that: Jencks, *Le Corbusier and the Tragic View of Architecture*, 24, 54.

[96] The architect's guiding principle was separation: Norma Evenson. *Le Corbusier: The Machine and the Grand Design* (New York: G. Braziller, 1970), 7.

[97] "The lack of order to be found everywhere" : Ibid., 9.

[98] "It is the street of the pedestrian of a thousand years ago" : Stanislaus von Moos, "From the 'City for 3 million inhabitants' to the 'Plan Voisin' ", *Le Corbusier in Perspective*, ed. Peter Serenyi (Englewood Cliffs, N.J.: Prentice-Hall, 1975), 135.

[99] Louis Sullivan, the Chicago pioneer: Ibid., 125–138.

[100] itself inspired by a long line of American visions: Jean-Louis Cohen. *The Future of Architecture,*

Since 1889 (New York: Phaidon Press, 2012), 89.

[101] Hans Poelzig proposed a Y-shaped skyscraper: Mardges Bacon, *Le Corbusier in America: Travels in the Land of the Timid* (Cambridge, MA: MIT Press, 2001), 155.

[102] Ludwig Hilberseimer drew his High Rise City: Cohen, *The Future of Architecture*, 178-179.

[103] "one experiences here the beneficent results" : Evenson. *Le Corbusier*, 10.

[104] Owen had called his brick quandrangles "moral quadrilaterals" : Fishman, Robert. *Urban Utopias in the 20th Century: Ebenezer Howard, Frank Lloyd Wright, Le Corbusier* (Cambridge, MA: MIT Press, 1977), 14.

[105] Fourier' s Phalanstery contained theaters: Evenson, *Le Corbusier*, 32.

[106] Le Corbusier would have known of the work of: Ibid., 13.

[107] "Let us listen to the counsels of American" : Reyner Banham, A Concrete Atlantis: U.S. Industrial Building and European Modern Architecture, 1900-1925. Cambridge, MA: MIT Press, 1986, 227.

[108] "We must increase the open spaces" : Le Corbusier, *The City of Tomorrow and Its Planning*, 166.

[109] "A city made for speed is a city made for success." : Ibid., 179.

[110] "was to prove to be one of the most influential" : Birksted, *Le Corbusier and the Occult*, 304.

[111] Le Corbusier' s writing "had a hypnotic effect" : Jencks, *Le Corbusier and the Tragic View of Architecture*, 64.

[112] "Those hanging gardens of Semiramis" : http://www.fondationlecorbusier.fr/corbuweb/morpheus.aspx?sysId=13&IrisObjectId=6159&sysLanguage=en-en&itemPos=2&itemCount=2&sysParentName=Home&sysParentId=65.

[113] "those gloomy clefts of streets" : Ibid.

[114] "The idea of realizing it in the heart" : Ibid.

[115] "Therefore my settled opinion" : Le Corbusier, *The City of Tomorrow and its Planning*, 96.

[116] "1. Requisitioning of land" : Le Corbusier, *The Radiant City* (New York: Orion Press, 1967), 148-152.

[117] "organized slavery" : Ibid.

[118] as the scholar Sven Birksted has pointed out: Birksted, *Le Corbusier and the Occult*, 19, 21, 24-25; Cohen, *The Future of Architecture*, 48, 57, 127.

[119] Plans for Rio, Buenos Aires, and Montevideo show: Iñaki Ábalos & Juan Herreros, *Tower & Office: From Modernist Theory to Contemporary Practice* (Cambridge, MA: MIT Press, 2003), 16-19.

[120] "His output of city plans is remarkable" : Jencks, *Le Corbusier and the Tragic View*, 120.

[121] In the fall of 1935, Le Corbusier spent: Bacon, *Le Corbusier in America*, 3.

[122] Of New York, which he called "a barbarian city" : Le Corbusier, *The City of Tomorrow and its Planning*, 76.

[123] "As for beauty, there is none at all" : Le Corbusier, *The City of Tomorrow*, 45, 76.

[124] "Yes, the cancer is in good health" : Evenson, *Le Corbusier*, 29.

[125] "mighty storms, tornadoes, cataclysms…so utterly devoid of harmony" : Ibid.

[126] the *Herald Tribune* printed this headline: Bacon, *Le Corbusier in America*, 26.

[127] He assiduously searched out power brokers: Ibid., 159.

[128] Jacob Riis' s view was typical: Robert Fogelson, *Downtown: Its Rise and Fall, 1880–1950*, 325.

[129] one Ohio official told Congress: Ibid., 345.

[130] Meant as a jobs, not a housing program: Ibid., 340.

[131] Tall concrete slab construction was already common: Samuel Zipp. *Manhattan Projects: The Rise and Fall of Urban Renewal in Cold War New York* (New York: Oxford University Press, 2010), 15.

[132] "Residential, commercial, and industrial areas" : To New Horizons (General Motors film, 1940), 19:30.

[133] "a district which is not what it should be" : Fogelson, *Downtown*, 348.

[134] A Philadelphia judge opined: Ibid., 350.

[135] prominent public housing advocate Catherine Bauer: John R. Short, *Alabaster Cities: Urban U.S. Since 1950* (Syracuse, N.Y.: Syracuse University Press, 2006), 79–80.

[136] "the business welfare state" : Zipp, *Manhattan Projects*, 112.

[137] The target was 18 square blocks: Ibid., 78.

[138] Pittsburgh Equitable Life Assurance Society built: Ibid., 101.

[139] "highest and best use." Short, *Alabaster Cities*, 20.

[140] most American central business districts: Fogelson, *Downtown*, 271.

[141] Critics scoffed, pointing out that: Ibid., 278.

[142] the Gowanus Parkway, which Robert Moses realized by: Ibid., 278.

[143] "cities are created by and for traffic" : Hilary Ballon and Kenneth T. Jackson, eds. *Robert Moses and the Modern City: The Transformation of New York* (New York: W. W. Norton & Co., 2007), 124–125.

[144] "must go right through cities" : Ibid., 124.

[145] And he cleared blighted districts: Ibid., 97.

[146] "You can draw any kind" : Robert Caro, *The Power Broker: Robert Moses and the Fall of New York* (New York: Knopf, 1974), 849.

[147] Even with a federal "write-down" of two-thirds: Ballon and Jackson, eds. *Robert Moses and the Modern City*, 97.

[148] One study following the first 500: Ibid., 102.

[149] In Manhattan alone, his programs cleared: Ibid., 47–49.

[150] Where the old land coverage had been: Ibid., 108.

[151] Urban Renewal was really "negro removal" : Short, *Alabaster Cities*., 21–22.

[152] Marshall Berman and others have written, urbicide: Marshall Berman, "Falling," in Beaumont and Dary, *Restless Cities*, 128.

4 家庭农场

[153] At 8:30 p.m. on Monday, April 15, 1935: Patrick J Meehan, ed., *Truth Against the World: Frank Lloyd Wright Speaks for an Organic Architecture* (Washington, D.C.: Preservation Press, 1992), 343.

[154] Earlier on that Monday: Ibid.

[155] Aged 67 in 1935, the general public then knew: Robert Fishman, *Urban Utopias in the 20th Century*, 94.

[156] "the entrails of final enormity" : Meehan, *Truth Against the World*, 345.

[157] "Meanwhile, what hope of democracy left to us" : Ibid.

[158] "I have tried to grasp and concretely interpret" : Ibid.

[159] "The city will be nowhere, yet everywhere." : Myron A. Marty, Communities of Frank Lloyd Wright: Taliesin and Beyond, 159.

[160] "Broadacre City is no mere back–to–the–land–idea" : Meehan, *Truth Against the World*, 345.

[161] "The true center (the only centralization allowable)" : Fishman, *Urban Utopias*, 129.

[162] "the peculiar, inalienable right to live his own life" : Ibid., 110.

[163] "the great architectural highway" : Frank Lloyd Wright, "Broadacre City: A New Community Plan" (1935), in *Frank Lloyd Wright: Essential Texts*, ed. Robert Twombly (New York: W.W. Norton & Co., 2009), 261.

[164] "Broadacre City is not merely the only democratic city" : Alvin Rosenbaum, *Usonia: Frank Lloyd Wright' s Design for America* (Washington, D.C.: Preservation Press, National Trust for Historic Preservation, 1993), 87.

[165] "In Broadacres you will find not only a pattern" : Meehan, *Truth Against the World*, 345.

[166] Government would be "reduced to one" : Wright, "Broadacre City," 260.

[167] "economic, aesthetic and moral chaos" : Meehan, *Truth Against the World*, 345.

[168] "little farms, little homes for industry" : "Broadacre City," 262.

[169] "The waste motion, back and forth haul" : Ibid., 260–261.

[170] Howard' s time in America, including on a Nebraska homestead: Hall, *Cities of Tomorrow*, 89.

[171] Wright provided for a "community center" : Fishman, *Urban Utopias*, 135.

[172] Wright' s conception went beyond other: Ibid., 123.

[173] "The price of the major three to America" : Twombly, *Frank Lloyd Wright: Essential Texts* (New York: W. W. Norton, 2009), 259.

[174] "The actual horizon of the individual immeasurably widens" : Ibid., 40–41.

[175] "If he was the means" : Ibid.

[176] "the greatest architect of the 19th century" : Rosenbaum, *Usonia*, 75.

[177] with whom she had two children: Ibid., 39.

[178] In November of that year, he met: Donald Leslie Johnson, *Frank Lloyd Wright Versus America: the 1930s* (Cambridge, MA: MIT Press, 1990), 6.

[179] "Come with me, Ogilvanna" : Bruce Brooks Pfeiffer and Gerald Nordland, eds., *Frank Lloyd*

Wright in the Realm of Ideas (Carbondale: Southern Illinois University Press, 1988), 166.

[180] Miriam, angry, succeeded in having them: Fishman, *Urban Utopias*, 118–119.

[181] The press had a field day: Ibid., 119.

[182] to work off the $43, 000 outstanding debt: Johnson, *Frank Lloyd Wright Versus America*, 9.

[183] “Not only do I intend to be the greatest” : Ibid., frontispiece caption..

[184] “After me, it will be 500 years before there is another” : Johnson, *Frank Lloyd Wright Versus America*, 55.

[185] These included meditations on cities: Pfeiffer and Nordland, Frank Lloyd Wright in the Realm of Ideas, 109

[186] In 1931, he embarked on what he termed: *Frank Lloyd Wright Versus America*, 158–159.

[187] In his Princeton lectures he’ d called for: Pfeiffer and Nordland, *Frank Lloyd Wright in the Realm of Ideas*, 51.

[188] “superfluous” but effective tools: Meryle Secrest, *Frank Lloyd Wright: A Biography* (Chicago: University of Chicago Press, 1998), 156.

[189] Visitors to the Taliesin compound: Johnson, *Frank Lloyd Wright Versus America*, 61, 63, 64.

[190] The German modernist architect Ludwig Mies van der Rohe: Ibid., 177.

[191] His first plans for communities: Ibid., 141, 147.

[192] He had published an early version of the idea: “Plan by Frank Lloyd Wright,” in *City Residential Development: Studies in Planning* (University of Chicago Press, May 1916). Marty, *Communities of Frank Lloyd Wright*, 167.

[193] having traveled across the United States by car: Marty, *Communities of Frank Lloyd Wright*, 166.

[194] In 1932, he had considered problems of: Johnson, *Frank Lloyd Wright Versus America*, 129.

[195] “Modern transportation may scatter the city” : Rosenbaum, *Usonia*, 65.

[196] to convince Tom Maloney of New York to give $1, 000: Johnson, *Frank Lloyd Wright Versus America*, 110.

[197] Edgar Kaufmann, Sr., the Pittsburgh department store owner: Marty, *Communities of Frank Lloyd Wright*, 161–162.

[198] In the final plan, finished in late 1934: Johnson, *Frank Lloyd Wright Versus America*, 112.

[199] Work began on the Broadacre City model: Ibid., 115.

[200] The fellows spent hundreds of hours: Marty, *Communities of Frank Lloyd Wright*, 159.

[201] “We live in this future city. Speed in the shady lanes” : Ibid, 163.

[202] “Like the prophet of old reminding the children” : Pfeiffer and Nordland, *Frank Lloyd Wright in the Realm of Ideas*, 150.

[203] “There is no such thing as creative except” : Ibid., 89.

[204] The Chicago where he spent his early: Rosenbaum, *Usonia*, 26–27.

[205] “The next America would be a collectivist democracy” : Ibid., 99.

[206] The influential writer Lewis Mumford: Ibid., 71, 73.

[207] Ford had built his first car in 1893: Ibid., 48.

[208] "I am a farmer···.I want to see every acre" : Hall, *Cities of Tomorrow*, 275.

[209] "Plainly···the ultimate solution will be the abolition of the City" : Johnson, *Frank Lloyd Wright Versus America*, 134.

[210] where 250 model Ford Homes were put up: Joseph Oldenburg, "Ford Homes Historic District History," www.fordhomes.org; fhhd_history.pdf.

[211] At Florence, they discussed Ford' s plan: Rosenbaum, *Usonia*, 55–57.

[212] Wright echoed this title in his own later article: Johnson, *Frank Lloyd Wright Versus America*, 137

[213] "Even that concentration for utilitarian purposes" : Ibid.

[214] "a valley inhabited by happy people" : Rosenbaum, *Usonia*, 92.

[215] the TVA' s first dam, Norris Dam, was built: Ibid., 124.

[216] "finest city in the world···communicated with the Suburban Division" : Rosenbaum, *Usonia*, 143.

[217] The model was seen by 40, 000 people: Marty, *Communities of Frank Lloyd Wright*, 165.

[218] two long pieces in the *Washington Post*: Rosenbaum, 143.

[219] "No planning proposal has ever had as much exposure" : Marty, *Communities of Frank Lloyd Wright*, 165.

[220] "I am not guilty of offering a plan for immediate use" : Fishman, *Urban Utopias*, 95.

[221] "a naive concoction of adolescent idealism" : (Stephen Alexander) Rosenbaum, *Usonia*, 120.

[222] "would require the abrogation of the Constitution" : Pfeiffer and Nordland, *Frank Lloyd Wright in the Realm of Ideas*, 159–160.

[223] Wright had had experience with building smaller houses: Rosenbaum, *Usonia*, 133.

[224] the first prefab community in the US: Ibid., 180.

[225] "He simply did not know how to do prefabrication" : Ibid., 183.

[226] Another of Wright' s Broadacre inventions, the Roadside Market: Richard Longstreth, *The Drive-in, the Supermarket, and the Transformation of Commercial Space in Los Angeles, 1914–1941* (Cambridge, MA: MIT Press, 1999), 134.

[227] In Southern California, by 1941 nearly half: Greg Hise, *Magnetic Los Angeles: Planning the Twentieth Century Metropolis* (Baltimore: Johns Hopkins University Press, 1997), 129.

[228] By 1943, there were 400, 000 defense workers: "The Economic Development of Southern California, 1920–1976," in *The Aerospace Industry as the Primary Factor in the Industrial Development of Southern California. The Instability of the Aerospace Industry, and the Effects of the Region' s Dependence on It*, vol. 1 (Los Angeles: City of Los Angeles, Office of the Mayor: June, 1976), 5–6.

[229] like those offered by Pacific Ready Cut Homes: Becky Nicolaides, " 'Where the Working Man is Welcomed' : Working-Class Suburbs in Los Angeles, 1900–1940," in *Looking for Los Angeles: Architecture, Film, Photography, and the Urban Landscape*, ed. Charles Salas and Michael Roth (Los Angeles: Getty Research Institute, 2001), 77, 76.

[230] The resulting landscape was a mostly unplanned: Ibid., 78.

[231] But as the numbers of war workers grew: Hise, *Magnetic Los Angeles*, 129.

[232] Critical to their efforts were a raft of new: Ibid., 119, 134.

[233] In 1940, Douglas Aircraft broke ground on a tract: D. J. Waldie, *Holy Land: A Suburban Memoir* (New York: St. Martin' s Press, 1996), 25, 45.

[234] The builders used a continuous–flow assembly line: Hise, *Magnetic Los Angeles*, 121, 137–140, 142–147.

[235] The postwar Los Angeles that emerged: Ibid., 132, 190.

[236] "Their overriding purpose was to ensure" : Mike Davis, *City of Quartz: Excavating the Future in Los Angeles* (New York: Vintage Books, 1992), 161.

[237] But this supposed homogeneity had been eroded: James R. Wilburn, "Social and Economic As--pects of the Aircraft Industry in Metropolitan Los Angeles During World War II" (PhD disserta–tion, University of California, Los Angeles, , 1971), 184–187.

[238] "100% American Family Community" : Waldie, *Holy Land*, 160.

[239] The decision to incorporate was swung by: Historical sources at City of Lakewood website: http://www.lakewoodcity.org/about_lakewood/community/default.asp.

[240] As further inducement, in 1956: Davis, *City of Quartz*, 166.

[241] The Lakewood Plan spread like wildfire: Charles F Waite, "Incorporation Fever: Hysteria or Sal–vation: An excerpt from a report on incorporation and annexation in Los Angeles County, prepared for the Falk Foundation" (Los Angeles: Los Angeles Bureau, Copley Newspapers, July 1952).

[242] By the 1990s, there were 16, 000 HOAs in California: Davis, *City of Quartz*, 160–165.

[243] "diffuse, de–centered, without clear boundaries" : John Dutton, *New American Urbanism: Re–Forming the Suburban Metropolis* (Mila: Skira Editore, 2000), 17.

[244] "That' s the big, big failure of Frank Lloyd Wright" : Marty, *Communities of Frank Lloyd Wright*, 167.

5 珊瑚之城

[245] "Moses had more power over the physical development" : Hillary Ballon. "Robert Moses and Urban Renewal: The Title I Program," in *Robert Moses and the Modern City: The Transformation of New York*, ed. Hilary Ballon and Kenneth Jackson (New York: W.W. Norton & Co., 2007), 97

[246] "enabled him to accomplish a vast amount" : Robert Fishman, "Revolt of the Urbs: Robert Moses and his Critics," in Ballon and Jackson, *Robert Moses and the Modern City*, 122.

[247] "a few rich golfers" : Ibid., 122.

[248] not only did his plans include a roadway: Ibid., 243.

[249] "The democratic way is to allow the people" Ibid., 94.

[250] "Project That Would Put New Roads in Washington Square Park" : Ibid., 124.

[251] "It is our view that any serious tampering with Washington Square Park" : Ibid., 126.

[252] "I don' t care how those people feel" : Ibid., 126.

[253] He damned what he called the dominance of traffic engineers: Ibid.

[254] who lived with her husband and three children: https://en.wikipedia.org/wiki/Jane_Jacobs

[255] "He stood up there gripping the railing" : Ballon and Jackson, *Robert Moses and the Modern City*, 125.

[256] "It is no surprise that, at long last, rebellion is brewing in America" : Ibid., 124.

[257] in 1947 the couple bought a modest 3-story: http://untappedcities.com/2010/09/28/jane-jacobs-house-at-555-hudson-street/

[258] "This book is an attack" : All quotes from Jane Jacobs, *The Death and Life of Great American Cities* (New York: Vintage Books), 1992.

[259] a 1962 *New Yorker* magazine article: http://www.placematters.net/node/1867.

[260] The book would eventually be translated into six: http://en.wikipedia.org/wiki/The_Death_and_Life_of_Great_American_Cities

[261] The condominium was one of the most significant developments: https://en.wikipedia.org/wiki/Condominium; http://www.condopedia.com/wiki/Timeline_of_Condo_History; http://www.deseretnews.com/article/765615708/Father-of-Modern-Condominiums-will-never-live-in-one.html.

[262] "A large or small city can only be reorganized" : Krier, "The City Within the City" , in Demetri Porphyrios, ed., *Léon Krier: Houses, Places, Cities* (London: Academy Publications, 1984).

[263] "After the crimes committed against the cities" : A + U, Tokyo, Special Issue, November 1977, 69-152. Reprinted in: *Architectural Design*, volume 54 (1984), Jul/Aug, 70-105. Also in: Porphyrios, ed., *Léon Krier*; http://zakuski.utsa.edu/krier/city.html

[264] "One day I went to a lecture by Leon Krier" : http://zeta.math.usta.edu/~yxk833/KRIER/index.html.

[265] "Somewhere along the way, traditional towns" : Andres Duany, Elizabeth Plater-Zyberk, and Jeff Speck, *Suburban Nation: The Rise of Sprawl and the Decline of the American Dream* (New York: North Point Press, 2000), xi.

[266] The "solution" they wrote, "is not removing cars" : Ibid., 160.

[267] "following six fundamental rules that distinguish it from sprawl" : Ibid., 15.

[268] "the key to active street life" : Ibid., 156.

[269] By guaranteeing "a consistent streetscape" : Ibid., 177.

[270] at 18 to 24 units per acre: John Dutton. *New American Urbanism*, 51-52.

[271] "a campaign to rescue the landscape" : Howard Kunstler, The Geography of Nowhere (New York: Simon and Schuster, 1993).

[272] CIAM, in Duany's phrase, "can be credited or blamed" : Duany, Plater-Zyberk, and Speck, *Suburban Nation*, 253.

[273] "add up to a high quality of life" : Principle 10 of the New Urbanism: https://www.newurbanism.org/newurbanism/principles.html.

[274] working name for the project was Dream City: Robert H. Kargon and Arthur P. Molella, *Invented Edens: Techno-Cities of the Twentieth Century* (Cambridge, MA: MIT Press, 2008), 135.

[275] the median home price in Celebration was two times higher: Ross, *Celebration Chronicles: Life, Liberty, and the Pursuit of Property Value in Disney' s New Town* (New York: Ballaantine Books, 2011), 32

[276] "the sleaze road of all times" : Ibid., 277.

[277] "We are prepared to sacrifice architecture on the altar of urbanism" : Duany, Plater–Zyberk, and Speck, *Suburban Nation*, 210–211.

[278] "nonideological" and "the Mazda Miata, a car that looks" : Ibid., 254.

[279] "It is hard enough convincing suburbanites" : Ibid., 210.

[280] "as camouflage for subversive density, difference, and mixed use" : Dutton, *New American Urbanism*, 67.

[281] "the situation is so critical that Andres Duany and I" : http://www.planetizen.com/node/32

[282] Robert Fishman has dubbed the "fifth migration" : Duany, Plater–Zyberk, and Speck, *Suburban Nation*, 230.

[283] her former home at 555 Hudson Street: http://untappedcities.com/2010/09/28/jane–jacobs–house–at–555–hudson–street/

[284] "safeguards against incongruity" : Dutton, *New American Urbanism*, 79.

6 购物中心

[285] In 1786, the duke invested in stone colonnades: http://www.histoire–image.org/site/oeuvre/analyse.php?i=684

[286] it provided new marketing possibilities for luxury: Johann Friedrich Geist, *Arcades, the History of a Building Type* (Cambridge, MA: MIT Press, 1983), 60.

[287] In 1791, the Passage Feydeau set: Ibid., 4.

[288] "These arcades, a recent invention of industrial luxury" : Walter Benjamin, "The Paris of the Second Empire in Baudelaire," quoted in David S. Ferris, *The Cambridge Introduction to Walter Benjamin* (Cambridge, UK; New York: Cambridge University Press, 2008), 36–37.

[289] By 1890, the United States could boast the largest: James J. Farrell, *One Nation Under Goods: Malls and the Seductions of American Shopping* (Washington D.C: Smithsonian Books, 2003), 5.

[290] "The great poem of display chants its many–colored" : Ferris, *The Cambridge Introduction to Walter Benjamin*, 117.

[291] the arcades were "the scene of the first gas lighting" … "its chronicler and its philosopher" : Ibid., 36–37.

[292] Benjamin saw in the arcades the apotheosis…where capitalism connected to the world of dreams: Ibid., 116.

[293] From 1816 to 1840 many were built: Geist, *Arcades*, 49.

[294] In 1851, as the centerpiece of London' s Great Exhibition: Louise Wyman, "Crystal Palace," in Chuihua Judy Chung and Sze Tsung Leong, eds., *Harvard Design School Guide to Shopping*, 236.

[295] "We freely admit, that we are lost in admiration" : Ibid.

[296] “The total effect is magical, I had almost said intoxicating” : Ibid.

[297] In the wake of Paxton’ s achievement: Ibid., 33.

[298] “a cathedral of modern trade, light yet solid” : Mark Moss, *Shopping as an Entertainment Experience* (New York: Lexington Books, 2007), xx.

[299] “the most monumental commercial structure ever” : Hines. *Burnham of Chicago* (New York: Oxford University Press, 1974), 303.

[300] In 1954, Northland Center, designed by: Farrell, *One Nation Under Goods*, 8.

[301] Gruen, an Austrian Jew originally named Grünbaum: Victor Gruen, *The Heart of Our Cities; The Urban Crisis: Diagnosis and Cure* (New York, Simon and Schuster, 1964), 10.

[302] After he relocated to Beverly Hills, California: M. Jeffrey Hardwick, *Mall Maker: Victor Gruen, Architect of an American Dream* (Philadelphia: University of Pennsylvania Press, 2004), 35.

[303] It would also include a series of functions: Ibid., 72–86.

[304] Gruen completely enclosed the mall: Frances Anderton et al., *You Are Here: The Jerde Partnership International* (London: Phaidon, 1999), 46.

[305] “In providing a year–round climate of ‘eternal spring’ ” : Chung and Leung, *Harvard Design School Guide to Shopping*, 116.

[306] “recipe for the ideal shopping center” : Ibid., photo caption “recipe for the ideal shopping center” : Ibid., photo caption.

[307] “the Gruen Transfer” : Farrell, *One Nation Under Goods*, 27.

[308] Tax increment financing: Ibid., 219–220.

[309] Federal financial rules capping the amount: Robert Steuteville, “Restoring the Lifeblood to Main Street,” http://bettercities.net/article/restoring–lifeblood–main–street–21194.

[310] “the best investment known to man” : Margaret Crawford, “The Architect and the Mall,” in Anderton et al., *You Are Here*, 45.

[311] said to have at one time owned one–tenth: http://en.wikipedia.org/wiki/Edward_J._DeBartolo, _Sr.

[312] Victor Gruen’ s malls were in demand: http://mall–hall–of–fame.blogspot.com/2008_05_01_archive.html

[313] “boring amorphous conglomeration which I term ‘anti–city’ ” : Gruen, *Heart of Our Cities*, 65.

[314] “Shopping centers have taken on the characteristics of” : Chung and Leung, *Harvard Design School Guide to Shopping*, 384.

[315] comparing them to the “community life that the ancient Greek Agora” : Farrell, *One Nation Under Goods*, 9–10.

[316] “a social, cultural and recreational crystallization” : Gruen, *Heart of Our Cities*, 191.

[317] “In the sound city there must be a balance” : Ibid., 28.

[318] “three qualities or characteristics that make a city” : Ibid.

[319] he even offered a romantic quote from: Ibid., 19.

[320] “The plan by Victor Gruen” : Ibid., 220.

[321] In 1954, suburban malls surpassed metro: Farrell, *One Nation Under Goods*, 11.

[322] In 1968, Victor Gruen retired, embittered: Hardwick, *Mall Maker*, 216–217.

[323] Gruen & Associates, eventually built 45: Chung and Leong, *Harvard Design School Guide to Shopping*, 742.

[324] In a 1978 London speech: Victor Gruen, "The Sad Story of Shopping Centers." *Town and Country Planning* 46 (1978): 350–352.

[325] "the most magic plan and the largest" : Chung and Leong, *Harvard Design School Guide to Shopping*, 746.

[326] He got his own chance to do an urban project: Joshua Olsen, *Better Places Better Lives: A Biography of James Rouse* (Washington, DC: Urban Land Institute, 2003), 242.

[327] "I wouldn' t put a penny downtown" : Ibid., 248–249.

[328] "The American dream for millions and millions of young Americans" : Ibid., 268.

[329] "Shopping is increasingly entertainment" : Moss, *Shopping as an Entertainment Experience*, 111.

[330] "Profit is the thing that hauls dreams into focus" : Farrell, *One Nation Under Goods*, 263.

[331] The time shoppers spent in malls declined: Moss, *Shopping as an Entertainment Experience*, 59.

[332] "Retail is the bottom of the bucket" : Anderton et al., *You Are Here*, 46.

[333] "a deliberate urban script, a conscious creation" : Jon Jerde, *The Jon Jerde Partnership International: Visceral Reality* (Milan: l' Arca Edizioni Spa, 1998), 8.

[334] Born in 1940 in Alton, Illinois: Cathie Gandel, *Jon Jerde in Japan: Designing the Spaces Between* (Glendale, CA: Balcony Press, 2000), 21.

[335] "a wonderful warmth and sense of belonging" : Anderton et al., *You Are Here*, 17.

[336] During a year–long travel fellowship: Ibid., 18.

[337] "reinvention of communal experience" : Jerde, *Jon Jerde Partnership International*, 9.

[338] In Southern California, he knew of older examples: Marcy Goodwin, "One Hand Clapping" in *John Jerde: Redesigning the City*, exhibition catalog, organized by the San Diego Art Center, May 2–Sept 7, 1986, 4–5.

[339] "scripting the city...to create urban theater" : Ibid., 9.

[340] "The shopping center is a pretty pathetic venue" : Anderton et al., *You Are Here*, 18.

[341] "In Horton Plaza' s 40 acres we tried" : Goodwin, "One Hand Clapping" , 8.

[342] a way to distill the "personality or persona" : Jerde, *Jon Jerde Partnership International*, 10.

[343] "a spirit afloat in Southern California" : Ibid., 13.

[344] 25 million visitors in its first year: Anderton et al., *You Are Here*, 9.

[345] "rejuvenate the complex using urban values" : Jerde, *Jon Jerde Partnership International*, 43.

[346] it was "going to be like going to Disneyland" : Moss, *Shopping as an Entertainment Experience*, 19.

[347] "What they wanted was four malls bolted" : Chung and Leong, *Harvard Design School Guide to Shopping*, 534.

[348] a claimed 40 million visitors each year: Moss, *Shopping as an Entertainment Experience*, 49.

[349] Reilly' s Law of Retail Gravitation—which states that: Chung and Leung, *Harvard Design School Guide to Shopping*, 532.

[350] "Communal experience is a designable event" : Jerde, *Jon Jerde Partnership International*, 9.

[351] "Our stuff isn' t supposed to be visual" : Anderton et al., *You Are Here*, 129.

[352] "He throws large amounts of architectural matter" : Chung and Leong, *Harvard Design School Guide to Shopping*, 403.

[353] "retail architecture is below the trash can" : Gandel, *Jon Jerde in Japan*, 18.

[354] Eighty thousand people came to see the spectacle: http://jerde.com/featured/place29.html.

[355] "What we' ve figured out is that place" : Jerde, *Jon Jerde Partnership International*, 11.

[356] "We are like psychoanalysts, uncovering the dreams" : Anderton et al., *You Are Here*, 176.

[357] "a strange new animal" : Chung and Leong, *Harvard Design School Guide to Shopping*, 534.

[358] "shopping' s effectiveness in generating constant activity" : Sze Tsung Leong, "Mobility" in Chung and Leung, *Harvard Design School Guide to Shopping*, 477.

[359] "over one billion people a year visit our projects" : Jerde, *Jon Jerde Partnership International*, 10.

[360] Craig Hodgetts asked whether "Jerde' s artificial cosmos may" : Craig Hodgetts, "And Tomorrow…The World?" in Anderton et al., *You are Here*, 190.

7 居住"舱"体

[361] another proposal Fuller and Sadao unveiled: "Project for Floating Cloud Structures (Cloud Nine)," ca. (1960). Black-and-white photograph mounted on board. 15 7/8 × 19 3/4 in. (40.3 × 50.2 cm). https://cup2013.wordpress.com/tag/shoji-sadao/.

[362] "Into architecture," he would later recall: David B. Stewart, *The Making of a Modern Japanese Architecture: 1868 to the Present* (Tokyo; New York: Kodansha International, 1987), 170.

[363] From 1938 on, Tange worked on: Ibid., 164.

[364] In 1949, Tange' s reconstruction plan: Kenzo Tange and Udo Kulturmann, *Kenzo Tange: Architecture and Urban Design* (New York: Praeger, 1970), 17-27.

[365] Tange was invited to accompany: Stewart, *Making of a Modern Japanese Architecture*, 175.

[366] "Like sea plants, an expandable chain of alternating balls" : Rem Koolhaas and Han Obrist, *Project Japan: Metabolism Talks* (Koln: Taschen, 2011), 137.

[367] "Tokyo is expanding but there is no more land" : Reyner Banham, *Megastructure: Urban Futures of the Recent Past* (London: Thames and Hudson, 1976), 47.

[368] Styling themselves Team X: Stewart, *Making of a Modern Japanese Architecture*, 179

[369] "a kaleidoscopic inventory" : Koolhaas and Obrist, *Project Japan*, 13.

[370] "Architecture, which hitherto was inseparable from the earth" : Ibid., 341.

[371] "to understand the shift" : Koolhaas, *Project Japan*, 19.

[372] Attending the World Design Conference: Stewart, *Making of a Modern Japanese Architecture*, 179.

[373] It was followed by "Megastructure Model Kit" : Banham, *Megastructure*, 98.

[374] More "fun" structures were imagined: Ibid., 100–101.

[375] "Three–quarters of our planet Earth" : R. Buckminster Fuller, *Critical Path* (New York: St. Martin's Press, 1981), 333.

[376] "While the building of such floating clouds" : Ibid., 337.

[377] "to call it a 'collapsed and rusting Eiffel Tower' " : Banham, *Megastructure*.

[378] a 5/8 geodesic dome, 200 feet high and 250 feet in diameter: http://expo67.ncf.ca.

[379] A catalog of futuristic transport options: Banham, *Megastructure*, 116.

[380] "It seemed to me that urbanism's darkest hour was upon us" : Moshe Safdie, *The City After the Automobile: An Architect's Vision* (New York: Basic Books, 1997), x.

[381] "an architectural challenge: to invent a building type" :Ibid.

[382] "picturesque disorder" : Banham, *Megastructure*, 108.

[383] "In retrospect, I had set out on this trip" : Ibid., 111.

[384] "merely backed up into his autobiography" : Ibid.

[385] "The problem of scale is real" : Safdie, *City After the Automobile*, 90.

[386] Other Metabolists received major commissions: Koolhaas, *Project Japan*, 507.

[387] $2.9 billion was spent mounting the show:Ibid.

[388] "the institutionalization of megastructure" : Banham, *Megastructure*, 130.

[389] epitomized by the 1969 proposal by the British duo: . Ibid., 196.

[390] "The only reason for megastructures" : Ibid., 208–209.

[391] his colleagues had been "too optimistic. They really believed in technology" : Koolhaas and Obrist, *Project Japan*, 25.

[392] "For the flower–children, the dropouts" : Ibid., 209.

[393] "a solitary time traveler from a thwarted future" : Ibid., 389.

[394] "Nevertheless, they reflected, "it still feels" : http://www.domusweb.it/en/architecture/2013/05/29/the_metabolist_routine.html.

[395] "impatience and an irritation with the ordinary way of doing things" : *Foster Catalogue 2001* (Munich; New York: Prestel, 2001), 29.

[396] "many of the 'green' ideas" : Ibid., 6.

[397] "For me, the optimum design solution" : Ibid.

[398] "Does the thinking" : Ibid., 6.

[399] "London's first ecological tall building" : http://www.archdaily.com/447205/the-gherkin-how-london-s-famous-tower-leveraged-risk-and-became-an-icon-part-2/

[400] "For us, sustainability makes excellent business sense," said one of its offices: Ibid.

[401] the insurance company sold the building in 2007: Fiona Walsh. "Gherkin Sold for L600m" *The Guardian*, February 5, 2007.

译名对照

2001: A Space Odyssey《2001 太空漫游》
5+ Design 五加设计事务所
75 Mile City 75 英里城市

A
A Pattern Language《建筑模式语言》
A Vision of Britain《不列颠的远景》
Aalto，Alvar 阿尔瓦·阿尔托
Abercrombie 艾伯克隆比
Abrams，Charles 查尔斯·艾伯拉姆斯
Acropolis in Athens 雅典卫城
Adams，Henry 亨利·亚当斯
Addams，Jane 简·亚当斯
Adler，Dankmar 丹克玛·艾德勒
Admiralty Arch 水军提督拱门
Agriculture building 农业馆
Agricultural City 农业城市
Ahmedabad Museum 艾哈迈达巴德博物馆
Ahrends，Peter 彼得·阿伦德
Alden Park 奥尔登公园
Alexander，Christopher 克里斯托弗·亚历山大
All-Russia Exhibition Center 全俄展览中心
Alton Estate 奥尔登住宅区
American Architect《美国建筑师》
American Girl Place 美国女孩广场
Amsterdam Exchange 阿姆斯特丹交易中心
An Autobiography《自传》
Anglo- Catholic movement 盎格鲁－天主教运动
Anne of Green Gables《绿山墙的安妮》
Antonio，Frey 弗雷·安东尼奥
arcade 拱廊商业街
Arch of Constantine 君士坦丁凯旋门
Archigram 阿基格拉姆
Architectural Association 伦敦建筑联盟学院
Architectural Forum《建筑论坛》
Architectural Record《建筑实录》
Architecture, Mysticism and Myth《建筑、神秘主义与神话》
Arcosanti 阿科桑迪
American System Redi-Cut Structures 美国式预制结构
Aquapolis 水上城市
Arquitectonica 阿奎科特托尼卡事务所
Arts & Crafts 工艺美术运动
Art Deco 装饰艺术
Art Institute 艺术学院
Asada，Takashi 浅田孝
Ashbee，C. R. C. R. 阿什比
Assembly Building at Chandigarh 昌迪加尔议会大楼
Association for the Improvement and Adornment of San Francisco 旧金山改善与装饰协会
Atchison 艾奇逊
Atget，Eugene 尤金·阿杰特
Athens Charter《雅典宪章》
Atomic Memorial Museum 原子弹纪念馆
Au Bonheur des Dames《妇女乐园》
Awazu，Kiyoshi 粟津洁

Axelsson，Marcus 马库斯·阿克塞尔松

B

Bacon，Edmund 埃德蒙德·培根
Bacon，Francis 弗朗西斯·培根
Baguio 碧瑶
Balboa Park 巴博雅公园
Baldwin，James 詹姆斯·鲍德温
Baltic Exchange 波罗的海交易所
Baltimore and Ohio Railroad 巴尔的摩与俄亥俄铁路公司
Baltimore Harborplace 巴尔的摩港口中心
Balzac，Honoré de 奥诺雷·德·巴尔扎克
Banham，Reyner 雷纳·班汉姆
Bakema，Jacob 雅各布·贝克玛
Barbarella《芭芭丽娜》
Barnum，P. T. P. T. 巴纳姆
Barrie，J. M. J. M. 巴里
bastide 村寨
Baths of Diocletian 戴克里先浴场
Baudelaire 波德莱尔
Bauer，Catherine 凯瑟琳·鲍尔
Bauhaus 包豪斯
Baxter，Sylvester 西尔韦斯特·巴克斯特
Beard，Charles 查尔斯·比尔德
Bedford Park 贝德福德公园
Bélanger，Francois-Joseph 弗朗西斯-约瑟夫·贝朗杰
Bellagio 贝拉吉奥酒店
Bellamy，Edward 爱德华·贝拉米
Belle Epoque 美好时代
Ben-Hur《宾虚》
Benjamin Franklin Parkway Museum District 本杰明富兰克林公园博物馆区
Benjamin，Walter 瓦尔特·本雅明
Bennett，Edward Herbert 爱德华·赫伯特·贝内特
Bergson 柏格森
Berman，Marshall 马歇尔·伯曼
Bernard，JC J. C. 伯纳德
Beverly Center 比弗利购物中心
Beverly Hills Hotel 比弗利山庄酒店
Big Roof 巨型屋顶
Biosphere II 生物圈二号
Birksted，Sven 斯文·博克斯塔德
Bitter Root Valley Irrigation Company 苦根谷灌溉公司
Blackheath 布莱克希斯
Blanc，Patrick 派特里克·布兰克
Blenheim Palace 布莱尼姆宫
blight 衰败
Bloomingdale 布鲁明代尔百货公司
Board of Estimate 评估委员会
Bois de Boulogne 布洛涅森林公园
Bon Marché 彭马歇百货公司
Bosco Verticale 垂直森林
Boston Art Students' Association 波士顿艺术学生协会
Boulder Dam 博尔德大坝
Boutwell，Dave 戴夫·鲍特维尔
Boy Who Wouldn't Grow Up《不会长大的男孩》
Brancusi 布朗库西
Breuer，Marcel 马塞尔·布劳耶
Brierly，Cornelia 柯尼利亚·布莱尔利
Broadacre City 广亩城市
Brook Farm 布鲁克农庄
Brookline 布鲁克林
Brown，Denise Scott 丹尼斯·斯科特·布朗
brutalist 粗野主义
Bryan，William Jennings 威廉·詹宁斯·布莱恩
Buccaneer Bay 海盗湾
Buffalo Bill 野牛比尔
Bunker Hill 邦克山
Bunker Hill redevelopment project 邦克山再开发项目

Burlington Arcade 伯灵顿拱廊街
Burnett，Frances Hodgson 弗朗西斯·霍奇森·伯内特
Burnham，Daniel Hudson 丹尼尔·哈德森·伯纳姆
Butler，Samuel 塞缪尔·巴特勒
Butzner，Jane 简·布茨纳
Byker Wall 拜克墙住宅区
Byrdcliffe Colony 伯德克利夫社区

C
Cabrini Green 卡布里尼·格林社区
California State Building 加州大楼
California Volunteers Monument 加利福尼亚志愿者纪念碑
Calthorpe，Peter 彼得·卡尔索普
Camden Towers 卡姆登大厦
Canal City Hakata 博多运河城
Canary Wharf tube station 金丝雀码头地铁站
Capitol Building 国会大厦
Capitol Hill 国会山
Capitol Mall 国会山庄
Carlyle，Thomas 托马斯·卡莱尔
Carmel-by-the-Sea 滨海卡梅尔
Carmen《卡门》
Caro，Robert 罗伯特·卡罗
Carrere and Hastings 卡雷尔与哈斯丁事务所
Carrere，John 约翰·卡雷尔
Carter, Drake, and Wight 卡特、德拉克与怀特事务所
Carter' s Grove 卡特格洛夫
Cassatt，Alexander 亚历山大·卡萨特
Cassatt，Mary 玛丽·卡萨特
Catalhoyuk 卡塔霍裕克
Cathedral of the Incarnation 显圣教堂
Cathedral of Saint John the Divine 圣约翰大教堂
Cathedral of Saint Matthew in Dallas 达拉斯圣马太主教堂
Celebration 塞雷布里森
Celeste 赛勒斯特
central Administration building 中央行政大楼
Central Artery 中央干道
Centre Point 中央点大厦
Centrosoyuz consumer union headquarters 苏联合作同盟中央局大厦
Century City 世纪城
Cergy-Pontoise 赛尔吉－蓬多瓦兹
Chapel at the US Military Academy in West Point 纽约州西点军校礼拜堂
Chapel of the Intercession 代祷礼拜堂
Chapman Market 查普曼市场
Charles Kober & Associates 查尔斯·科贝尔联合设计公司
Charleston Place 查尔斯顿
Charter for New Urbanism《新城市主义宪章》
Cheltenham 切尔滕海姆
Cheney，Mamah Borthwick 玛玛·博斯威克·切尼
Cheney，Edwin 埃德温·切尼
Chep Lap Kok International Airport 赤鱲角国际机场
Chermayeff，Serge 塞吉·谢苗耶夫
Cherry Hill Shopping Center 樱桃山购物中心
Chestnut Hill 栗山
Chicago Art Institute 芝加哥艺术学院
Chicago Haymarket riot 芝加哥干草市场暴动
Chicago Mercantile Association 芝加哥商业协会
Chicago National Life Insurance Company 芝加哥国家人寿保险公司
Chicago World' s Columbian Exposition 芝加哥世界博览会
Chicago World' s Fair 芝加哥世界博览会
Chicago' s Central High school 芝加哥中央高中
Chuck E. Cheese 查克芝士
Church of All Saints 诸圣教堂
Church of Saint Vincent Ferrer 圣文森特斐勒教

堂
Church of Santa Caterina 圣卡特琳娜教堂
Churrigueresque “丘里戈里”式
CIAM 现代国际建筑大会
Circleville 圆形城
Cittá Nuova 新城市
City Beautiful 城市美化运动
City of Big Shoulders 巨肩之城
City of Sogo 索格城
CityWalk 城市漫步
Clark，Petula 佩屈拉·克拉克
Cleveland，Grover 格列弗·克利夫兰
Climatroffice 气候办公室
Cloud Nine 云端
Codman，Henry 亨利·柯德曼
Coleridge，Samuel Taylor 塞缪尔·泰勒·柯勒律治
Colonial Williamsburg 威廉斯堡殖民地
Colonnade of Civic Benefactors 城市赞助者柱廊
Colquhoun，Alan 艾伦·科洪
Comédie-Française 法兰西剧院
Commerzbank HQ 德国商业银行总部
Como Orchard summer colony project 科莫果园夏季度假区项目
Comprehensive City 综合城市
Comte d'Artois 阿图瓦伯爵
Congress for New Urbanism (CNU) 新城市主义协会
Conshelf 大陆架
conurbation 集合城市
Copcutt，Geoffrey 杰弗里·考普卡特
Corcoran Gallery 科克伦美术馆
Costa，Lucio 卢西奥·科斯塔
Country Club District 乡村俱乐部区
Court of Honor 荣耀之庭
Courtyard Housing《院落式住宅》
Craftsman style 工匠风格
Cram and Wentworth 克拉姆与温特沃事务所
Cram, Goodhue and Ferguson 克拉姆、古德休与弗格森事务所
Cram，Ralph Adams 拉尔夫·亚当斯·克拉姆
Crystal Palace 水晶宫
Crystal Way 水晶路
Cumbernauld New Town Centre 坎波诺尔德新城中心
Cubism 立体主义

D
Dallas cathedral 达拉斯主教堂
Darwin 达尔文
Dater house 戴特住宅
Davidson，Walter 沃尔特·戴维森
Davis，Robert 罗伯特·戴维斯
DeBartolo，Edward 爱德华·德巴特罗
Delores street 德洛丽丝街
Decentrist 分散主义者
Delille，Jacques 雅克·德利尔
Department of Housing and Urban Development 美国住房与城市发展部
Dewey，John 约翰·杜威
Dewey Monument 杜威纪念碑
DeSapio，Carmine 卡迈恩·迪萨皮奥
Design Guidelines for Creating Defensible Space《创造防御空间指南》
DH Burnham and Co. DH 伯纳姆与合伙人事务所
Dickens，Charles 查尔斯·狄更斯
Disney，Walt 沃尔特·迪士尼
Division of Subsistence Homesteads 自耕农场司
Dixie drive-in 迪克西驶入式商店
“Domino” “多米诺”体系
Dome Over Manhattan 曼哈顿巨型穹顶
Doshi，BV B. V. 多西
Douglas Aircraft 道格拉斯飞机制造公司
Downing，Alexander Jackson 亚历山大·杰克逊·唐宁

Downtown is for People 人民的下城
downtown Sketch Club 城里的速写俱乐部
Dr. Jekyll 吉基尔博士
Dreiser，Theodore 西奥多·德莱塞
Duany，Andres 安德烈斯·杜安尼
Dutch Reformed (“South”) Church 荷兰归正派教堂
Dutton，John 约翰·达顿

E

Eames，Charles 查尔斯·伊姆斯
East River Houses in Harlem 哈莱姆区的东河住宅群
Eastland Regional Shopping Center 伊斯兰特区域购物中心
Eco City 生态城市
Ed Sullivan Show 艾德·苏利文秀
Edison，Thomas 托马斯·爱迪生
Ekofisk field 艾克菲斯克油田
Ekuan，Kenji 荣久庵宪司
El Fureidis 埃尔·弗雷蒂斯
El Paseo 埃尔佩索街
Electricity Hall 电力馆
Elgin Estate 埃尔金住宅区
Ellicott Square building 埃利科特广场大厦
Ellwood，Craig 克雷格·埃尔伍德
Ely Cathedral 伊利主教堂
Emerson，Ralph Waldo 拉尔夫·沃尔多·爱默生
Engels，Friedrich 弗雷德里希·恩格斯
Equality《平等》
Equitable Life Assurance Society 衡平人寿保险社
Erdman，Marshall 马歇尔·厄尔德曼
Erieview 伊利湖景大楼
Erskine，Ralph 拉尔夫·厄斯金
ESPN Zone ESPN 地带
Euston Center 尤斯顿中心
Evelyn 伊夫林
Expo Tower 世博塔

F

F+A Architects F+A 建筑师事务所
Fallingwater 流水别墅
Faneuil Hall 法纳尔大厅
Faneuil Hall Marketplace 法纳尔大厅集市
Fashion Island 时尚岛商业中心
Fast Times at Ridgemont High《瑞奇蒙特中学的飞逝时光》
Federal Highway Act 联邦公路法案
Ferguson，Frank 弗兰克·弗格森
Ferragus: Chief of the Devorants《行会头子费拉居斯》
Ferris，George 乔治·费里斯
Ferris Wheel 摩天轮
FHA 联邦住宅管理局
Field Museum of Natural History 菲尔德自然历史博物馆
fifth migration 第五次迁徙
Filene 斐林百货
Fine Arts Commission 美国艺术委员会
First Presbyterian Church 第一长老会教堂
Fishman，Robert 罗伯特·费舍曼
Flatiron Building in New York 纽约熨斗大厦
Fontana Dam Village 方塔纳水坝村
Ford，Henry 亨利·福特
Ford Homes 福特式家庭住宅
Fordham University 福特汉姆大学
Fordist 福特主义
Forshaw 福肖
Foster，Norman 诺曼·福斯特
Fountain of the Satyrs 萨提尔喷泉
Fourier，Charles 夏尔·傅立叶
Franchini，Gianfranco 吉安弗兰科·弗兰切尼
Freedom Trail 自由之路
Freud 弗洛伊德

Frey，Albert 阿尔伯特・弗雷
Friedman，Yona 尤纳・弗莱德曼
Fuller，Buckminster 巴克敏斯特・富勒
Fuller，Henry Blake 亨利・布雷克・富勒
Fun Palace 欢乐宫
Futurama 未来世界展

G
Galeries des Bois 森林长廊
Galleria Vittorio Emanuele II 艾曼纽二世拱廊
gallery 商业大厅
Garden City 田园城市
Garnier，Tony 托尼・加尼耶
Gas House District 煤气罐住宅区
Gateway Center 盖特威中心
Geddes，Norman Bel 诺曼・贝尔・盖迪斯
Gehry，Frank 弗兰克・盖里
General Motors 通用汽车公司
Georgetown 乔治城
George V 乔治五世
German Crafts 德国手工艺
Ghirardelli Square 吉拉德里广场
Gilded Age 镀金时代
Gillespie，James Waldron 詹姆斯・沃尔德伦・吉勒斯佩
Gimbel 吉贝尔百货
Glendale Galleria 格伦代尔商业广场
Glitter Gulch “金沟银壑”
Goldberg，Bertrand 伯特兰・戈德堡
Golden Triangle redevelopment 金三角重建项目
Goodhue，Bertram 伯特伦・古德休
Gowanus Parkway 格瓦纳斯大道
Graceland 优雅园
Graham，Wade 韦德・格雷汉姆
Grahame，Kenneth 肯尼斯・格雷汉姆
Grand Army Plaza 大军广场
Grand Canyon National Park 大峡谷国家公园
Grand Central Terminal 纽约中央车站
Grannis Building 格兰尼斯大楼
Grant’s Tomb 格兰特墓
Grant，Ulysses 尤利西斯・格兰特
Gratiot project 格雷伊特社区
Great Bazaar 大巴扎
Great Court of the British Museum 大英博物馆大中庭
Great Depression 大萧条
Great Expectations《远大前程》
Great Fire 芝加哥大火
Great Victorian Way 大维多利亚路
Greenbelt 格林贝尔特
Greendale 格林戴尔
Greenhills 格林希尔斯
Greenwich Village 格林威治村
Grey，Elmer 埃尔默・格雷
Griffin，Walter Burley 沃特尔・博雷・格里芬
Griffith，D. W. D. W. 格里菲斯
Gropius，Walter 沃尔特・格罗皮乌斯
Grotto of Hecate 海克缇洞穴
group form 集合形态
Group Plan 团体规划
Gruen Transfer 格伦转化
Gruen，Victor 维克多・格伦
Grünbaum 格伦鲍姆
Guerin，Jules 朱尔斯・盖林
Guggenheim Museum in Bilbao 毕尔巴鄂古根海姆博物馆
Guggenheim Museum in New York 纽约古根海姆博物馆
Gurdjieff，Georges 乔治・葛吉夫

H
Habitat 67 栖居 67
Hahid，Zaha 扎哈・哈迪德
Hahn，Ernest 欧内斯特・哈恩
Hale，George Ellery 乔治・埃勒里・黑尔
Halles Centrales 巴黎中央市场

Hamaguchi，Ryuichi 滨口隆一
Hampstead garden surburb 汉普斯特花园郊区
Hampton Court 汉普顿宫
Hara，Hiroshi 原广司
Hard Rock Cafe 硬石咖啡馆
Harlem River Houses 哈莱姆河畔住宅
Harbourside 港口区
Harrison，Wallace 华莱士・哈里森
Harrods 哈罗德百货公司
Harvard Design School Guide to Shopping《哈佛设计学院购物指南》
Harvard Graduate School of Design 哈佛大学设计研究生院
Hasegawa，Itsuko 长谷川逸子
Haus der Deutschen Kunst 德国艺术之家
Haussmann 奥斯曼
Hawthorne Plaza 霍索恩广场
Hayes，Rutherford 拉瑟福德・海斯
Hayes，Shirley 雪莉・海耶斯
Hearst Castle 赫斯特城堡
Hearst Tower 赫斯特大厦
Hearst，William Randolph 威廉・兰道夫・赫斯特
Heathrow Airport 希思罗机场
Hegel 黑格尔
Hénard，Eugene 尤金・埃纳尔
Herald Tribune《先驱论坛报》
Herman，Daniel 丹尼尔・赫尔曼
Hilberseimer，Ludwig 路德维希・希尔伯塞默
Hillside Home School 山坡私立学校
Hirohito, Emperor of Japan 裕仁天皇
Hiroshima Peace Center 广岛和平中心
HLM（habitation a loyer modérée）HLM 低造价住宅区
HOA（homeowners' association）业主协会
Hodgetts，Craig 克雷格・霍杰茨
Hollywood Regency 好莱坞摄政风格
Holmby Hills 荷尔贝山
Home Insurance Building 家庭保险公司大楼
Home Rule 地方自治
Homestead strike 霍姆斯特德罢工
Hooke，Robert 罗伯特・虎克
Horizontal Property Act《水平所有权法》
Horton Plaza 霍顿广场
House K 住宅 K
Hough Project 霍夫社区
How the Other Half Lives《另一部分人如何生存》
Howard，Ebenezer 埃比尼泽・霍华德
Hubbard，Elbert Green 埃尔伯特・格林・哈伯德
Hull House 赫尔馆
Hunt，Myron 麦伦・亨特
Hunt，Richard 理查德・亨特
Huntington，Henry 亨利・亨廷顿
Hydrolab 水下实验室

I

Ideas for the Reorganization of Tokyo City 东京城重组概念方案
Illinois Institute of Technology 伊利诺伊理工学院
Imperial Hotel in Tokyo 东京帝国饭店
In Old California《在古老的加利福尼亚》
"In the Cause of Architecture"《以建筑之名》
India Gate 印度门
Industrial Arts Exposition 工业艺术博览会
industrial style centers 工业风格中心
Instant City 即时城市
Institute for the Harmonious Development of Man 人类和谐发展学院
International Congresses of Modern Architecture 国际现代建筑协会
International Style exhibition 国际式建筑展
Intolerance《偏执》
Intraraumstadt 因特拉姆城市

"Investigations in Collective Form"《集合形式研究》
Iovanna 埃瓦娜
Ipswich 伊普斯威奇
Iranistan 伊朗斯坦
Ise: Prototype of Japanese Architecture《伊势：日本建筑的原型》
Ise Shrine 伊势神宫
Isozaki，Arata 矶崎新
Izenour，Steven 史蒂文・伊兹诺
Izumo Shrine Administrative Building and Treasury 出云大社行政与财务办公楼

J
Jackson，Charles 'C. D.' 查尔斯・C. D. 杰克逊
Jackson，Helen Hunt 海伦・亨特・杰克逊
Jackson Park 杰克逊公园
Jacobs，Jane 简・雅各布斯
James，Henry 亨利・詹姆斯
James，Jesse 杰西・詹姆斯
Jakriborg 雅克里伯格
Japan–Thai Culture Center 日本 – 泰国文化中心
Jardin de Luxembourg 卢森堡公园
Jeanneret–Gris，Charles–Édouard 查尔斯 – 爱德华・让纳雷 – 格里斯
Jefferson Memorial 杰弗逊纪念堂
Jencks，Charles 查尔斯・詹克斯
Jenney，William 威廉・詹尼
Jerde，Jon 乔恩・捷得
Jet Propulsion Laboratory 喷气推进实验室
Johnson，Lyndon 林登・约翰逊
Johnson，Tom L. 汤姆・L. 约翰逊
Johnson Wax Building 约翰逊制蜡公司大楼
Jonas，Walter 沃尔特・乔纳斯
Jones，Jenkin Lloyd 詹金・劳埃德・琼斯
Juilliard School 茱莉亚音乐学院

K
Kahn Lectures 康恩讲座
Kahn，Louis 路易・康
Kallman, McKinnel & Knowles 卡尔曼、麦金尼尔与诺尔斯建筑师事务所
Kaufmann, Edgar 埃德加・考夫曼
Kavinsplatz 考温广场
Kawazoe，Noboru 川添登
Kelly，Norris 诺里斯・凯利
Kelmscott Press 凯尔姆斯考特出版社
Kennedy Center 肯尼迪中心
Kiley，Dan 丹・凯利
Kikutake，Kiyonori 菊竹清训
Kings Cross station 国王十字车站
Knight–Errant《游侠骑士》
Koch，Ed 郭德华
Koolhaas，Rem 雷姆・库哈斯
Krier，Leon 莱昂・克里尔
Krier，Rob 罗伯・克里尔
Krull，Germaine 杰曼・克鲁尔
Krummeck，Elsie 埃尔西・克鲁梅克
Kunstler，James Howard 詹姆斯・霍华德・昆斯勒
Kurokawa，Kisho 黑川纪章

L
L' Esprit nouveau《新精神》
La Chalupa 拉卡卢帕
La Chaux–de–Fonds 拉绍德封
La Jolla 拉荷亚
La Roche Jeanneret house 拉・罗奇・让纳雷住宅
La Santisima Trinidad (Holy Trinity) Episcopal Pro– Cathedral 拉圣提西玛特里达（圣三一）代主教教堂
La Tourette Monastery 拉图雷特修道院
La Ville Radieuse 光辉城市
Lawrie，Lee 李・拉夫瑞

Lake Erie 伊利湖
Lakewood Plan 雷克伍德计划
Lanham Act《蓝哈姆法案》
Lansill，John 约翰・兰希尔
Lasdun，Denys 丹尼斯・拉斯顿
Law of Retail Gravitation 零售引力法则
Laws of the Indies "印度群岛法"
Lazovich，Olga Ivanovna Milan 奥尔加・伊万诺娃・米兰・拉佐维奇
L'Enfant，Pierre 皮埃尔・拉昂方
Lears，T. J. Jackson T. J. 杰克逊・里尔斯
Lefrak City 雷弗克城
Léger 莱热
Leong，Sze Tsung 梁思聪
Lerer，Seth 塞斯・莱勒
Lethaby，W. R. W. R. 莱瑟比
Les Halles 雷阿尔中央市场
Lescaze，William 威廉・莱斯卡兹
less is a bore 少即是无聊
less is more 少即是多
Letchworth 莱奇沃斯
Lever brothers 利华兄弟
Lever House 利华大厦
Levittown 莱维特镇
Llewellyn Park 卢埃林公园
Lloyd，Henry Demarest 亨利・德玛瑞斯特・劳埃德
Liberty Square 自由广场
Lincoln Center 林肯中心
Lincoln Memorial 林肯纪念堂
Little Farms Tract 小型农场带
Little Farms Unit 小型农场单元
Living Cities 有生命的城市
Loge d'Amitié 友谊会
London Wall 伦敦墙大街
Long Island University 长岛大学
Looking Backward《回顾》
Loos，Adolf 阿道夫・路斯
Loring and Jenney firm 洛林与詹尼事务所
Los Angeles Central Library 洛杉矶中央图书馆
Los Feliz Improvement Association 罗斯费利兹发展协会
Lower East Side 下东区
Lower Manhattan Expressway（LOMEX） 曼哈顿下城高速路
Luce，Henry R. 亨利・R. 卢斯
Lutyens，Edwin 埃德温・鲁琴斯
Lyell，Charles 查尔斯・莱尔

M

Machiavelli 马基雅维利
Machinery Hall 机械馆
MacKaye，Benton 本顿・麦凯耶
Macy 梅西百货
Maekawa，Kunio 前川国男
Main Street U.S.A 美国大街
Maki，Fumihiko 槙文彦
Mall of America 美国商城
Mall of the Emirates 阿联酋购物中心
Maloney，Tom 汤姆・马隆尼
Manger，Robin 罗宾・曼格
Manifest Destiny 命定扩张论
Mann Act《曼恩法案》
Manufactures and Liberal Arts building 制造业及人文艺术馆
Marin County Courthouse 马林县法院
Marina City 玛丽娜城
Marine City 海上城市
Market Street 市场街
Marne-la-Vallée 马恩－拉瓦莱
Marshall，Truesdale 特拉斯戴尔・马歇尔
Marx，Karl 卡尔・马克思
"Material and Man"《材料与人》
May Company 茂宜百货
McGroarty，John 约翰・麦克格雷亚蒂
McKim，Charles 查尔斯・麦基姆

McKim, Mead, and White 麦基姆、米德与怀特事务所
McKinley，William 威廉·麦金莱
McMansion 麦氏豪宅
McMillan Commission 麦克米兰委员会
McMillan，James 詹姆斯·麦克米兰
McMillan Plan 麦克米兰规划
Mead，Margaret 玛格丽特·米德
Mediterranean Revival 地中海复兴
megastructure 巨构
Mendelsohn，Erick 埃里克·门德尔松
Menocal，Narciso 纳西索·麦诺克
Metabolism 1960: Proposals for a New Urbanism 《新陈代谢 1960：新城市主义方案》
Metropolitan Museum of Art 大都市艺术博物馆
Mexican Memories 《墨西哥回忆录》
Michigan Avenue 密歇根大道
Mid-Air Exhibition 空中展示系统
Midway Gardens 米德韦花园
Mies van der Rohe，Ludwig 路德维希·密斯·凡·德·罗
Millay，Edna St. Vincent 埃德娜·圣文森特·米莱
Millennium Bridge 千禧桥
Mirage 米拉吉酒店
Mission San Gabriel 圣加百列教堂
Missouri Botanical Garden 密苏里植物园
Mitchell，Mike 麦克·米切尔
Mitsui kimono store 三井和服商店
Model T T 型汽车
Modern Architecture 《现代建筑》
Modern Times 现代社区
Monadnock Building 蒙纳德诺克大楼
Mondawmin Center 蒙道敏中心
Montauk Building 蒙托克大楼
Montecito Country Club 蒙蒂塞托乡村俱乐部
Monteventoso 蒙蒂文托所
Montgomery，Lucy Maud 露西·莫德·蒙哥马利
Montgomery Ward department store 蒙哥马利·沃德百货公司
Montauk Building 蒙托克大楼
Montezuma Hotel 蒙特祖马酒店
Montparnasse Tower 蒙帕纳斯大厦
Montr é al Biosphere 蒙特利尔生物圈
Monument Avenue 纪念碑大道
Moore，Charles 查尔斯·摩尔
Mooser，William 威廉·穆塞尔
More，Thomas 托马斯·莫尔
Morgan，Arthur 亚瑟·摩根
Morgan，Julia 茱莉亚·摩根
Morris，William 威廉·莫里斯
Mosely，William 威廉·莫斯利
Moses，Robert 罗伯特·摩西
Moule，Elizabeth 伊丽莎白·穆勒
Mr. Hyde 海德先生
Mr. Wemmick 文米克先生
Mumford，Lewis 刘易斯·芒福德
Muscle Shoals 马索肖斯
Museum of Modern Art in New York 纽约现代艺术博物馆
mushroom houses 蘑菇住宅
Music Center in Los Angeles 洛杉矶的音乐中心
Mussolini，Benito 本尼托·墨索里尼
Muybridge，Eadweard 埃德沃德·迈布里奇

N

Nakagin Capsule Tower 中银舱体塔楼
National Alliance of Art and Industry 国家艺术与产业联盟
National Gallery 国家美术馆
National Mall 华盛顿国家广场
National Museum of Western Art 国立西洋美术馆
Nebraska State Capitol 内布拉斯加州议会大厦
Nesbit，Edith 伊迪斯·内斯比特
New Atlantis 《新亚特兰蒂斯》

New England Unitarianism 新英格兰唯一神教派
New Exchange 新交易所
New Harmony 新和谐镇
New Washington Hotel 新华盛顿酒店
New York City Housing Authority 纽约市房屋局项目
Newcastle Central station 纽卡斯尔中央车站
Newgate Prison 纽盖特监狱
Newman，Oscar 奥斯卡・纽曼
Neutra，Richard 理查德・纽特拉
Nichinan Cultural Center 日南文化中心
Nichols，J. C. J. C. 尼科尔斯
Niebuhr，Reinhold 莱茵霍尔德・尼布尔
Niemayer，Oscar 奥斯卡・尼迈耶
Niketown 耐克城
Nimitz Freeway 尼米兹高速公路
Nocoletti，Manfredi 曼弗雷迪・诺克莱迪
Noel，Miriam 米利亚姆・诺尔
Noguchi，Isamu 野口勇
Nolen，John 约翰・诺伦
Norris Dam 诺里斯水坝
Norris Village 诺里斯村
North End of Boston 波士顿北端
Northgate Center 诺斯盖特中心
Northland Center 诺斯兰中心
Nouvel，Jean 让・努维尔
Norwich 诺维奇
NY Public Library 纽约市立图书馆
NYC Housing Authority projects 纽约市房屋局项目

O
Obrist，Hans Ulrich 汉斯・乌尔里希・奥布里斯特
Ocean City 海洋城市
Octagon City 八角形城
Odakyu Drive-In Restaurant 小田急驶入式餐厅
Ogilvanna 奥格拉瓦娜
Ojai 奥哈伊
Okamoto，Taro 冈本太郎
Olmsted and Vaux 奥姆斯特德与沃克斯公司
Olmsted，Frederick Law 弗雷德里克・劳・奥姆斯特德
Olmsted，Frederick Law，Jr. 小弗雷德里克・劳・奥姆斯特德
Olympiades complex 奥林匹亚街区综合体
On Nature《自然论》
One Central Park 中央花园
Oneida 奥奈达社区
Otaka，Masato 大高正人
Otto，Frei 弗雷・奥托
Ove Arup Group 奥雅纳工程顾问公司
Owen，Robert 罗伯特・欧文
Ozenfant，Amédée 阿梅代・奥尚方

P
Paddington station 帕丁顿火车站
Palace of the Soviets 苏维埃宫
Palais-Royal 巴黎王宫
Panama-California Exposition 巴拿马－加利福尼亚博览会
Pacific Ready Cut Homes 太平洋成品住宅公司
Palos Verdes 帕洛斯韦德
Parallel Utopias《平行的乌托邦》
Parc de Monceau 蒙梭公园
Parent，Claude 克劳德・帕朗
Park La Brea 拉贝雅公园
Paris' Ecole des Beaux Arts 巴黎美术学院
Paris Salon d' Automne 巴黎秋季沙龙
Paris World' s Fair 巴黎世界博览会
Parliament House 国会大厦
Parthenon 帕提农
Pasadena 帕萨迪纳
Passage des Panoramas 全景长廊
Passage du Caire 开罗长廊
Passage Feydeau 费多长廊

Passazh 帕萨兹拱廊街
Paxton，Joseph 约瑟夫·帕克斯顿
Peabody and Stearns 皮博迪与斯特恩斯事务所
Peabody，Henry 亨利·皮博迪
Peace Bridge 和平桥
Peace Park and Plaza 和平公园及广场
Peckham Estate 佩卡姆住宅区
Pei，IM 贝聿铭
Pelli，Cesar 西萨·佩里
Pennsylvania Railroad 宾夕法尼亚铁路公司
Pericles 伯里克利
Perret，Auguste 奥古斯特·佩雷
Peter Cooper Village 彼得·库帕村
Peter Pan《彼得·潘》
Peter Rabbit《彼得兔》
Pew House 皮尤住宅
Pewter Mugs 白镴杯
Phalanstery 法伦斯泰尔
Phelan，James 詹姆斯·费伦
Philadelphia City Hall 费城市政厅
Philadelphia Museum of Art 费城艺术博物馆
Philippe，Louis 路易·腓力
Philosophy in the Bedroom《卧室里的哲学》
Piano，Renzo 伦佐·皮阿诺
Piazza Re Umberto 翁贝托广场
Pickford，Mary 玛丽·碧克馥
Pip 皮普
Plan for a Contemporary City of 3 Million Inhabitants 三百万居民的当代城市规划
Plan for Tokyo 1960 1960 年东京规划
Plan Voisin 伏瓦生规划
Plater-Zyberk，Elizabeth 伊丽莎白·普雷特-泽波克
pleasure dome 逍遥宫
Plug-in City《插接城市》
Poelzig，Hans 汉斯·珀尔茨希
Poem of the Right Angle《直角的诗》
Polyzoides，Stefanos 史蒂芬诺·波利佐伊德斯
Pompidou Center 蓬皮杜中心
Pont au Change 尚吉桥
Pont Marie 玛丽桥
Pont Notre Dame 圣母桥
Ponte Rialto 里亚托桥
Pont St. Michel 圣米迦勒桥
Ponte Vecchio 老桥
popular imperialism 流行帝国主义
Port Sunlight 日光港
Porte-Saint-Denis 圣德尼门
Post，George 乔治·波斯特
Potomac River 波托马克河
Potter，Beatrix 碧雅翠斯·波特
Poundbury 庞德伯里
Prairie Avenue 普拉瑞街
Prairie house 草原式住宅
Pratt Institute 普拉特艺术学院
Pre- Raphaelite movement 拉斐尔前派运动
Price，Cedric 塞德里克·普莱斯
Price Company Tower 普莱斯公司大楼
Progress and Harmony for Humankind 人类的进步与和谐
Progressive education movement 进步主义教育运动
Project for Floating Cloud Structures 浮云结构计划
Project Japan: Metabolism Talks《日本计划：新陈代谢访谈录》
Prouvé，Jean 让·普鲁维
Pruitt-Igoe project 普鲁伊特-伊戈项目
Pugin，A. W. N. A. W. N. 普金
Pullman 普尔曼
Pullman，George 乔治·普尔曼
Pullman strike 普尔曼罢工
Purism 纯粹主义

Q
Quant，Mary 玛丽・昆特
quarter 城区
Quincy Market 昆西市场

R
Radburn 雷德朋
Radio City Music Hall 无线电城音乐厅
Ramona《蕾蒙娜》
Rancho Cucamonga 库卡蒙加牧场
Rancho Santa Fe 兰乔圣菲
Rand-McNally Building 兰德－麦克纳利大楼
Radiant City 光辉城市
re-visions of New York 再现纽约
Rebirth of a Nation《一个国家的重生》
Red Army Theater 红军剧院
Red Road Flats 红色大道公寓
Redevelopment Companies Law《重建公司法》
Regional Planning Association of America(RPAA) 美国区域规划协会
Reichstag 柏林新议会大厦
Reifenstahl，Leni 兰妮・莱芬史达尔
Reilly 莱利
Reliant Building in Chicago 芝加哥信托大厦
Renwick, Aspinwall and Russell 伦威克、阿斯平沃尔与罗素事务所
Renwick，James 詹姆斯・伦威克
Republic Polytechnic campus 共和理工学院校园
Resettlement Administration 重新安置署
retroscape 怀旧景观
Reynolds，James 詹姆斯・雷诺兹
Rhodes Memorial 罗德纪念堂
Richards Medical Research Laboratories 理查兹医学研究实验室
Riis，Jacob 雅各布・里斯
Rittenhouse Square 利顿豪斯广场
Riverside 河滨市
Riverview 河景大楼
Robert Taylor Houses 罗伯特・泰勒之家
Robin，Christopher 克里斯托弗・罗宾
Robin Hood《罗宾汉》
Robinson, Charles Mulford 查尔斯・马尔福德・罗宾逊
Rockefeller Center 洛克菲勒中心
Rockefeller Chapel in Chicago 芝加哥洛克菲勒礼拜堂
Rockefeller Foundation 洛克菲勒基金会
Rockefeller，Nelson 纳尔逊・洛克菲勒
Rodney Square 罗德尼广场
Rogers，Richard 理查德・罗杰斯
Roland Park 罗兰公园
Romany Marie' s Café 吉普赛玛丽咖啡厅
Romney，Keith 基斯・罗姆尼
Romney，Mitt 米特・罗姆尼
Ronchamp Chapel 朗香教堂
Roosevelt，Theodore 西奥多・罗斯福
Root，John 约翰・鲁特
Rosenbaum 罗森鲍姆
Rossi，Aldo 阿尔多・罗西
Rottier，Guy 居伊・罗基埃
Rouse, James 詹姆斯・劳斯
Royal Exchange 皇家交易中心
Royal Institute of British Architects 英国皇家建筑师学会
Roycroft Shops and Press 罗伊克罗夫特工作坊与出版社
Rudolph，Paul 保罗・鲁道夫
Ruff，Ludwig 路德维希・拉夫
Rush City Reformed 极速城市改革
Ruskin，John 约翰・拉斯金
Ryn，Sim van der 希姆・凡・德・莱恩

S
Sadao，Shoji 庄司贞夫
Safdie，Moshe 摩西・萨夫迪
Saint Bartholomew' s Church 圣巴塞洛缪教堂

Saint Kavin' s Church 圣考温教堂
Saint Paul' s Cathedral 圣保罗主教堂
Saint-Quintin-en-Yvelines 圣昆丁 - 伊夫林
Saint Thomas Church 圣托马斯教堂
Sakakura，Junzo 坂仓准三
Samson Tire and Rubber plant 森孙轮胎及橡胶工厂
Sant' Elia，Antonio 安东尼奥・圣 - 伊利亚
Santa Barbara County courthouse 圣巴巴拉县法院
Santa Fe 圣达菲
Santa Monica Place 圣莫尼卡购物中心
Schenley Farms district 辛雷农场区
Schindler，Rudolf 鲁道夫・辛德勒
Scottish Reformed Rite 苏格兰仪式改革派
Scully，Vincent 文森特・斯库利
Sea Ranch 海滨牧场住宅
Seacrest，Merle 梅尔・西克雷斯特
Seagram Building 西格拉姆大厦
SEALAB 海上实验室
Seaside 海滨镇
Second Fig《第二颗无花果》
Second Royal Exchange 第二皇家交易所
Secretariat Buildings 书记处大楼
Seike，Kiyosi 清家清
Selig，William 威廉・塞利格
Semiramis 塞米拉米斯
Selfridge 塞尔福里奇百货
Selfridge，Gordon 戈登・塞尔福里奇
Sénart 瑟纳尔
Sert，Josep Lluis 何塞・路易・赛特
Sesame Street《芝麻街》
Sexton，Richard 理查德・塞克斯顿
Shaker Heights 谢克海兹
Shedd Aquarium 谢德水族馆
Sherman，John B. 约翰・B. 谢尔曼
Sherman Oaks Galleria on Ventura Boulevard 谢尔曼橡树购物街
Shizuoka Press and Broadcasting Center 静冈新闻与广播中心
Shoppers World 购物者世界
Simmel，Georg 奥尔格・西美尔
Sinclair，Upton 厄普顿・辛克莱
Skyhouse 天空之宅
Small is Beautiful《小即是美》
Smithson，Alison 艾莉森・史密森
Smithson，Peter 彼得・史密森
Snook，J. B. J. B. 斯诺克
Society of Arts and Crafts in Boston 波士顿工艺美术协会
Soleri，Paolo 保罗・索莱里
Song of Roland《罗兰之歌》
Soriano，Raphael 拉斐尔・索里亚诺
South Street Seaport 南街港口
Southdale Center 索斯戴尔中心
Space City 太空城市
Spaceship Earth 地球太空船
Spanish Colonial Architecture in Mexico 墨西哥的西班牙殖民建筑
Spanish Colonial Revival 西班牙殖民复兴
Speck，Jeff 杰夫・史派克
Speer，Albert 阿尔伯特・斯皮尔
Spine Building 斯潘大厦
Spiral Building 螺旋大厦
Spring Green 斯普林格林村
St. Augustine 圣奥古斯丁
St. Mark' s Tower 圣马可塔楼
St. Francis of Assisi 阿西西的圣方济各
St. Gaudens，Augustus 奥古斯都・圣戈登
St. Pancras railway station 圣潘克拉斯火车站
St. Patrick' s Cathedral 圣帕特里克主教堂
St. Peter' s Basilica 圣彼得大教堂
St. Paul' s Cathedral 圣保罗主教堂
Stag Place 斯戴格大厦
Stansted Airport 斯坦斯特德机场
Steffens，Lincoln 林肯・斯蒂芬斯

Stein, Clarence 克拉伦斯・斯泰因
Stern, Jean 杰恩・斯特恩
Stern, Robert A. M. 罗伯特・A. M. 斯特恩
Sticks and Stones 《木棍与石头》
Stirling, James 詹姆斯・斯特林
Stonorov, Oscar 奥斯卡・斯托罗诺夫
Stowe, Harriet Beecher 哈丽特・比彻・斯托
Stratford 斯特拉福德
Street Haunting 《漫步街头》
Stuyvesant Town 斯特文森城
Subsistence Homestead 自给自足式家庭农场
Suburban Division of the Resettlement Administration 重新安置署郊区司
Suburban Nation 《郊区化国度》
Sullivan, Louis 路易斯・沙利文
Sustainable Cities 《可持续城市》
Svetlana 斯维特拉娜
Swiss Re HQ 瑞士再保险公司总部大楼

T

Taft, William Howard 威廉・霍华德・塔夫特
Tagawa prefectural office 田川县政府办公楼
Takara Beautillion 宝酒造展馆
Taliesin 塔里埃森
Taliesin Fellowship 塔里埃森学校
Taliesin West 西塔里埃森
Tange, Kenzo 丹下健三
Tarrytown Heights 塔里顿高地
Taylorist 泰勒主义
Team X 十次小组
Telegraph Hill 电报山
Tempozan Marketplace 天保山市场
Tennessee Valley Authority 田纳西河流域管理局
Tennessee Valley Authority Act 《田纳西河流域管理法案》
Tesla, Nikola 尼古拉・特斯拉
Tetrahedron City 四面体城市
"textile" blocks "工艺砌块"
Thamesmead housing estate 泰晤士米德住宅区
The Altar Book of the Episcopal Church 《圣公会教堂祭坛书》
The American Scene 《美国掠影》
the Americana in Glendale 格伦代尔阿美卡纳购物中心
The Art and Craft of the Machine 机器的艺术与工艺
"The City within the City" 《城市中的城市》
the Climatron 人工气候室
the complete redevelopment of the city after the war 彻底的战后城市改造
the Garden Court of Perpetual Spring 永恒的春季花园庭院
The Death and Life of Great American Cities 《美国大城市的死与生》
The Disappearing City 《消失中的城市》
the Grove in Hollywood 好莱坞格洛夫购物中心
The Improvement of Cities and Towns 《城市与城镇的改善》
the Institute of Contemporary Art in London 伦敦当代艺术馆
the Jerde Transfer 捷得转化
the Joint Emergency Committee to Close Washington Square Park to Traffic 华盛顿广场公园谢绝机动交通紧急联合会
The Limits to Growth 《增长的极限》
the Madeleine 玛德琳教堂
the Mission Play "布道记"
The Modulor 模度
The Organization Man 《组织人》
the Oxford movement 牛津运动
the Pike 派克乐园
The Population Bomb 《人口爆炸》
The Pretenders 伪装者乐队
The Railway Children 《铁路儿童》
the Railway Exchange 铁路交易大厦
the Rookery 鲁克里大厦

"The Sad Story of Shopping Centers"《关于购物中心的悲伤的故事》
The Secret Garden《秘密花园》
The Silent Spring《寂静的春天》
The Stones of Venice《威尼斯之石》
The Supremes 至上女声组合
The Timeless Way of Building《建筑的永恒之道》
The Thread of Destiny《宿命的线索》
The Villa Fosca and Its Garden《弗斯卡庄园及其花园》
The Wind in the Willows《柳林风声》
Thompsen，Ben 本·汤普森
Thoreau，Henry David 亨利·大卫·梭罗
Tiffany，Louis Comfort 刘易斯·康福德·蒂芙尼
Tigerman，Stanley 斯坦利·泰格曼
Tocqueville，Alexis de 亚历克斯·德·托克维尔
Today and Tomorrow《今日与明天》
Tokoen Hotel 东光园酒店
Tokyo's City Hall 东京市政厅
Tokyo Olympic stadium complex 东京奥林匹克运动综合体
Topeka 托皮卡
Toshiba pavilion 东芝馆
Total City 整体城市
Totsuka Country Clubhouse 户塚乡村俱乐部
Tower City 高塔之城
Trajan's Market 图拉真市场
Transportation building 交通馆
Traumburg《特拉姆伯格》
Travail《劳动》
Treasure Island 金银岛
Treme district 特梅街区
Tri-Borough Bridge 三区大桥
Triton City 特里同城
Triumph of the Will《意志的胜利》
Troost，Paul 保罗·特鲁斯特
Tuileries 杜伊勒里宫
Turbo City 涡轮城市
Turner，Frederick Jackson 弗雷德里克·杰克逊·特纳

U

Uncle Tom's Cabin《汤姆叔叔的小屋》
Une Cité Industrielle 工业城市
Union buildings 联合大厦
Union Square 联合广场
Union Station 联合车站
United Nations Secretariat 联合国秘书处
Unity Temple 联合教堂
Universal City 环球影城
Universal Studios 环球影业
Urban Land Institute 城市土地协会
Urban Renewal 城市更新
Urban Villages Group 城市村庄团体
US Department of Housing and Urban Development 美国住房与城市发展部
US Supreme Court 美国最高法院
Usonia 美国式
Usonian Houses 美国式住宅
Utopia 乌托邦

V

Vadim，Roger 罗杰·瓦迪姆
Valley Girl《谷地富家女》
Van Brunt and Howe 凡·勃朗特与豪尔事务所
van Eyck，Aldo 阿尔多·凡·艾克
Van Ness street 凡内斯街
Vauban 沃邦
Vanbrugh，John 约翰·范布勒
Vaux le Vicomte 子爵堡
Veblen，Thorstein 索尔斯坦·维布伦
Venturi，Robert 罗伯特·文丘里
Versailles 凡尔赛宫
Viceroy's House 总督府

Vienna Workshop 维也纳工作室
Vignola 维尼奥拉
Villa Jeanneret-Perret 让纳雷－佩雷别墅
Villa Savoye 萨伏伊别墅
Village Voice《村声》
Ville Contemporaine 当代城市
Ville spatiale 天空城
Visionists 视觉主义者
Vitruvius 维特鲁威
Voisin，Gabriel 加百列·伏瓦生
Volkshalle 人民大厅
Voorhies Memorial 弗里斯纪念碑

W

Wacker Drive 威克大街
Wagner，Robert 罗伯特·瓦格纳
Walden Pond《瓦尔登湖》
Wales National Botanic Garden 威尔士国家植物园
Wall City 墙城
Wanamaker，John 约翰·沃纳梅克
Wang，Eddie 王松筠
Warsaw Pact 华沙条约
Warwick Castle 沃里克古堡
Washington，George 乔治·华盛顿
Washington Monument 华盛顿纪念碑
Washington Square 华盛顿广场
Wayside Markets 街边市场
Webb，Aston 阿斯顿·韦伯
Wentworth，Charles 查尔斯·温特沃
West End 西区
West Side Highway 西区公路
Westside Pavilion 西区购物中心
West，Julian 朱利安·韦斯特
West Village 西村
Westinghouse，George 乔治·威斯汀豪斯
Westside Village 西界村
White House 白宫
Whyte，William H. 威廉·H. 怀特
Wight，Peter 彼得·怀特
Wild West Show 西部荒野秀
Williamsburg 林威廉斯堡
Williamsburg Houses in Brooklyn 布鲁克林威廉斯堡住宅群
Willis Faber & Dumas 威利斯·费伯与杜马斯公司
Wilson，Edmund 埃德蒙·威尔逊
Wilson，Pete 皮特·威尔逊
Winckelmann，Johann Joachim 约翰·约阿希姆·温克尔曼
Wisconsin State Historical Society 威斯康星州历史协会
Winslow, Carleton，Sr. 老卡尔顿·温斯洛
With the Procession《游行队伍》
Wolf，Dan 丹·沃尔夫
Woolf，Virginia 弗吉尼亚·伍尔夫
Works of Geoffrey Chaucer《杰弗里·乔叟作品集》
World Design Conference 世界设计大会
Wren，Christopher 克里斯托弗·雷恩
Wright，Frank Lloyd 弗兰克·劳埃德·赖特
Wright，Henry 亨利·莱特
Wright，Mary Lloyd 玛丽·劳埃德·赖特
Wright，Richard Jones 理查德·琼斯·赖特
Wurster，William 威廉·沃斯特
Wynn resort 韦恩度假村
Wynn，Steve 史蒂夫·韦恩

X

Xanadu 仙那度

Y

Yamanishi Communications Center 山梨传播中心
Yamasaki，Minoru 山崎实（雅马萨奇）
Yonkers 扬克斯

Z

Zappa，Frank 弗兰克·扎帕
Zeppelinfeld 齐柏林集会场
Zola，Emile 埃米尔·佐拉
zoning codes 分区法规
zoning ordinances 区划条例